面向2035特种加工技术路线图

中国机械工程学会特种加工分会　组编

朱　荻　吴　强　刘永红　曲宁松　姚建华　张德远　等编著

机械工业出版社
CHINA MACHINE PRESS

本书面向 2035 年，系统阐述了我国特种加工技术的发展现状、社会需求、应用前景、研发重点和关键技术，提出了未来的发展目标、实现路径及措施建议。

全书共七章，第一章和第二章论述了特种加工技术的需求环境和典型应用，分析了特种加工技术面临的发展机遇和挑战，提出了特种加工技术未来的发展趋势；第三章至第六章从产业需求、典型装备、关键技术等方面分别对电火花加工、电化学加工、激光加工和超声加工技术进行了论述，提出了不同时间节点的发展重点与实现路径，并预测了可达成的目标；第七章提出了路线图的实施建议。

本书可供从事特种加工技术教学、研究、开发、生产和应用的科技人员阅读，也可作为政府部门决策及企业制定发展规划时的参考依据。

图书在版编目（CIP）数据

面向2035特种加工技术路线图 / 朱荻等编著.
北京 ：机械工业出版社，2024. 10. -- ISBN 978-7-111-76913-2

Ⅰ. TG66

中国国家版本馆CIP数据核字第2024A8C561号

机械工业出版社（北京市百万庄大街22号　邮政编码100037）
策划编辑：丁昕祯　　　　责任编辑：丁昕祯
责任校对：张爱妮　宋　安　　封面设计：王　旭
责任印制：郜　敏
三河市航远印刷有限公司印刷
2024年11月第1版第1次印刷
184mm×260mm · 14.5印张 · 354千字
标准书号：ISBN 978-7-111-76913-2
定价：88.00 元

电话服务　　　　　　　　　　网络服务
客服电话：010-88361066　　机　工　官　网：www.cmpbook.com
　　　　　010-88379833　　机　工　官　博：weibo.com/cmp1952
　　　　　010-68326294　　金　书　网：www.golden-book.com
封底无防伪标均为盗版　　机工教育服务网：www.cmpedu.com

编写委员会

特别支持单位

苏州电加工机床研究所有限公司
奔腾激光（浙江）股份有限公司
北京市电加工研究所有限公司
汇专科技集团股份有限公司
杭州华方数控机床有限公司
深圳市星宏精密电解科技有限公司
苏州亚马森机床有限公司

参加编写单位

（按拼音字母顺序排列）

安徽工程大学
北京安德建奇数字设备股份有限公司
北京迪蒙数控技术有限责任公司
北京工业大学
北京航空航天大学
北京理工大学
北京市电加工研究所有限公司
北京信息科技大学
北京邮电大学
奔腾激光（浙江）股份有限公司
大连理工大学
广东工业大学
哈尔滨工业大学（深圳）
哈尔滨工业大学
杭州电子科技大学
杭州华方数控机床有限公司
合肥工业大学
河南理工大学
华中科技大学
汇专科技集团股份有限公司
吉林大学
江苏大学
南方科技大学
南京航空航天大学
鹏城实验室
清华大学
山东大学
山东理工大学
陕西师范大学
上海交通大学
深圳大学
深圳市星宏精密电解科技有限公司
沈阳黎明航空发动机有限责任公司
首都航天机械有限公司
苏州大学
苏州电加工机床研究有限公司
苏州科技大学
苏州亚马森机床有限公司
温州大学
扬州大学
浙江工业大学
中北大学
中国工程物理研究院机械制造工艺研究所
中国航空制造技术研究院
中国石油大学（华东）
中国科学院宁波材料技术与工程研究所

Preface 前言

特种加工技术是先进制造技术的重要组成部分，它基于物理或化学能量场，利用电能、热能、光能、电化学能、化学能、磁能、声能及其组合或复合，对工件材料进行去除、增加、变形、改性或连接，从而达到零部件或构件的设计目标。典型的特种加工技术有电火花加工、电化学加工、激光加工、增材制造和超声加工等。特种加工在航空航天、国防军工、交通运输、能源动力、精密模具、电子信息、生物医疗、冶金、石化、地质等行业得到了广泛应用，解决了大量传统加工方法无法解决的加工难题，为我国制造业和国民经济的发展起到不可或缺的重要作用。

在发展过程中，我国特种加工技术始终能沿着独立自主的道路前行，不断创新，形成独具特色的自主技术体系，具有较强的国际影响力和竞争力。但就目前所能达到的技术水平及产业基础而言，创新能力仍需不断加强，高端技术及产品的性能质量与国际先进水平相比仍有提升的空间。因此，研究和提出我国特种加工技术中长期发展方向和发展路径很有必要。

本书以特种加工技术研发、产业应用和未来发展为主线，分别对电火花加工、电化学加工、激光加工和超声加工等特种加工技术的发展现状、社会需求、应用前景、研发重点和关键技术进行研究，提出了面向2035年特种加工技术的发展目标、实现路径及措施建议。伴随新的技术产业变革，特种加工技术将发挥越来越重要的作用，同时也面临着前所未有的挑战与机遇。未来特种加工技术与装备将呈现“克难、智能、融合、绿色、优质”五大发展趋势。

特种加工在制造业中已创造了许多奇迹，把许多不可能变为了可能。特种加工在未来将获得更高水平的发展及更为广泛的应用，更好地肩负起对国家的特殊责任。

编　者

目录 Contents

Contents

第一章
Chapter 1

特种加工技术的发展机遇及挑战

随着科学技术的进步和社会生产力的发展，各种新材料、新结构、形状复杂的精密零件和器件大量涌现，传统机械加工十分困难，甚至无法加工，这对制造业提出了一系列需迫切解决的难题。因此，人们一方面千方百计地完善和改进传统机械加工技术，以提高其加工能力和水平；另一方面借助科技的发展，冲破传统机械加工方法的束缚，不断探索、寻求新的加工方法。于是，在本质上区别于传统机械加工的特种加工技术便应运而生，并持续不断地发展。

特种加工又称为“非传统加工”（non-traditional machining），泛指那些不属于传统机械加工范畴的加工方法。它基于物理或化学能量场，利用电能、热能、光能、电化学能、化学能、磁能、声能及其组合或复合（含与机械能的组合或复合），对工件进行去除、增加、变形、改性或连接，从而达到零部件或构件的设计目标。与传统机械加工方法相比，在难加工材料、复杂形面、微细结构的加工制造方面，特种加工具有明显的技术优势，并且能获得很高的加工能力、尺寸精度或表面质量。代表性的特种加工技术有电火花加工、电化学加工、激光加工、增材制造、超声加工、电子束加工、离子束加工、等离子弧加工、射流加工和化学加工等。

电火花加工是指在加工过程中使工具和工件之间不断产生脉冲性的火花放电，依靠放电时产生的局部、瞬时高温蚀除工件材料的一种加工方法。电火花加工不受被加工材料的物理、力学性能等限制，加工过程中不存在宏观机械切削力，可对高强度、高硬度、高脆性、高韧性等难切削导电材料或各种复杂型面、窄缝、低刚度以及微细结构零件进行有效加工，能得到较好的加工表面质量和加工精度。

电化学加工是利用电化学阳极溶解的原理去除工件材料或利用电化学阴极沉积的原理生长工件材料的一种加工方法。电化学加工具有无残余应力和变形、无飞边毛刺、无电极损耗、加工范围广、加工效率高等特点，广泛应用于难加工材料、复杂形状及低刚度易变形等零件的加工。

激光加工是通过激光与物质相互作用，改变材料的物态、成分、组织、应力等，从而实现零件/构件成形的一类加工方法。激光的空间控制性和时间控制性很好，对加工对象的材质、形状、尺寸和加工环境的自由度都很大，与数控技术相结合可构成高效自动化加工设备，为优质、高效和低成本的加工生产开辟了广阔的前景。

从广义上说，超声加工是在几乎所有物理、化学、生物形式加工中引入超声波能量，以形成、改变或提升加工能力的方法；对于狭义机械加工而言，是在材料去除加工、表面处理、材料连接与处理等工具/工件/介质中引入超声波能量，进行超声精化/强化/细化加工和超声激发界面流动/冲击/活化处理的方法。超声加工可解决难加工材料与结构加工中的材料可加工性、表面完整性、功能修饰性、连接可靠性、材料操控性及界面交换性等加工难题。

增材制造技术是基于数字化分层制造原理，将复杂的三维结构转化为二维平面或曲面结构，通过不同形式的能量加载在各种形态（液材、粉材、线材、片材等）的材料上，理论上可实现任意复杂结构的制造，使设计由面向工艺转变为面向性能，极大提升设计能力。增材制造技术包括3D打印和4D打印，按照3D打印构件类型其发展历程大致可分为初期的模型结构、中期的结构构件以及目前的功能/智能构件三个阶段。随着高端装备对多功能构件设计的要求越来越高，基于多物理场耦合的功能结构和智能构件已成为新的发展趋势。为响应此需求，在3D打印的基础上，衍生出了4D打印这一新兴增材制造技术，其核心特征在于打印构件是动态智能构件，构件的形状、性能和功能可根据外界环境的刺激（热、磁、电、光、声等）随时空能发生可控变化。

除了以上主流的特种加工技术，还有电子束加工、离子束加工、水射流加工、化学加工等特种加工技术。特种加工技术极大地丰富和发展了制造工艺和方法、拓展了制造技术的应用领域。随着装备制造业步入高质量发展阶段，以及新技术、新材料、新结构的衍变，特种加工技术在发挥现有作用的同时，也面临着更多的发展机遇和挑战。

第一节　高端装备制造领域对特种加工技术的需求

围绕全面建设社会主义现代化强国的宏伟目标，我国以新型工业化大力推进中国式现代化，聚焦高质量发展这一首要任务，着力于建设制造强国。高端装备是实施制造强国战略的重点发展领域，也是建设制造强国和保障产业链、供应链安全的政策交叉点。党的二十大报告也强调了推动制造业高端化、智能化和绿色化发展的重要性。打造具有国际竞争力的制造业，是我国提升综合国力、保障国家安全、建设世界强国的必由之路。作为高端数控机床重要组成部分的特种加工技术与装备，在我国制造业转型升级、创新发展中有着重大战略机遇，尤其在航空航天、国防军工、交通运输、能源动力、精密模具、电子信息、生物医疗等高端装备制造领域有着大量不可替代的需求。

一、航空航天及国防军工装备领域的需求

航空航天、国防军工装备领域是实施创新驱动发展战略的重要领域，是建设制造强国的重要支撑，因此受到了国家的高度重视。该领域有大量零件采用难切削材料制成，并且许多零件形状复杂、结构特殊、加工要求高，是特种加工技术重要的“用武之地”。

随着航空航天、国防军工领域发动机用整体闭式叶轮、带冠整体涡轮盘、涡轮转子、机匣等复杂结构零部件的需求量日益增大，电火花成形加工已成为上述难加工零部件的重要加工手段。核心零部件的大型化、复杂化、精密化对高精密与大型多轴联动数控电火花成形加工装备与技术提出了新的需求。航空航天、国防军工领域各种特殊难加工材料、复杂形状和微细结构零件的加工，都需要更高性能、更多功能、更加个性化的电火花线切割技术及产品来支撑，高精度、高表面质量的线切割加工技术将代替拉床成为涡轮盘榫槽的首选加工工艺。航空发动机涡轮叶片、燃烧室、导向器组件、火焰筒、高低压外环块、隔热屏等重要部件上的大量气膜冷却孔，需要性能更加优异的多轴数控电火花高速小孔加工机床来完成。航空航天领域微三维结构的加工制造难题亟须微细电火花加工三维扫描/铣削工艺技术来解决。航空航天领域的整体叶轮、机匣、连接框及舱体等整体大型构件，广泛采用钛合金、高温合金等高性能金属材料进行整体制造，其材料加工难度大且去除率要求高，需要高速电弧铣削等技术及装备进行高效低成本加工。

电化学加工技术及装备广泛应用于航空航天、兵器、核能等国防军工领域的难加工材料、形状复杂的批量生产零件加工中，如航空航天发动机整体叶盘等复杂构件、航空发动机机匣为代表的大型薄壁回转体零件、军工领域中枪炮管膛线等管形工件、破甲弹中钼钨合金药型罩等高效精密加工，核能领域钨钼涂层的高效蚀刻及抛光，先进高性能航空发动机热端

部件采用的复杂冷却通道结构制造。另外，在先进航空、航天飞行器整体框梁、整体壁板等的加工，微型飞行器中的推进、传动、操纵等单元部件和大型薄壁金属构件高质高效加工等方面也有大量的需求。

随着短脉冲、超短脉冲激光技术的发展和进步，在如导弹弹头、发动机壳体、精密雷达等硬脆类难加工材料器件的高精细、高效率切割中，激光精密切割技术占有越来越重要的地位；激光制孔技术是航空航天发动机喷嘴、涡轮叶片异型孔制造的重要技术途径；激光连接技术及设备将更好地满足航空航天飞行器轻质高强机身壁板、框架结构件等复杂构件的连接需求；激光熔覆与再制造技术应用于叶片、整体叶盘等航空发动机热端部件的修复与再制造，可显著提高修复件的使用寿命并大幅降低成本，快速响应的高质量激光修复技术可让不便拆卸与运输的“趴窝”装备迅速恢复战斗力。未来，激光加工技术在民用和军工等领域的需求将更加旺盛，不仅工业领域的激光切割、激光焊接、激光表面处理等应用会日益广泛，国防军工领域在激光通信、激光雷达、激光制导、激光侦察、激光报警等方面对激光技术的需求更多、要求更高。

增材制造在航空航天和国防军工等领域的应用将不断增多，它甚至会给航空航天领域带来革命性的进步。通过面向增材制造技术的结构创新设计，实现航空航天结构减重和一些其他重要功能，并展示出巨大的价值。比如，600MPa 级别的增材制造铝合金将成为飞机铝合金结构的主体材料，使飞机结构实现大幅度减重；综合性能与锻件相当的增材制造钛合金和 2000MPa 以上级别的增材制造超高强钢，将使飞机关键零部件普遍采用增材制造成为可能，进而实现减重和功能提升；增材制造专用高温合金，将大规模应用于涡轮叶片等航空发动机热端部件，可避免在空心单晶涡轮叶片制造中面临的大量难题；3D 打印高性能塑料声学结构件，可使飞机舱内实现如阅览室般的安静舒适环境，免除长程航空旅行的噪声困扰。除上述功能外，增材制造技术还可用于快速制造复杂结构零部件，提高材料利用率并降低成本，实现零件的快速修复成形。

超声加工技术及装备是航空航天、军工领域难加工材料及难加工结构高质量加工的有效手段。新型超声加工将越来越广泛地应用于整体叶盘、叶片、机匣、陶瓷整流罩、燃烧室和喷口，以及飞机起落架、框梁、壁板、蜂窝结构、复材蒙皮、机载微细器件等工件的加工，超声振动使刀具磨损成倍下降、加工表面完整性显著提高、材料去除与处理效率大幅提高，在复合能场加工中促进了产物排除和能场提效。

由上可见，航空航天与国防高端装备的关键零部件的制造都离不开特种加工技术及装备。

二、交通运输装备领域的需求

在汽车等运输装备的发动机制造中，一些关键零部件的加工需采用各类电加工技术装备，如满足国Ⅳ、国Ⅴ排放要求的柴油发动机燃油喷嘴采用精密微孔电火花加工，喷油嘴压力室球面、油嘴油泵偶件回油槽采用电化学成形加工，齿轮、连杆、曲轴、缸体、阀体采用电化学去毛刺加工，零件加工中折断工具采用电弧蚀除取出，新能源汽车驱动电机采用精密冲压模具的电火花线切割加工等。

在汽车、轨道、船舶等交通运输装备领域中用到的大厚度管材、超厚板、异形等大型构件的切割大多采用激光切割技术；远程激光焊接技术广泛应用于汽车座椅、车身以及内部件的焊接；激光-电弧复合焊接在汽车、船舶、轨道交通、输油管道等工业领域的中厚板连接中获得成功应用；一些轻质、复合、高强材料的连接越来越多地依赖激光焊接技术及装备来完成；激光熔覆再制造技术在矿山机械液压支架、大型轴承、轴齿类零部件的表面修复领域占有重要地位；超高速激光熔覆在轨道交通、海洋工程等领域的表面强化及修复中具有广阔的应用前景；在汽车行业，电子显示、传感技术和节能技术也与激光微纳制造密切相关；激光织构技术在机床导轨、活塞环/缸套、轴承、凸轮轴以及机械密封件等领域也有应用需求。

随着增材制造技术的不断成熟和汽车制造业对整车节能减重要求的日趋严苛，应用增材制造技术打印生产出来的汽车配件，使其自重大幅降低。这一关键优势，使增材制造技术在汽车行业的应用越来越广。

三、精密模具、工具制造领域的需求

模具是现代工业各种材料零件大批量、低成本、高效率、高一致性生产的关键基础工艺装备，是衡量一个国家工业化水平的重要标志。现代工业对精密、复杂、组合、多功能复合模具和高速多工位级进模、连续复合精冲模、高强度厚板精冲模以及微特模具等的制造需求日益增长；模具材料也在不断向高强、高速、高韧、耐高温、高耐磨性等方向发展，因此对加工设备的要求也越来越高。

电加工机床是制造模具的关键装备，模具制造中应用的电加工机床主要有数控电火花成形机床、电火花线切割机床、电火花高速小孔加工机床等。多轴联动精密数控电火花成形机床可实现一次装夹、多空间区域的加工，通过减少装夹次数和人工参与度，提高模具精度和产品合格率。集成电路引线框架模等典型模具产品已在高精度加工方面对电火花线切割机床细丝的精细加工技术提出了新的需求和挑战，还有许多精密硬质合金模具，要求加工表面无变质层、无线痕，表面粗糙度要求达到“以割代磨”的水平，需要更加完善的加工过程智能化技术及油基工作液的线切割技术及产品。

采用激光织构技术可在模具表面加工出预设的微结构，获得与表面性能要求优化匹配的微形貌，实现主动调控摩擦副表面接触方式和摩擦状态的目的。对于局部磨损、疲劳失效的模具表面，添加定制化专用合金粉末，用激光熔覆技术制备具有高耐磨、抗冲击、抗疲劳等高性能的合金涂层，在恢复失效尺寸的基础上，进一步提高模具的使用寿命。在刀具领域，欧美和日韩刀具企业长期占据着国内中高端市场。激光表面强化技术是改进工业刀具的有效途径，通过对高耐磨/耐蚀/耐热纳米硬质粉材的研制及配比、激光纳米强化层性能、激光熔覆工艺与硬质合金材料等方面的研究，针对不同刀具采用相应的工艺，可在普通刀具材料表面开发出高强韧、高耐磨刃口，延长刀具使用寿命，尤其在高端刀具上，可替代进口，大幅节约制造成本。

增材制造技术在模具制造领域的优势主要体现在高端模具、异形模具、定制化模具等方面，它可以满足设计的无限可能，在不牺牲质量和可靠性的前提下，完全还原“异形”设计，从而缩短模具制造周期、降低模具成本。另外，增材制造技术与减材制造技术相结合形成的增减材复合制造技术，可用于成形多材料复杂随形冷却流道的注塑、压铸、锻造等热作模具，从而缩短模具制造周期、降低模具成本、提高模具使用温度、延长模具使用寿命。

超声研磨与椭圆超精加工打破了死角光整、铁系合金金刚石切削难题，在高端模具制造领域发挥了不可替代的重要作用。

四、电子信息制造领域的需求

在电子信息制造领域，各种气液喷注及导流微小孔加工，液晶屏电极图案、薄膜太阳能电池图形结构制作，电子电路的刻蚀及修调、微电子及光电子器件功能层选择性剥离，光学器件的微结构制作，超大集成电路、各种微传感器、植入芯片的封装，微细结构、线路的连接等都要靠特种加工技术来实现。

细丝精密电火花线切割加工技术在高密度芯片引线框模具制造中发挥了不可替代的作用；精密电火花加工技术也被广泛应用于芯片封装模具的精密制造；复杂零件的激光精密切割已被应用于信息光电的精细电子元器件及电路制造；激光制孔技术在电路板高深径比微孔加工中应用广泛；激光焊接技术在集成电路和半导体器件壳体的封装中显示出独特的优越性；超短脉冲激光器为超大型规模集成电路核心器件的封装带来了新的机遇；激光直写技术主要用来制备 3C 行业中微流控芯片、全息光学器件、超表面器件等具有较高加工精度需求的复杂器件；激光重熔、激光熔覆复合脱合金技术制造的微纳米多孔结构提升了传感、能量存储和转换器件的性能；激光微纳加工技术已在大规模 OLED 柔性屏切割、修复等方面得到了市场验证；激光内刻微加工作为一种 3D 减材制造方式，在集成微光学器件、微流控芯片等领域有广泛的应用前景。

在 3C 电子信息产品脆性材料高效光整加工方面，超声多齿 PCD 刀具高效铣切以及超声抛磨技术与装备的应用不断拓宽。此外，超声微切削、雕刻、连接等技术在微泵微阀、微光学模具、微表面织构、晶圆加工、微键合焊接等微机电、微电子产品制造的应用中，解决了微边缘完整性差、微切削速度低、微曲面加工干涉及微焊接活化慢等高难度加工问题。

太赫兹技术在无线通信、太空通信、雷达成像等领域有着广阔的应用和市场前景。但是，太赫兹结构和器件加工是阻碍太赫兹技术研发和应用进程的主要因素之一。太赫兹系统从信号源到传输直至探测都强烈依赖于各种高品质微结构器件。金属矩形波导是构建太赫兹信号发生、接收和控制部件的关键单元，喇叭天线是太赫兹波的辐射和接收关键装置；频率越高，尺寸越小，加工精度和表面质量要求越严苛。高频段太赫兹结构和器件的加工已经超出传统机械加工的极限能力。太赫兹微结构件对微纳加工技术提出了严峻的挑战，现有加工技术难以满足未来太赫兹微结构器件日益提高的加工需求，亟需发展特种加工新方法、新技术。

增材制造技术可制造柔性电路，满足可穿戴、可折叠等柔性领域的需求，此方面的发展已经蓬勃兴起。

五、新能源装备领域的需求

在绿色发展的背景下，近年来以光伏、风电、核电、氢能源、生物质能、地热能等为代表的新能源技术得到广泛关注，并带动新能源装备行业的迅速发展，未来的新能源装备市场需求将十分巨大。

风力发电装备中的叶片、发电机、增速器、定转子和机舱等一些核心零部件及相关模具制造；氢气制备设备、氢气压缩机、氢循环泵和氢能储运装备等氢能装备中的关键核心零部件制造；光伏发电装备中的多晶硅、单晶硅太阳能电池板制备设备的关键核心零部件制造；海洋潮汐能、潮流能、波浪能等海洋可再生能源相关装备中的关键核心零部件制造等，都需要用到电火花加工技术。

新能源产业的发展及新能源产品的普及，都需要激光加工技术为其提供有力的技术支持和保障。随着产业的持续扩大，新能源汽车对激光焊接技术的需求明显增加。汽车车门、舱盖等零部件需要无缝焊接，以充分发挥轻量化优势；汽车底盘、车身框架以及新能源电池的制造，都需要激光焊接技术，比如动力电池盖帽焊接、极耳焊接、电池壳体密封焊、转接片防焊阀焊接等，其中动力电池焊接的部位多、难度大、精度要求高，激光焊接可大幅度提升电池的安全性、可靠性和一致性，同时降低成本、延长使用寿命。激光在新能源领域的应用主要集中在太阳能、风能和储能领域。通过激光技术的应用，可以提高太阳能电池的转换效率，提高风力发电机组的发电效率和可靠性，提高锂离子电池的能量密度和循环寿命。此外，激光焊接技术还可以在节能环保方面做出更大贡献。

六、生物医疗器械领域的需求

手术器械、人体植入件等形状复杂，特别是人体关节、脊椎柱等人体植入件完全模仿人体形状，很难采用传统方式进行加工。电火花线切割机床能对其进行方便、快捷地加工制造并保证植入体加工表面的均匀性，减少表面被污染的可能，满足医疗器械相关的标准，未来将得到更多应用。

在口腔科、骨科等领域，针对浑浊介质类的生物组织切割需要低损伤、高效率的激光切割技术；激光连接在诸如大脑植入物、视网膜损坏的视觉移植、心脏起搏器移植、耳蜗移植、药物传递器移植、整形外科的移植及人工关节与假肢移植等生物医学领域具有良好的应用前景；激光表面合金化与熔覆技术可在牙科正畸钳、鼻窦手术钳、手术刀等医疗器械的刃口制备高耐磨、耐蚀涂层；在生物医学领域的典型器件，如微流控芯片、微量移液器等材料的型面或结构制造需要高精度且满足高效加工的激光刻蚀技术；针对人工关节等钛合金植入体，需要利用激光微织构技术制备超疏水、自清洁、抗菌涂层改善其生物相容性或抗菌性，从而降低假体因磨损腐蚀松动而导致失效的发生概率。

在生物医疗领域，增材制造与医疗的深度融合高度符合当代临床技术个性化、精准化、仿生化的发展潮流，增材制造有望成为个性化手术规划模型及康复器具的主要制造方法。比如，植入医疗器械（植入物）个性化制造需求的增加将有助于扩大增材制造在生物医疗领域的应用面；人体内长期安全的医疗植入级金属材料需求将大幅提升；为满足组织再生需求，可降解、可吸收的新型金属材料与高分子材料越来越受重视，面向组织工程“活体”构建的生物增材制造技术也将获得突破，最可能率先在体外组织模型、器官芯片等领域实现大规模应用及产业化，为个性化肿瘤诊断、新药开发等提供全新模式；活性皮肤、血管、软骨、膀胱等简单结构器官的制造技术逐步成熟，部分技术已进入临床试验和应用；与“活体”制造相匹配的生物打印材料将以实现高活性生物功能性为导向，攻关改性水凝胶、类基质材料、自组装材料等新型材料体系的高生物相容性、高仿生材料设计及制备技术，为后续复杂组织器官重建与功能化奠定基础。

未来，人们在对高端医疗器械提出更多需求的同时，还将对器械灵活性、生理相容性以及控制智能性等提出更高要求。自然生物体的柔性、亲和性、自适应性结构给医疗器械仿生设计制造提供了人体相容的优势模本，未来采用增材制造等特种加工技术进行器械结构、操作、生理等性能设计时，还将不断深化利用生物机械原理、生物活性载体、生物感知原理来制造仿生手术工具、靶向给药工具、健康监护系统等医疗器械产品。

此外，手术加工工具是利用高频电刀、超声刀等增强软组织或硬组织手术的精准性，还利用仿生界面防粘实现“电烧止血而不结痂”，利用超声骨刀仿生高频冲击提效实现“高效切割而不失稳”，通过智能载能控制实现“柔性精准切割而不烫伤”。因此，发展高质高效的智能载能仿生手术器械也是手术工具发展的重要需求。

第二节　特种加工技术在高端装备制造领域的30项典型应用

自20世纪中叶开始工业应用以来，特种加工技术历经几十年的发展，解决了大量传统加工方法难以解决或无法解决的加工难题，已成为先进制造技术不可或缺的重要组成部分，广泛应用于关乎国计民生的制造业各个领域，在国民经济发展中发挥了不可替代的重要作用。

一、电火花加工技术的6项典型应用

电火花加工技术可以用软的工具加工出具有超强、超硬等优异性能的难切削导电材料；加工中无宏观作用力，可以对低刚度和复杂结构零件进行加工；通过控制放电能量和专用工艺装备，可以实现微米甚至纳米尺度零件的加工；结合数控技术，可以采用简单形状的工具电极加工复杂形状结构零件，因此广泛应用于航空航天、军工、汽车、精密模具、电子信息、能源动力装备、微型机械、光通信和生物医疗等高端装备制造领域。

（1）高端装备核心零部件和精密模具的电火花成形加工技术　多轴联动精密电火花成形机床已广泛用于航空航天发动机、军工能源透平压缩机中的带冠整体涡轮盘、离心压缩机转子、离心泵转子、整体闭式叶轮、机匣等关键零部件的加工。上述零部件大都采用镍基高温合金、钛合金等难切削材料且尺寸较大或结构复杂，通常具有弯扭叶型且相邻叶片间通道狭窄，采用电火花成形加工能避免传统机械加工中易发生的干涉、粘刀及刀具损耗严重等问题。

电火花成形加工在精密模具加工方面也已获得广泛应用。随着我国产业升级，汽车、家电、超大规模集成电路精密模具等领域对模具加工的尺寸精度、表面质量、复杂程度等的要求日益提高，比如，大量模具要求合模误差小于5μm，接插件模具要求 R 角小于10μm，加工面积大于50000mm^2 的模具要求表面粗糙度值 $Ra \leqslant 1.6\mu m$，对多轴联动精密数控电火花加工装备提出更高的要求。目前，我国科技工作者自主研发了三轴以上、五轴及六轴联动的各类电火花成形加工机床数控系统，有的数控系统数控轴数甚至达到九轴以上，开发的电火花加工数控系统不仅具有多轴联动的轨迹控制功能，而且还具有较高水平的单轴乃至多轴联动伺服控制、高速抬刀、轨迹摇动以及对脉冲电源及各工艺参数的适应控制、初步的智能控制功能，基于国产数控系统硬件平台的可二次开发电火花成形加工专用数控系统也在开发中。

（2）特殊材料复杂形状零部件的高效电火花线切割加工技术　电火花线切割加工无需特定形状的工具电极，采用无火灾隐患的水或水基工作液，适合加工具有微细窄缝、复杂形状等的难切削导电材料工件，可以达到“以割代磨”的效果，已广泛应用于航空航天、军工、模具、汽车、电机、微电子、家电等领域。

航空发动机粉末冶金涡轮盘榫槽的高精度、高表面质量加工，需采用几乎无表面重铸层的高性能单向走丝电火花线切割加工技术；航空发动机上的许多特殊材料环形零件壁上精密复杂腔体的加工，需采用带有数控转台的六轴或七轴数控单向走丝电火花线切割机床。目前，我国研制了榫槽切割专用的六轴数控单向走丝电火花线切割机床，已应用于某型号发动机涡轮盘榫槽的切割加工。

目前，国内的单向走丝电火花线切割加工脉冲电源已从单极性有电阻结构发展为双极性无电阻、防电解结构，其脉冲峰值电流达千安培以上，脉冲宽度可控制在数十纳秒内。我国独创的往复走丝电火花线切割机床通过对脉冲电源、主机精度、数控系统等技术的提升，实施多次切割技术，明显提高了综合加工性能；往复走丝电火花线切割加工脉冲电源已实现数字化控制，尤其是无电阻型脉冲电源可通过控制电流上升沿，实现更低的电极丝损耗并获得更高的加工效率。

（3）高强韧性、高硬脆类材料深小孔的电火花高速小孔加工技术　电火花高速小孔加工技术具有加工效率高、工艺简单、成本低、能加工斜面孔等特点，尤其可在高强韧类、高硬脆类等难切削材料上加工直径0.2~3mm、深径比大于300∶1的小孔，用于解决许多传统机械钻削加工无法加工的深小孔加工难题，已广泛应用于航空、航天、军工、船舶、模具、工具、化工、造纸等领域。

航空发动机、燃气轮机的涡轮叶片和涡轮环件，以及舰船的鱼雷发射管、泵、阀、螺旋桨等关键零件上都存在孔加工的问题。从20世纪90年代后期一直到现在，我国航空航天等领域逐渐将电火花小孔加工技术作为特殊材料零件上小孔加工的主流工艺方法，已用于涡轮叶片、涡轮导向器组件、火焰筒、涡轮外环块、隔热屏的气膜冷却孔、喷油嘴和喷油环的喷油孔等零件上的小孔加工。小孔加工的一类典型零件是涡轮叶片，每片涡轮叶片上分布有数百个不同直径和角度的气膜冷却孔，孔直径一般为0.2~0.7mm，孔的入射角度约为25°，叶片内部为空心复杂型腔结构，腔壁间隙极小；另一类典型零件是火焰筒，其气膜孔数量由数千到数万级不等，孔径为0.7~2mm，孔的入射角由直角向大倾角贴壁发展；再一类典型零件是喷油管和喷油杆的喷嘴，其孔径一般为0.2~1.0mm。

电火花高速小孔加工设备广泛采用独立式控制、高峰值电流、窄脉宽脉冲电源，提高了小孔加工的效率和表面质量。我国已能生产七轴数控高速电火花小孔加工机床，并可配置电极自动交换系统，可加工各种难加工导电材料、空间位置复杂的深小孔，相关穿透检测深度控制技术也取得了突破，在航空航天发动机零件气膜孔加工中得到广泛应用，替代了进口的同类设备。

（4）微小复杂结构器件制造的微细电火花加工技术　微细电火花加工是利用微小脉冲放电能量进行工件材料蚀除加工，具有最小加工去除单位可控、工艺流程简单、成本低廉等优势，适用于微小孔、微细轴、微型槽以及微三维型腔结构等的加工，满足了航空航天、生物医疗、通信与雷达等领域微小复杂结构器件特殊加工制造的需求。

微细电火花加工技术目前已在发动机的微小喷油孔、化纤喷丝孔、喷墨打印头的喷墨孔和微创手术器械等加工中获得初步应用。随着微细电火花加工技术的发展，所加工材料拓展至特殊金属合金、半导体、陶瓷、金刚石等，其应用领域也能拓展至精密机械及仪器、微电子制造、光通信、生物医疗、节能环保等领域。此外，我国的电火花精密微孔加工设备具有较高水平，已研发出具有倒锥的精密微孔加工技术，满足了发动机喷油嘴的精密微孔加工要求，可替代进口，还可用于航空航天发动机精密燃油喷油孔的加工。在医用纺织品制造方面，用于加工化纤喷丝板微精异形喷丝孔的电火花微孔加工机床也满足了新型化纤的生产要求。

（5）大量去除难切削金属及导电非金属材料的高效放电加工技术　高效放电加工利用工作液介质中的工具电极与工件间放电时产生的高能量密度的电弧或电火花，进行工件材料的高效蚀除加工，在高强、高硬、耐磨损、耐高温等难切削金属材料及导电非金属材料零件大量材料去除加工中获得了广泛应用。

我国在高效放电及电弧蚀除加工方面取得了一些具有自主知识产权的技术成果，如高效放电铣削技术，在加工高温合金材料时获得了3000mm^3/min的材料去除率，已应用于航空发动机高温合金机匣和叶盘的高效加工；又如放电诱导可控烧蚀技术，利用放电引发剧烈氧化反应，实现较高的材料去除率；再如，基于高速流体与放电等离子体通道相互作用的高速电弧放电加工技术，加工高温合金材料时去除率可达14000mm^3/min；电火花电弧复合加工技术及数控机床，在加工钛合金时的加工效率可达20000mm^3/min以上，并在航天领域得到应用；引弧微爆炸加工技术，利用高频脉冲性电弧诱发剧烈的爆炸作用，实现了陶瓷等非导电材料的高效去除。

（6）海洋废弃井口的高效放电电弧切割技术　放电电弧切割是利用高温等离子弧的热量使工件切口处的材料局部熔化，并借高速等离子弧的动量排除熔融材料以形成切口的一种切割方法。该方法属于非接触式切割，切割过程中无切削力、切割效率高，同时能够切割多种金属和非金属材料，具有切割速度快、切割断面整齐光滑和热变形区域小等优点，适用于全球大量的海洋废弃井口的水下低成本切割回收。

我国开发了适用于海洋废弃井口回收的水下电弧切割装备，该装备主要由绞车机构、旋转导向机构、支撑锁紧机构、扶正紧机构、专用电弧切割喷头、专用高效电弧切割电源、计算机测控系统等组成。采用该装备整圈切割13-3/8″石油套管仅用了6min，切割9-5/8″石油套管用时不到5min，实现了海洋废弃井口的水下高效稳定切割回收，较好地解决了传统机械切割方法存在的切割效率低、成本高、切削力和振动大、刀具磨损严重等问题。

二、电化学加工技术的5项典型应用

当前，一方面多种新型难切削加工材料及结构不断涌现，对电化学加工技术的需求日益增多；另一方面科学技术的发展，尤其是智能化技术和功率电子技术的飞速进步，又为电化学加工技术的发展提供了新途径。电化学加工技术正在从常规加工领域推进到精密微细加工领域，电化学加工过程也从自动化向信息化、智能化方向发展，在航空航天、核能等关键领域关键零部件的制造中发挥了重要作用。

（1）航空航天发动机整体叶盘制造的电解加工技术　整体叶盘是新一代航空发动机实现结构创新与技术跨越的核心部件，它将叶片和轮盘制作成一个整体，代替传统叶片榫头和轮盘榫槽的连接模式，使零件数量大幅减少，质量明显减轻，可靠性大幅增强。然而，整体叶盘结构复杂、叶间通道狭窄、扭曲，通常采用镍基高温合金等难加工材料，制造难度大。目前，我国主要采用数控铣削技术制造整体叶盘，加工中为了避免刀具和叶盘发生干涉，铣刀较为纤细，故难以承受较大的切削用量，加工效率低；同时加工过程中切削力大、切削温度高，纤细的刀具极易出现颤振、磨损，成本大幅度提高。整体叶盘的制造已经成为我国新一代航空发动机研制和批产的瓶颈。

在国际上电解加工是整体叶盘制造的主要方法，但国外在该类技术上对我国实施封锁、设备禁运。近年来，国内研究团队在整体叶盘电解加工技术领域开展了大量的研究，发明了整体叶盘叶栅通道多工具同步高效电解加工、叶片型面脉动态精密电解加工等创新方法，突破了工具阴极精确设计、电解液流场优化、加工精度控制等关键技术，掌握了整体叶盘精密电解加工的核心工艺，研制出符合设计要求的整体叶盘零件，超转考核全部指标达到要求。我国也研制出具有自主知识产权的整体叶盘电解加工机床，填补了国内空白。整体叶盘电解加工技术和机床装备已应用于航空、航天发动机制造企业。

（2）大型薄壁机匣制造的电解加工技术　机匣是一种大型复杂薄壁回转体零件，是航空发动机极为重要的连接、承载部件。机匣直径高 1m 以上，壁厚小至 1mm，外表面分布大量凸台、栅格等复杂结构，其材料多为难加工的钛合金和高温合金，是航空发动机中最难加工的零件之一。目前该零件加工变形十分严重，精度无法保证，严重影响了航空发动机装配质量、可靠性和推重比等性能指标，已成为制约新一代航空发动机研制的瓶颈。

针对航空发动机大型薄壁机匣制造的迫切需求，国内首创提出了旋印电解加工技术，该技术采用回转体电极作为阴极工具，通过工件与工具的同步对转，使阳极工件逐层精确溶解去除，与其他加工方法相比，对大型薄壁机匣的加工变形和壁厚控制具有显著优势。研究团队深入开展旋印电解加工基础理论、关键技术、装备和应用研究，建立了较完善的旋印电解加工理论与技术体系，揭示了旋印电解加工阳极成形规律、难加工材料脉动态溶解机理等基础科学问题，突破了阴极工具设计、钛合金点蚀抑制、流场优化设计等关键技术，研制出具有自主知识产权的大型旋印电解机床样机，实现了新型航空发动机栅格结构机匣的高效精密加工，显著提升了机匣加工精度，消除了加工变形，解决了大型薄壁机匣制造的卡脖子难题。

（3）飞行器惯导金属微结构的高精度电解加工技术　高精度小型化加速度计是目前在役及新一代飞行器（四代机、大型运输机、长航时无人机、新型直升机）高精度惯性导航系统的核心器件，对提高飞行器整体性能和实现精确制导打击有着重要影响。采用微小挠性金属敏感元件是实现飞行器高精度惯性导航的重要手段。但是，由于微小挠性金属敏感元件为难加工材料，且对其加工精度和表面质量要求极高，加工制造极具挑战。

国内研究人员提出了微细电解线切割加工技术，发现微加工间隙内物质传输受限是制约微细电解线切割加工效率和加工质量提高的决定性因素，提出线电极和工件单独或同时进行低频振动、同轴冲液等强化传质措施，大幅提高了微细电解线切割的加工效率和加工精度，研发的工艺技术已用于惯导挠性金属敏感元件的研制，解决了其他制造技术无法加工的局部尺寸小至十微米的高精度金属微结构的制造难题，研制出具有自主知识产权的微细电解线切割加工机床，用于惯导挠性金属敏感元件的批量生产。

（4）热离子能量转换器发射极的高性能表面电化学制备技术　钨、钼及其合金材料因具有超高熔点、优异的高温强度、抗蠕变性及高真空功函数等综合性能，是核能领域热离子能量转换器发射极的理想材料。为提高热离子能量转换器发射极的能量密度和输出效率，需制备具有高份额｛110｝晶面的钨涂层。但发射极属于大尺度低刚度的薄壁长筒类零件，在其表面制备出符合要求的钨涂层面临诸多理论和技术难题。

国内研究机构揭示了钨晶面在选择性电化学蚀刻过程中倾向于暴露出｛110｝晶面的机

理，掌握了电化学蚀刻晶面蚀坑的几何特征及表面微观形貌的演变规律，提出了动液静液相结合的复合抛光工艺，显著提高了发射极的电化学抛光效率。针对低刚度薄壁长筒类零件，研制出具有自主知识产权的电化学蚀刻抛光机床及其专用工装，并成功应用于某型号热离子能量转换器发射极的制造，显著提高了其能量密度和输出效率。

（5）涡轮叶片密集气膜冷却孔的高品质电液束加工技术　为降低航空发动机涡轮叶片表面温度，涡轮叶片复杂曲面上分布有密集的气膜群孔结构。这些群孔孔径小、数量多，孔的轴线与表面夹角很小，气膜孔空间分布位置相当复杂且位置度要求很高，同时其材料多为单晶高温合金、镍基高温合金、金属间化合物等难加工材料，要求加工后无重铸层、无微裂纹等缺陷。采用传统加工方法易出现重铸层、微裂纹，而且单晶材料热加工后容易导致晶粒增生，使单晶变为多晶，从而失去原有强度。因此，高品质气膜孔制孔难度极大，特别是单晶高温合金叶片气膜孔的高品质制造已成为航空发动机研制生产中的瓶颈问题。

国内研究团队突破了电液束打孔中微孔加工精确控制和复杂空间曲面气膜孔加工定位技术，实现了气膜孔的冷加工。气膜孔表面无重铸层、无微裂纹及热影响区，孔口形成自然的圆角，入口光滑、无毛刺、孔口无锐边，大幅提高了零件抗疲劳强度，延长了叶片的使用寿命，单个气膜孔加工时间不超过 20s。电液束加工技术在海量气膜孔的高品质加工中得到了验证和应用。目前，电液束加工技术已在我国航空发动机、燃气轮机涡轮叶片制孔中得到应用，成为我国先进航空发动机单晶涡轮叶片制孔的首选工艺。

三、激光加工技术的 8 项典型应用

激光加工作为 20 世纪科学技术发展的主要标志和现代信息社会光电子技术的支柱之一，受到世界各国的高度重视。多国相继推出一系列发展激光制造行业的政策措施，推动了激光加工技术的基础研究及应用发展。目前，激光加工已广泛应用于航空航天、汽车、电子、电器等装备制造领域，在提高产品质量与生产效率、减少污染、节能降耗等方面起到越来越重要的作用。激光加工具备发展为高度智能化的综合型先进制造技术的巨大潜力，有望成为主导性、革命性的制造技术。

（1）大型构件高质高效制造的激光切割技术　激光切割技术作为一种高效、绿色、高质量、高精度的技术，广泛应用于汽车、船舶、交通、能源、航空航天等领域中大厚度管材、超厚板、异形复杂结构等大型构件的高质、高效切割，激光器技术和人工智能技术的进步，使得该技术在高端装备制造和智能工厂中有着广阔的应用前景。近年来，国内重型装备制造企业采用国产万瓦级高功率激光切割装备与机器视觉、智能信息系统相结合，形成了激光下料自动化生产线，实现钢板从材料库自动抓取、自动赋码、自动传输到激光切割机床上进行切割，切割完成后自动推出，并传输到自动分拣系统，进行零件分拣和分类存放，边角废料自动移出等。航空、交通领域复杂构件的激光三维精密切割，以及各类管材的激光切割等，已形成了自动化生产线。这种一体化产线和智能工厂，不仅极大地提高了生产效率和切割质量、降低了生产成本和碳排放，还将引领跨尺度激光切割技术、智能制造等行业在全球范围内从并跑向领跑方向发展。在新能源领域，锂电池制造自动化产线要求速度快且无毛刺，以 250~300W 脉冲光纤激光器为配置的切割装备能很好地满足这类宏观-介观-微观尺度的加工及质量要求，激光极耳切割逐渐成为锂电池生产过程中的核心工艺。

（2）多领域复杂型孔精密有效制备的激光制孔技术　激光制孔具有效率高、通用性强、

精度和分辨率高等特点，广泛应用于航空航天、电子、机械、汽车、纺织等领域，是实现高深径比微孔和复杂异形孔加工的有效手段之一。对于飞机发动机，复杂异型孔在冷却效率上远高于直圆孔，而异型孔的制备是我国发动机产业中的一大难题。航空发动机叶片工作在高于材料熔点的温度环境下，气膜冷却孔使得叶片基体与高温气流分离，在热障涂层的共同作用下可以产生 300~500℃的温差，以实现燃烧及部件冷却保护，是提升发动机工作温度的重要手段。新型发动机的异型孔要求分辨率约为 50μm，同时需穿越热障陶瓷涂层等多层结构，激光制孔方法对此展现出显著的技术优势和应用前景。以气膜冷却孔为代表的三维异形孔制备技术在航空航天发动机、重载燃气轮机热端部件、多类高技术部件的喷嘴制造上至关重要，是国际竞争的前沿技术。随着脉冲激光器的发展，连续激光与毫秒、纳秒、皮秒、飞秒激光等先后被用于异形孔加工。长脉冲激光加工时，材料以熔化溅射为主，孔加工速度很快，适用于大面积高效制孔应用需求。皮秒、飞秒等超快激光（脉宽≤10ps）加工时，热影响区可控制在 5μm 以内，逐渐成为复杂异形孔高精密加工的首要选项。

（3）多材料型面或微结构高精高效制造的激光刻蚀技术　激光刻蚀技术作为一种具有高精度且高效的微制造工艺，适用于不同材料的型面或结构的制造。近年来，随着光束空间整形技术的突破，在微细光束研究方面，采用衍射光学的切（截）趾法得到分束丝、贝塞尔光束、艾里光束的相关研究取得了一定的进展；在激光束长焦深技术研究方面，采用折衍混合元件的方法，可在光斑直径 100μm 时实现 1.5mm 焦深长度，这使得激光刻蚀技术在更多且更新的领域内展现出技术优势。例如：在 MEMS 领域的硅微悬臂梁、探针微电极的刻蚀；在通信终端器件的图形化制造，如 ITO 玻璃透明电极的图形刻蚀；在生物医学领域的典型器件，如微流控芯片、微量移液器以及在光学功能器件上的大面积表面微结构刻蚀等。

（4）深空探测卫星准直器跨尺度栅格结构的激光精密微焊接技术　激光连接技术伴随着工业激光器、机器人、人工智能等技术的发展，已在汽车、航空航天、船舶等工业领域逐步取代传统焊接方法，获得越来越广泛的应用。激光-电弧复合热源焊接可以提升效率并克服装备精度要求高的难点，同时激光与电场、磁场、机械能等多种能场的复合连接技术成为重要发展方向；激光微连接可实现微小结构件的连接，在微机械、微电子及微光机电系统中具有广阔的应用前景。深空探测是 21 世纪人类进行空间中技术创新、太空资源探索与利用的重要途径，高精度的准直器是深空探测器中最为重要的部件之一。我国自主设计的硬 X 射线调制望远镜卫星的中能望远镜高精度准直器整体结构在米量级、栅格壁厚 70μm、栅格间距（1.17±0.015）mm×(4.68±0.015）mm、深度 67mm，是一个典型的跨尺度精密构件。但是，大深度、高空间分辨率跨尺度栅格准直器的制造在国际上一直是个难题。我国研究者研究开发出准直器跨尺度栅格结构激光精密微焊接技术与装备，采用在线视觉检测定位、高精度动态聚焦扫描振镜与精密数控机床联动相结合的技术方案，实现大深度、高空间分辨率准直器栅格结构的高效激光精密微焊接与检测，为同类型产品的生产制造提供了全新的制造技术及装备解决方案。

（5）超超临界百万千瓦汽轮机转子的激光表面熔覆改性与修复技术　激光熔覆及再制造技术具备热影响区域小、绿色环保及冶金结合力强等优势，既可用于零部件新品的改性加工，也可实现损伤件的修复成形，进而大幅度提升关键零部件的服役寿命，有效降低能源和资源损耗，有力推动了传统机械制造技术逐步向绿色制造技术的转型升级。超超临界百万千瓦汽轮机转子作为高速高精重型回转部件，重量超过 30t，价值达 1000 万元，其轴颈部位须进行降 Cr 改性，而改性层中一旦出现缺陷将导致整根转子报废。当前主要采用堆焊改性，存在热影响大、改性效率低等问题。采用激光熔覆技术对超超临界 9Cr 钢转子轴进行表面降 Cr 改性，采用 2~3 层激光熔覆替代了行业长期沿用的 7~8 层埋弧堆焊技术，节约大量工时和材料，工艺稳定可靠，大幅提高了制造效率和产品质量，达到了大型透平转子严苛的装机要求，已成为大型汽轮机厂的标准工艺，应用于浙能六横等重大工程。也可对服役过程中失效或加工超差的汽轮机转子进行能场复合激光现场修复，不用拆卸即可实现精准定位选区修复，修复区域无气孔、裂纹、夹杂等缺陷，维修周期由原来的 3 周缩短为 1 周以内，挽回巨额的停机损失。

（6）高端重载轴承的激光精密表面强化技术　激光精密表面强化技术已在高端装备部件表面大面积强化、选区定制强化等方面展现出新的巨大潜力。随着激光器以及光学系统的快速发展，万瓦级光纤耦合半导体激光器以及 100mm 以上宽幅光斑已经应用于激光表面强化领域。激光精密表面强化技术正在逐步替代传统表面处理技术，并且成为低碳、绿色制造的技术支撑。在“双碳”目标驱动下，海上风电作为清洁可再生能源，已成为全球关注的焦点，海上风电机组单机功率、风轮直径持续提升，对大型风电主轴轴承的表面性能提出了很高的要求，然而这类高端重载轴承及其制造装备长期被国外垄断。采用面/体热源激光复合表面处理技术，以及国产化自适应可变光斑热处理头和 15kW 光纤耦合半导体激光强化专用成套装备，对轴承滚道表面的组织、性能进行精密调控，可实现海上风电主轴轴承的低变形高效率激光深层强化，强化层深度达 6.3mm，变形量仅为 0.08mm/3.3m，替代传统感应淬火，推动了我国大型海上风电主轴轴承的国产化进程。

（7）消费电子产品的激光微纳加工技术　近年来，激光微纳加工技术在国内消费电子领域得到了广泛应用。以手机为例，激光微纳加工技术可用于手机屏幕的高精度切割和打孔，提升手机屏幕的图像清晰度和细腻度。对于手机镜头，激光微纳加工技术能够精确加工非球面透镜，改善手机镜头的像差和畸变问题，也可以镀膜加工，在镜头表面形成微纳米级结构，实现抗反射和防刮效果。此外，激光微纳加工还可用于电路板上微小导线和连接线的切割，提高电子元件的性能和稳定性。它还能制造微型传感器和微型光电元件，如微型加速度计和微型光学器件，缩小了产品体积。同时，激光微纳加工技术还能进行外壳的精细加工和高度定制，满足消费者对外观和功能的个性化需求。激光微纳加工技术通过提供高精度、高效率和无接触的加工方法，提升了产品质量和生产效率，满足了消费者对产品性能、便携性和外观的需求，推动了整个消费电子产品的创新和发展。同时，这种技术的应用也为国内激光设备制造商和加工服务提供商带来了商机，促进了国内激光产业的发展，对国民经济的发展起到了积极的推动作用。

（8）难加工材料低损伤精密加工的水助激光复合制造技术　激光复合制造技术能够解决激光单独加工存在的短板，有助于突破单一激光加工极限，应用前景日益广阔。水助激光加工技术将激光加工和水射流加工复合，结合激光加工效率高、材料适应性强、加工精度高以及水射流加工热损伤小等优势，在难加工材料的低损伤精密加工领域应用潜力巨大。激光通过较大直径（2~3mm）的同轴水射流聚焦于工件加工区，利用扫描振镜控制激光束的运动路径，实现高分辨率、高复杂度精密加工，其工艺分辨率可小于 50μm。采用高能波长 532nm 纳秒脉冲激光，以减小水射流中的激光能量损耗。高速水射流可及时排出激光加工产物，清洁加工区，并对激光加工区进行高效冷却，减少或避免激光加工产生的热损伤。在航空发动机及燃气轮机涡轮叶片制造领域，采用该新型水助激光加工技术，已实现热障涂层单晶高温合金涡轮叶片复杂异型气膜冷却孔的单步穿越加工，加工表面无再铸层、无微裂纹。

四、超声加工技术的 6 项典型应用

我国超声加工的研究从 20 世纪 70 年代开始兴起，以原吉林工业大学为代表的研究者开展了单向超声振动车削为主导的系统性基础研究。21 世纪以来，随着中国制造的迅速崛起，众多大学开展了超声加工技术创新与应用研究。一方面，随着脆性材料、复合材料、高强合金等难加工材料构件，大型、整体、薄壁等难加工结构构件，高表面强化、织构化、光整化等功能表面构件，以及微连接、破碎、清洗等材料加工处理需求不断增多，各种新型超声加工工艺由需求牵引发展；另一方面，随着声学与力学结构设计技术、压电材料与智能控制技术、高档数控机床技术的不断提升，超声加工装备不断向高端化发展。以新型超声加工的技术特征为主线，近代超声加工技术在国民经济发展发挥了许多典型作用。

（1）高附加值构件的高效高质超声振动切削技术　2016 年，国内提出波动式超声振动切削加工新模式，打破传统切削速度方向分离的超声加工切削速度限，实现了钛合金 200m/min 以上、高温合金 100m/min 以上的难加工合金高速超声加工，已应用于飞机钛合金梁波动铣削、复合材料/钛合金叠层蒙皮波动钻/铰/锪、机翼-机身交点孔波动镗削、薄壁管套波动车削以及发动机高温合金叶片/叶盘/喷口/微槽波动铣削、高温合金涡轮盘/挡板波动车削、高温合金波动钻孔等高附加值构件的生产。在保证加工质量的前提下，该技术可提高加工效率 20%以上，而且相比于普通加工可提高加工精度、降低表面粗糙度值，合金构件表面波动加工的抗疲劳寿命相比于普通加工提高 1 倍以上。

（2）难加工材料的超声磨削技术　超声磨削技术侧重于通过超声振动提高脆性材料、难加工合金的磨削质量和效率。国内某大学提出的超声振动辅助 ELID（在线电解修整）磨削技术，更加适合陶瓷材料的精密加工，相比于传统 ELID 磨削，增大了塑性去除的临界切削厚度，改善了加工表面质量；该技术还实现了齿轮的切向超声振动辅助成形磨削，降低磨削区温度和磨削力，形成了更大的表面残余压应力。国内某大学发展了超声振动辅助缓进深切成形磨削航空发动机叶片榫齿结构的工艺技术，考虑榫齿特殊的轮廓对砂轮磨损的影响，建立了刚玉砂轮磨损体积模型，通过研究利用磨粒与工件之间的“接触-分离-接触-分离”循环现象实现砂轮自锐，降低磨削力的同时提高了工件加工表面质量。

（3）难加工蜂窝材料的超声切削技术　超声切削机床在我国飞机制造中有广泛应用。公开文献资料显示，国内某大学以 STM32 单片机作为主控芯片研制了面向蜂窝材料超声切削的超声电源，提出一种 BP 神经网络结合 PID 调节的频率跟踪算法，实现对超声振动系统谐振频率的快速响应，研制了具有标准刀柄接口的超声切削刀柄，并与企业合作开发了蜂窝材料超声切削机床。国内某大学以 AT89S52 单片机作为主控芯片研制了超声电源，提出一种变步长复合频率跟踪方法，提高了跟踪速度和跟踪精度，研制了具有非标接口的超声切削刀柄、主轴，并联合相关单位将现有高速数控机床改进成超声切削机床。我国还研制了具有标准刀柄接口的超声切削刀柄，包括压电晶体刀柄和超磁致伸缩刀柄，并开发了基于工业机器人的蜂窝材料超声切削装备。超声切削机床在国内众多航空主机厂均有应用。现场加工数据显示，相比普通数控机床，超声切削机床加工产品的合格率提升了 12%、加工效率提升了 32%，粉尘污染程度得到了明显的改善。

（4）精密高质的超声表面处理技术　最具代表性的超声表面处理加工技术是表面强化、织构化、光整化等。超声强化技术已成为具有光整与强化一体的独特技术，在大型机械构件疲劳关键区精密表面加工中发挥了主要作用，如国内某大学研制的超声滚挤压装置在飞机起落架超高强度钢大螺纹牙根强化应用，使疲劳寿命提高3倍以上；山东某公司开发的超声强化系列产品在高铁等重型机械装备领域获得广泛应用；北京某大学超声滚压技术在工件表面引入高达0.5mm的残余压应力影响层深，残余应力和显微硬度最大值都出现在亚表层，残余压应力最大值大于1000MPa；我国还开展了大量表面织构化超声微细加工技术研究，对金属玻璃表面织构化光学模具的椭圆超声精密加工，实现了多闪耀光栅及渐变闪耀面光栅为代表的复杂槽型光栅的加工，所得光栅的表面粗糙度值低至15nm；国内某大学长期深入研究了超声珩磨界面的空化光整机制，分析了距离、超声振幅、试验时间对凹坑最大直径、表面侵蚀率、表面粗糙度值的影响。在一定的条件下，空化效应有助于改善工件表面质量，提出了超声空化表面处理方法。

（5）先进制造领域的超声连接与材料处理技术　在超声连接与材料处理技术方面，应用最广泛的是超声焊接技术，过去很长时间我国主要生产超声波塑料焊接设备、部分生产超声波金属焊接设备，由于当时以美国必能信为代表的国外超声波金属焊接设备在性能和可靠性方面优于我国的相关设备，国产设备的市场占有率低，但近年来随着我国科技水平的提高，我国自主研发的超声金属焊接设备以不断提高的可靠性逐步增加了国产装备的市场份额。目前，我国研发的超声除尘器、超声波破碎仪、超声雾化器等已逐渐获得了更多市场份额，在工业加工、生物净化、医美、农林等领域的应用日益广泛。典型产品有超声波细胞破碎机、超声波美容仪、超声波喷涂/培养系统等，以及正逐步国产化的超声手术器械类高科技高附加值产品，如切割止血防结痂超声手术刀、超声骨刀、高清监控高强聚焦超声肿瘤治疗系统等。

（6）多应用场景的超声辅助复合加工技术　在超声复合加工方面，超声与其他能场复合加工的方式多样，具有综合优势。比如，超声辅助固结磨粒化学机械抛光时，椭圆运动轨迹在工件表面的分量会使磨粒与工件在平面内的滑动距离增加，其重复研磨的过程既有利于提高抛光的表面质量，也会因为引入额外的超声振动能量而增大摩擦化学反应所需的摩擦学能量，促进界面摩擦化学反应发生，在单晶硅、熔融石英玻璃和氮化铝陶瓷等材料的高效环保无损全局平坦化加工中具有优势；再如，超声电火花复合加工时，超声振动会在电极间隙中产生高频交变的压力冲击波，可有效改善间隙工作液的流动特性，减少电蚀产物的沉积聚集，提高难加工材料的加工效率和精度；又如，超声等离子体复合辅助磨削时，超声对等离子体强度的调制作用以及磨粒和等离子体氧化层相互作用，可实现直径1mm的金属结合剂eCBN球头砂轮微小孔加工，并在厚度1mm的钛合金平板上成功加工出高精度通孔。

总之，超声加工技术与制造业重大需求相结合，不断提升其工艺技术水平，推动了超声工具技术、超声电源技术及其与高档数控机床融合技术的发展，不断拓展了超声加工技术在新材料、新结构、新行业的应用范围。

五、增材制造技术的5项典型应用

增材制造可快速高效实现复杂构件的整体成形，为产品研发提供快捷技术途径；能降低制造业的资金和技术门槛，有助于催生新的制造模式，有效提高就业水平；有利于激活社会智慧和金融资源，实现制造业的结构调整，促进制造业由大变强，给制造业变革和新产品发展提供重大机遇。更重要的是，增材制造技术从原理上突破了复杂异型构件的技术瓶颈，可实现材料微观组织与宏观结构的可控成形，真正实现“设计引导制造、功能优先设计、拓扑优化设计”，为全产业技术创新、军民深度融合、新兴产业、国防事业的兴起与发展开辟空间。增材制造技术已广泛应用于航空航天、航海工程、生物医疗、汽车交通、文化教育等领域，可有效带动上中下全链条产业的兴起与发展，并进一步形成增材制造技术的战略新兴产业集群，为经济发展提供新的增长点，已在多个领域发挥了重要作用。

（1）航空航天领域喷气发动机零件的增材制造技术　增材制造技术在航空航天领域取得了显著的突破，特别是在喷气发动机零件制造方面。采用传统方法制造复杂发动机零件往往需要多个工序，而增材制造可一次性制造整个零件，减少了制造周期和材料浪费。此外，增材制造还可以创建复杂的内部结构，提高零件的性能和燃烧效率。该技术已应用到更轻、更高效的喷气发动机制造领域，对航空航天工业产生了深远的影响。

受制造工艺约束，一些构件采用传统制造技术无法实现整体制造，只能分体制造然后再进行焊接或铆接。增材制造技术几乎不受制造工艺约束，可实现“化零为整”的整体制造，从而减少加工和装配工序，缩短制造周期，减轻质量，提高装备的可靠性和安全性。美国GE公司的应用案例及其效果如下：LEAP发动机采用增材制造整体成形燃油喷嘴，组件由原来的18个减少为1个整体构件，质量减少25%，效益提高15%；高级涡轮螺旋桨（APT）飞机发动机通过增材制造整体成形出35%的构件，组件由原来的855个减少至12个，质量减少5%，大修时间间隔提高30%，燃油消耗减少30%。美国NASA马歇尔航天中心的应用案例及其效果如下：采用激光增材制造技术成形了大量的火箭发动机构件，包括发生器导管、旋转适配器等；采用激光增材制造技术成形的RS-25火箭发动机弯曲接头，与传统设计相比，采用激光增材制造优化设计可以减少60%以上的构件数量、焊缝以及机械加工工序。

总之，激光增材制造技术与传统制造技术对比，采用激光增材制造技术可以大幅降低制造成本与时间。

（2）医疗领域个性化医疗器械的增材制造技术　增材制造已经在医疗领域中实现了个性化医疗器械的生产。例如，患者特定的骨骼植入物、义肢和牙科矫正器件可根据患者的解剖结构，通过增材制造术进行定制。这不仅提高了患者的治疗效果，还减小了手术风险。此外，增材制造还可以用于制造复杂的生物组织模型，用于药物研发和外科培训。

如在聚合物聚醚醚酮（PEEK）多孔骨植入物方面，我国学者设计了三周期极小曲面（TPMS）多孔点阵PEEK椎间融合器，可提供定制的三维孔隙和力学性能，并增材制造出实物。与传统方法制造的融合器相比，增材制造的点阵PEEK椎间融合器可实现多点面应力传递机制，其压缩模量和弹性极限与点阵面积有显著的相关性，两者均可通过调整TPMS表面面积来调节，同时保持能量吸收效率稳定，有效解决了植入物-椎体的应力冗余和界面骨整合差的难题，实现了椎间融合器临床应用。术后定期跟踪随访，进行功能评估，病人各项指标正常，术后恢复良好。

（3）汽车领域轻量化零件的增材制造技术　汽车制造商正在积极采用增材制造技术，通过与铸造等传统技术结合或直接增材制造，以达到使零件轻量化、提高燃油效率并降低排放之目的。

以增材制造与铸造相结合为例，随着汽车等领域高端装备对性能要求的不断提高，其关键零件向复杂化、整体化方向发展。铸造是复杂金属零件成形的主要方法，但其传统模具工艺难以甚至无法整体成形复杂铸造型（芯）。为此，我国学者提出利用工艺优化设计 CAD 模型，采用增材制造整体成形复杂的铸造熔模、砂型（芯）和陶瓷芯，创新铸造过程调控方法，以实现高性能复杂零件的整体铸造。利用上述思路，创建了高性能复杂零件的增材制造-铸造整体成形成套技术，成功应用于汽车等领域镍、钛、镁、铝、铁等合金复杂零件的整体铸造，如使汽车蠕铁六缸柴油发动机缸盖（外形最大尺寸超过 1m，最小壁厚 5mm）的铸造周期由原来的 5 个月左右缩短至 20 天以内，同时减轻了重量，降低了废气排放。

（4）核心关键件的增材修复技术　利用增材制造的方法，在关键部件上实施形状及性能的恢复，是增材制造领域的有效扩展应用。如热锻模和压铸模等热作模具的修复，实现缺损尺寸恢复的同时，性能不低于原件的 90%，达到再制造利用的目的。增材制造技术在太空探索中发挥了重要作用，如宇航员在太空站上使用 3D 打印机来制造紧急修复所需的工具和零件。此外，一些太空任务中的关键零件也使用增材制造技术制造，这些零件无须从地球上运输，可减轻太空载荷，增加任务的灵活性。

传统热锻模的修复方法存在周期长、性能差、寿命低等突出问题，采用多种材料修复热锻模能充分发挥各类材料的优势，提升其整体性能和寿命。根据热锻模不同区域的承载和失效特点，采用区域材料可控的多种材料增材制造思路，即将合适的材料随形沉积在热锻模合适的位置，以满足其不同的性能要求，利用电弧增材制造技术具有材料和环境适应性广、成形效率高、成本低等优点，创建了高性能硬质合金粉芯丝材设计制备和电弧增材修复的成套技术，实现产业化。应用效果表明，与传统方法相比，热锻模的修复效率提高 3. 17 倍、成本降低 75%、寿命提高 4. 47 倍。

（5）碳化硅复杂陶瓷零件的增材制造技术　碳化硅陶瓷具有优异的耐磨性、耐腐蚀、耐高温、抗氧化以及低热膨胀系数等性能，是航空航天、电子信息等领域中的关键材料，特别是如高分辨率空间遥感卫星反射镜镜坯、飞行器热防护系统、矿用渣浆泵等复杂碳化硅陶瓷零件的整体制造技术，对航空航天等国家安全和前沿技术发展有着重要的战略意义。然而，由于碳化硅陶瓷材料具有高温烧结变形大、缺陷敏感性强等特点，烧结后难以加工制造，复杂碳化硅陶瓷零件的整体制造成为世界性难题。

为此，我国学者提出复杂碳化硅陶瓷零件的增材制造技术，研制出大台面复杂陶瓷零件增材制造方法与装备，发明碳纤维/碳化硅（Cf/SiC）复合材料零件的整体增材制造方法，建立工艺参数、预制体微观结构和复合材料构件性能之间的耦合关系，揭示预制体在反应烧结后的结构演变规律和相界面成形机制，阐明碳纤维对 SiC 复合材料强韧化机理。整体的成形碳化硅零件致密度 99. 5%，收缩率<2%，解决了空间反射镜镜坯、复杂碳化硅陶瓷渣浆泵等的整体制造难题。

第三节　特种加工技术的未来发展挑战

中国经济步入高质量发展阶段，“制造强国”战略的实施、新一代信息技术与制造技术的深度融合以及人工智能等新兴技术向制造业的快速渗透，都为特种加工技术及装备的发展带来了机遇。与此同时，我国特种加工技术也将在多学科交叉的加工理论创新、新材料新结构的工艺技术创新、多工艺多能场的融合创新、特种加工与新一代信息技术的深度融合、高端特种加工装备的创新和标准体系的持续完善等多个方面直面挑战。

一、多学科交叉的加工理论创新

特种加工技术涉及机械、材料、冶金、等离子体物理、电磁学、光学、化学、电化学、声学、流体力学、传热学等学科，是一个典型的多学科交叉技术。特种加工能场和工艺方法种类多样，能量匹配和加工过程调控能力强大，可实现各种材料和各种复杂结构从纳米甚至原子尺度到宏观尺度材料的高性能去除、添加或改性加工，是制造学科创新的重要增长点。

近年来，在国家重大需求的牵引下，特种加工技术取得了长足的发展和进步，解决了航空航天等领域一批特种关键零部件的制造难题。但是，由于特种加工能场的多样性、加工过程中能场与物质相互作用的复杂性、加工对象和加工要求的特殊性、多学科交叉知识的宽广性等，特种加工还存在诸多亟待解决的理论和技术问题，其潜在的技术优势还未能得到充分挖掘，如能场与物质相互作用的规律及其理论建模、加工过程的高时空分辨可视化观测与分析、加工过程形性精准检测与调控、原子级尺度或原子级精度加工、多能场耦合高精高效协同加工等。因此，亟须吸收物理、化学、机械、材料、信息等众多学科的前沿成果，不断创新研究方法，融合相关学科的最新理论，进一步发展和完善特种加工理论和技术。

分领域看，电火花加工行业的企业普遍研发力量薄弱，期待能有系统性的、突破性的基础研究成果来引导制造工艺及装备的代际升级，但目前仍普遍依赖大量试错和有限经验来开发产品，导致行业整体突破技术“天花板”的进程不快，一些机床的定量可比技术指标与国外高端装备之间的差距仍未缩小。

电化学加工是典型的电场、液场、气场、温度场和结构场的多场耦合，影响其加工间隙的因素众多且规律尚未完全掌握，溶解机理等理论基础有待进一步探究。

激光加工涵盖机械工程、材料科学与工程、控制科学与工程、计算机科学与工程、光学工程等多学科知识。激光加工也是一种典型的远平衡状态下的工艺，其加工过程中涉及激光与材料光、热、电、磁、力学性能的多尺度演变，需多学科交叉协同攻关，在理论机理、工艺技术开发和工业应用方面的问题层出不穷。另外，该技术还存在一些需要解决的基础科学问题和工艺技术问题，部分基本概念的内涵和外延需要进一步明确、细化与规范，比如在远平衡条件下激光与材料的加热、熔化、凝固、冷却过程，新光源下激光与物质的相互作用机理等。

增材制造技术在基础与应用研究方面还存在不足。我国增材制造领域存在基础理论研究滞后于技术发展需求的矛盾：一是材料组织形貌表征及控制的研究尚未完善，缺乏对增材制造过程中材料微观组织的观察，导致微观结构和加工性能难控，影响成品质量的进一步提升；二是模拟能力不强，增材制造的工艺过程极其复杂，在晶体等微观组织的仿真分析方面仍面临较大挑战；三是工艺原始创新缺乏，目前我国增材制造领域的创新集中于部分工艺改进和具体应用方面，原创性工艺较少。

增材制造技术需综合材料、机械、计算机、自动化等多个学科领域的知识，在多学科交叉的加工理论方面存在挑战。一是在材料选择和性能预测方面，如何选择适合的增材制造材料是一个挑战，不同的增材制造技术对材料的要求各不相同，需在多学科背景下进行材料选择，此外预测增材制造材料的性能是一个复杂问题，由于增材制造过程中材料的微观结构会

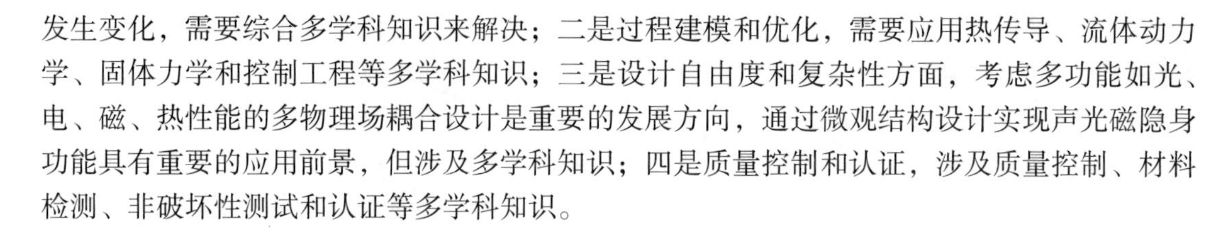

发生变化，需要综合多学科知识来解决；二是过程建模和优化，需要应用热传导、流体动力学、固体力学和控制工程等多学科知识；三是设计自由度和复杂性方面，考虑多功能如光、电、磁、热性能的多物理场耦合设计是重要的发展方向，通过微观结构设计实现声光磁隐身功能具有重要的应用前景，但涉及多学科知识；四是质量控制和认证，涉及质量控制、材料检测、非破坏性测试和认证等多学科知识。

二、新材料新结构的工艺技术创新

随着现代工业的快速发展，各种新材料、新结构逐渐被广泛使用，对于特种加工技术来说，既是机遇、又是挑战。

在航空航天工业、核工业、兵器工业、化学工业、电子工业和现代化机械工业领域，关键核心零部件越来越多地采用具有高强度、高硬度、耐蚀、耐磨损、耐高温等优异性能的材料，比如高强度钢、超高强度合金结构钢、高锰钢、马氏体淬硬钢、高温合金、钛合金、金属间化合物、金属陶瓷和金属复合材料等，这些材料不仅难切削而且制作的零部件结构更复杂，因此加工的不适应性及瓶颈难题会更加突出，亟待研发新的特种加工技术或工艺方法以加快解决上述难题。以航空发动机为例，未来新型高推重比发动机涡轮前燃气温度将进一步提升，而目前所用高温合金材料的许用温度已很难提高，因此需通过工艺创新研制先进燃烧室冷却结构以提升新型发动机性能，一些数量庞大、高密集阵列排布的扰流柱薄壁回转壳体材料，已难以采用常规铣削加工等手段制造，成为制约新型高推重比航空发动机研制的瓶颈，迫切需要发展先进的制造技术，特别是电化学加工技术。

激光加工能为新材料、新结构关键构件制造提供有效解决方案，如激光合金化可制备超导合金 MoN、MoC、V_3Si，制造表面金属玻璃 FeCrCB、NiNB 等，激光焊接可实现黑色金属/有色金属、金属/陶瓷、金属/塑料、金属/玻璃等异种材料的连接，激光打孔可实现高深径比微孔的制备，超快激光可实现高效率、高质量柔性电路板（FPC）覆膜切割等。然而，新材料、新结构的激光加工也面临一系列的技术难点，需从方法、工艺、缺陷抑制与质量保障等方面进行技术创新，如解决异种材料的界面结合问题，铝镁合金激光焊接产生的气孔、裂纹、飞溅等缺陷，异形孔的轮廓精度与热影响控制等亟须开展相关的控形控性工艺创新，拓展激光加工在新材料、新结构上的应用。

增材制造在专用新材料的开发和应用方面仍面临挑战。尽管已开发了一些先进的聚合物、金属和陶瓷及复合材料，但其种类和性能仍难以满足不同行业的发展需要，主要体现在以下方面：一是材料性能方面，需要研发适应增材制造工艺特点要求的新材料，涉及新材料合成、测试和验证等挑战；二是结构设计方法与软件方面，需要面向增材制造的专用材料开发结构设计方法和软件；三是新材料成形零件的精度和性能控制，涉及层间黏附、温度分布、热应力等，要通过工艺创新避免成形过程中的缺陷和变形；四是多材料的增材制造，利用多材料增材制造技术可以将合适的材料打印在合适的位置，实现材料组分区域的可控制备和宏微观结构成形一体化，有望突破性能极限，但要求精确的材料切换及其界面控制，也需要创新工艺方法。

在超声加工方面，随着装备高速耐高温化和复合轻量化，粉末高温/超高强合金材料车铣、陶瓷基/树脂基复合材料切磨、复材/钛合金叠层结构制孔、多场隐身/探测微纳织构化等加工难题不断增多，高频、高速、多向、伺服超声加工技术需不断创新，以提升合金构件的抗疲劳加工性能、复合材料的低损伤加工性能及织构表面模具的超精密加工性能。

三、多工艺多能场的融合创新

采用多能场复合方法、突破单一能场难以解决的工艺极限，是特种加工界独有的技术优势所在。然而，多能场复合不是简单的能量场叠加，而是在对各种不同能量场的科学理论充分理解的基础上，有效利用多能场所带来的复合效应而产生新的物理与化学过程，更有效地控制材料的去除、生长和改性等，从而破解以往单一加工方法无法解决的制造难题。因此特种加工多能场复合效应的新发现、新突破、新应用需通过融合多学科的知识和广泛深入的科研实践才能实现。

如何充分利用加工工艺和能量种类的多样性实现高效率、高质量、低成本加工一直是制造领域研究的热点。利用两种或两种以上形式的工艺或能量的综合作用来实现对工件材料的减材、增材或改性等加工，可发挥各工艺及能量场的优势，通过优势互补，实现高效率、高质量、低成本制造，因此多工艺、多能场的融合创新是特种加工技术发展面临的重要挑战和主要发展趋势。特种加工技术中的电火花加工、电化学加工、激光加工及超声加工等工艺方法丰富、能量形式多样，为多工艺、多能场的融合创新提供了丰富的素材。

应用最广泛的多工艺、多能场特种加工复合制造可以分为电基多能场复合制造和机基多能场复合制造。电基多能场复合制造是以火花放电所产生的热能或者电解加工的化学能为主，与声能、机械能、化学能等中的一种或几种能量形式复合实现零件材料去除的一种制造方法，机基多能场复合制造是以机械能为主导能量形式，辅予声能、热能、光能、电能等其他能量形式，共同作用实现零件材料加工的一种制造方法。当前，我国多工艺、多能场特种加工复合制造在基础理论、方法、工艺、装备及应用等方面取得了长足发展，但仍面临航空航天、兵器、汽车、电子、能源等领域持续出现的特殊结构、特殊材料以及提高加工效率、降低制造成本的需求挑战，需要在多种加工效应能量精准控制、多种能量的耦合机制及匹配等的基础理论、方法及工艺方面实现原理、模式、方法的创新和多能场协同智能控制，进一步提升多工艺、多能场特种加工复合制造的极限加工效能。

高端装备制造业对关键零部件表面性能的要求持续提高，以单一激光作为热源的加工制造技术遇到发展瓶颈。多工艺与多能场协同作用的激光复合制造技术显示出了独特优势，可突破单一激光加工工艺或单一能场难以解决的工艺极限。近些年不断涌现的激光复合制造技术包括电磁场辅助激光熔覆、超声振动复合激光表面改性、激光/（电）化学复合加工、超声速激光复合沉积、水助激光加工、激光辅助切削加工等。可深入研究多物理场协同作用对激光表面改性非平衡过程的影响机理，建立复合场工艺、激光工艺和改性层性能之间的对应关系。

将增材制造工艺与切削、铸造、锻造、热等静压等工艺结合，可以发挥不同工艺的优势，克服短板，同时将磁场、温度场、电场、光场等多能场复合，是增材制造技术的发展趋势之一，但仍存在如下挑战：一是多工艺、多能场协同耦合控制，需要对多模块工艺集成与成形过程实时监测与数据反馈，实现多工艺、多能场增材制造成形的“多边耦合联动”控制；二是多工艺成形数据-结构-性能一体化预测，要针对多工艺、多能场参数优化试验复杂、工艺繁琐以及成形零件性能难以控制等问题，基于多工艺增材制造数据，建立多工艺、多能场、多尺度增材制造一体化模拟体系，通过工艺数据和模拟数据协同作用，实现多工艺、多能场增材制造全过程的参数优化和工艺设计；三是多工艺、多能场可编程控制的材料微结构开发，需加强对多工艺协同的材料成形机理进行探索，为多工艺、多能场辅助开发异质结构和功能材料提供调控方式，通过多工艺、多能场调控材料微结构（晶粒尺寸形状、相组成等），实现多工艺、多能场增材制造过程中定制化材料不同区域的性能调控；四是在多工艺、多能场增材制造技术标准体系方面，需建立新材料、新工艺、新装备、新产品的多工艺多能场增材制造标准，实现全链条增材制造技术体系的规范化。

超声加工能场为电火花加工、激光加工、电化学加工、增材制造、生物手术加工提供了高频分离冷却、空化冲击排屑、强化加工表面、降低加工损伤的综合效果，近年来产生了丰富的超声与多工艺、多能场复合的超声复合加工新工艺、超声复合能场加工新理论，仍需进一步研究，从而为高端制造发展贡献更大力量。

四、特种加工与新一代信息技术的深度融合

随着新一代信息技术发展及其在特种加工领域应用深度和广度不断扩大，有力推动了特种加工技术的发展。以电火花成形加工为例，国外公司根据加工形状、工件特性、表面质量要求和摇动模式等，基于 Q3ute-AI 自动计算生成最佳加工条件和 NC 程序，并会对错误路线进行自主学习，可改善二次加工效果；采用 D-CUBES 传感技术与 Maisart 人工智能技术，可自动识别浇口等结构的加工深度，通过最适化控制与高速抬刀相结合的方式来改善加工稳定性，实现高速化加工；研发出新一代 Exopuls+高功率脉冲电源，对放电过程进行智能优化，可使用石墨电极进行高精度加工，在保证加工表面质量的同时，可大幅降低能耗并缩短加工时间。近年来，我国电火花加工机床采用新一代信息技术，虽有较大发展，但与国外技术仍有较大的差距，需进一步加大与新一代信息技术深度融合的研究工作。

在电化学加工研究方面，目前针对不同加工场合已采用了如间接测量间隙的自适应控制等方法，但仍具有很大的局限性，需要在化学加工智能化方面取得突破。主动引入 AI 算力、数据科学方面最新成果，建立复杂结构多物理场耦合成形过程数字孪生模型，结合大数据的深度学习技术，将通过训练深度学习网络、卷积神经网络以及循环神经网络等人工神经网络来对实现对大数据信息的高维特征自动提取并输出预测信息，揭示表面状态、成形规律和工艺参数的动态映射关系，形成参数可调的工具电极正向精确设计方法和工具；需进一步加强对电解加工过程的智能感知和过程监控，综合考虑加工电压、加工电流、电解液压力、流量、加工间隙等多因素影响，开发多源信息融合、多源数据交互的加工过程智能控制系统，促进创新方法的实现与应用。

继续推进激光器国产化水平不断提升的同时，需持续开展激光加工过程自动化、智能化等的研究工作。将设备健康状态、工作环境、工件状态、扫描轨迹、匙孔和熔池、加工质量与形貌等特征信息的感知、分析、推理、决策、管控等融合起来，结合仿真模型、机器学习、神经网络、数字孪生等新一代信息技术，开发出具有设备状态自感知和预测性维护等功能的智能激光制造成套系统，加快高端装备激光加工自动化、智能化的发展步伐。

将增材制造技术与物联网、大数据、人工智能等新一代信息技术进行深度融合，以提高生产效率和质量。一是要做好大数据的管理和处理，在增材制造和信息技术的融合中将产生大量的数据如 3D 模型、传感器数据、过程监控数据等，需要有效管理、存储和处理大数

据，也需要强大的计算和数据分析能力；二是需加强标准化，在深度融合的情况下建立全球标准，以确保不同技术和设备的互操作性以及保证产品的一致性；三是可持续性方面，比如在材料的可持续性、能源使用和废料处理等方面，可利用信息技术进行优化。

随着智能工具的应用，超声加工的换能驱动需要自适应载荷谐振控制，同时也可以通过检测谐振特性变化感知加工载荷与刀具状态的变化，为高效载能、自适应智能制造提供双重贡献，进而为提高高端、大型构件的加工质量和加工效率提供新一代智能工具技术。对于在一台超声电源高效驱动单台设备中实现不同谐振中心频率的多套超声工具，单纯识别刀柄与对正中心频率还不够，最好能对应自动调整电源的匹配电感/电容。目前针对渐变载荷与环境变化的谐振中心频率变化和振幅变化，可采用频率跟踪控制和功率反馈控制来解决，但对铣削交变载荷中失谐的自适应控制很难，需要高带载能力设计。此外，在双谐振模态的中心频率一致化调试、双相同时自适应控制等方面的难点亟需解决。

五、高端特种加工装备的创新

特种加工装备不仅需具备精密数控机床的特性，更是和具体的加工工艺密不可分，需要具备与工艺方法匹配的专门部件和特殊功能，没有掌握核心的工艺方法难以实现高端特种加工装备的设计与制造。未来高端特种加工装备的发展和应用，需要与基础理论、关键技术、核心工艺等方面协调一致，同时消化吸收人工智能、先进数控及传感等技术。

目前在高端能量发生系统、高端控制技术、高端工艺技术等一系列核心技术方面，国内特种加工装备与国际先进水平还存在差距，一方面自身基础技术研究不足，另一方面国外企业垄断关键核心部件，一些重要基础配套件、元器件仍需大量依赖进口，使国内企业在高端装备市场的竞争力不够，仍未实现良性发展局面。

在电解加工装备方面，亟需突破微尺度加工间隙、大型复杂构件在机原位测量难题，形成面向加工间隙、外形尺寸、零件壁厚等物理量的方便可行的在机测量手段，建立对应的加工过程自适应控制策略；在功能部件方面，专门开发面向多工况的脉冲振动耦合装置、具有大通量电-液供应能力的超声振动旋转主轴等，建立多参数监测和调控系统，为加工过程自适应控制奠定硬件基础；在服务国家重大战略需求方面，研发大功率脉冲电源，大通量电解液循环系统等，以满足大型构件的电化学加工需求。

在激光加工装备方面，目前国内的高端产品多采用进口的激光器，严重影响了我国高端装备的自主发展。一方面进口产品的采购周期较长，会对国内相关技术的发展和研究产生较大的影响；另一方面激光芯片、激光器、激光头、控制软件等核心部件国产化水平相对较低，产业发展受制于人。未来，激光加工技术很可能发展为主流的制造技术，亟需突破高效率、高质量、高稳定性激光发生器的国产化研制难题，构建激光加工专用装备集成技术体系，加强批量生产能力并实现产品化发展。

目前我国增材制造专用材料特别是特殊用途的特种金属或陶瓷材料大多进口，自主开发的材料制备装备技术相对落后且价格高昂，难以满足增材制造专用材料的大规模批量制备需求。因此，通过研制高质量、低成本的增材制造专用材料及其制备装备，实现增材制造专用关键材料的完全自主保障，打破“受制于人”的局面尤为迫切。同时，高端增材制造装备也面临诸多挑战，一是为满足大型化零件的整体成形需求，需加强大型装备机械结构设计制造和多执行机构协同稳定可靠的研发；二是为满足精细结构的成形需求，需加强精细化装备及其执行机构和高精度检测方法的研发；三是为满足高性能零件不同部位不同材料的成形需求，需开发具备多材料一体化成形的增材制造装备；四是为满足高性能零件微观组织和宏观性能调控等需求，需在装备中加入磁场、电场、温度场及光场等，其中多能场耦合调控是一大挑战；五是为满足零件性能和精度要求，需要将多种加工方式进行耦合，因此多加工方式复合成形装备的设计制造也是未来的发展趋势。

对于高端超声加工装备，需要强化超声加工工具的结构创新，比如超声换能器是超声加工工具最核心的激振部件，通过改变压电/磁致换能元件的结构、激振力系和振动方向组合来激发不同振动方式，并带动超声变幅杆与末端加工工具组成机械谐振系统。目前，超声工具的激振换能器类型以单纵/单弯激振居多、双弯/纵弯椭圆激振次之、三向/高低频复合激振则较少。发展至今，超声加工工具结构创新完善远没有完成，特别是换能器与工具主体连接结构、加工工具与换能器连接结构、供能/供液系统连接结构的设计还存在很大的创新空间。

六、标准体系的持续完善

在特种加工机床领域标准化工作发展的三十余年里，我国已初步建立起基础通用、安全防护、机床精度和技术规范等技术标准体系框架。

电火花加工机床和电解加工机床等专业领域的标准起步较早，产品技术标准研制数量相对较多，近年来持续修订完善，使得标准的先进性得到了保障，支撑了产品技术发展和产业转型升级。

随着近年来激光、电子束和离子束等高能束加工机床标准化工作的快速发展，产学研用各界迅速响应，相关标准化需求日益高涨，比如在激光加工细分领域，对五轴激光加工、微细激光加工、激光复合加工等高端数控机床的标准需求强烈，亟须填补空白，打破标准滞后于技术发展的局面。

超声加工专业领域的标准化工作起步较晚，亟须集聚全行业的力量尽快寻求突破。目前，超声加工技术还处于工艺方法成长壮大阶段，大部分工艺方法的工程应用案例还不够丰富。超声加工工艺规范主要适于局部应用对象和应用场景，在国家重大型号工程设计文件或工程设计手册中尚未形成法定的设计工艺规范，也极少开展行业标准或国家标准的研制工作，缺乏在重大工程应用的全链条工艺验证与权威性法律依据。

虽然我国在增材制造专业领域较早地开展了装备方面的标准化工作，但仍需在安全、产品等方面不断完善技术标准体系，以满足新兴技术上下游产业链的广泛需求，持续引领和规范技术进步和产业发展。同时，增材制造工艺过程中构件组织形貌的表征、性能控制和认证依据及规范仍为空白，还缺乏微观组织及其服役性能的验证标准，在增材制造构件的后续热处理方面也亟须相关标准。未来，随着多材料、多工艺的交叉，相关标准的制定变得更为复杂。一是多样性的技术、材料和复杂工艺，要求标准制定时考虑不同情况下的技术或材料特性；二是针对专用材料的性能，需开发新的测试方法和认证标准，以确保制造的零件符合要求；三是需制定适用于增材制造的设计和建模标准；四是针对一些关键应用领域如航空航天和医疗领域，需建立相关标准确保产品的可溯源性和质量，以满足安全和法规要求。

总之，特种加工技术与产业发展必须与其相对应的标准化工作相互促进，使得标准与科

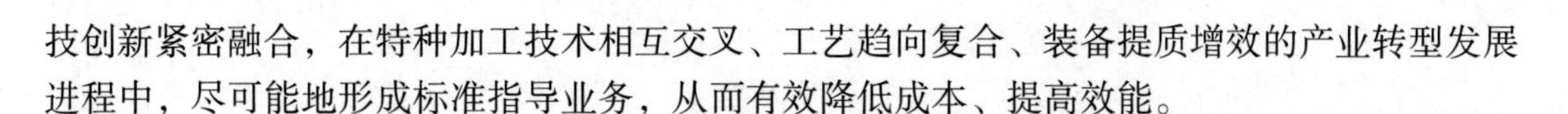

技创新紧密融合，在特种加工技术相互交叉、工艺趋向复合、装备提质增效的产业转型发展进程中，尽可能地形成标准指导业务，从而有效降低成本、提高效能。

编撰组成员

组　长　吴　强　赵万生

成　员　刘永红　曲宁松　姚建华　张德远　史玉升　徐均良
　　　　卢智良　王　应　聂成艳

第二章
Chapter 2

特种加工技术的发展趋势

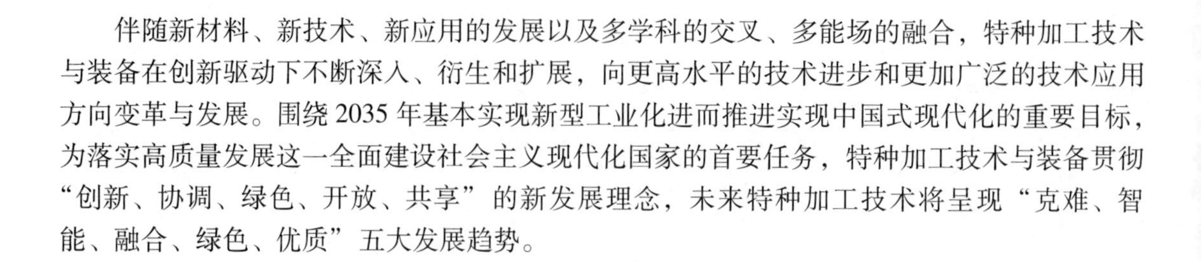

伴随新材料、新技术、新应用的发展以及多学科的交叉、多能场的融合，特种加工技术与装备在创新驱动下不断深入、衍生和扩展，向更高水平的技术进步和更加广泛的技术应用方向变革与发展。围绕2035年基本实现新型工业化进而推进实现中国式现代化的重要目标，为落实高质量发展这一全面建设社会主义现代化国家的首要任务，特种加工技术与装备贯彻“创新、协调、绿色、开放、共享”的新发展理念，未来特种加工技术将呈现“克难、智能、融合、绿色、优质”五大发展趋势。

第一节　克　难

特种加工技术与传统、常规的加工技术不同，具有能场独有性、工艺特殊性以及攻克传统加工难题的攻坚性。数十年来，特种加工领域的科研和生产一直围绕如何充分发挥物理与化学效应以及多能场复合效应等进行深入探索，因解决制造难题的需求而生、因解决制造难题的能力而兴，在加工方法和加工对象方面展现出“克难”的特点，并且将在新一轮科技产业革命加速酝酿和推进实现新型工业化的过程中，继续体现这一特点和趋势，为解决层出不穷的复杂制造难题而攻坚克难。

一、面向“难加工材料”的加工

难加工材料是指具有超硬、超脆、超韧、超软、特薄、特耐高温等特性的材料，如单晶高温耐热合金、钛合金、硬质合金、陶瓷、宝石、金刚石、石英、硅锗、薄膜材料、纤维增强材料、高聚物材料等。这些材料由于加工时切削和磨削力大，加工区温度高，加工时易变形或崩边，促使了特种能场加工如电加工、化学加工、激光加工、超声加工及复合能场加工的发展，形成了小/无加工力、高温熔蚀/常温化学腐蚀、表面热损伤/低力热损伤的特种加工方法，从而扩大了难加工材料的可加工范围、提高了可加工性能，实现了高端产品的制造。

未来，高新材料将不断涌现，特殊金属材料、高强纤维材料、复合材料和高分子材料在制造业中的应用也更加广泛，需要特种加工技术对其进行增材或减材处理，或者对其表面进行改性、对材料进行高品质连接等。因此，未来仍将要发挥特种加工技术的特殊加工特性，研究新的工艺方法，突破一些关键技术，既要解决目前还无法加工或虽能加工但加工效果还不能满足要求的难题，也要解决新材料应用带来的加工难题。

二、面向特殊复杂型面零件的加工和制造

在航空航天、国防科工以及其他先进高端装备中，一些关键零件由于需要满足更高的、特殊功能的要求，越来越多地采用特殊复杂型面形体设计，如新型航空航天发动机的带冠扭曲叶型整体涡轮盘、随形流道、复杂内部结构的高温高压叶片、精密模具中的复杂型腔、传动零件的非圆曲面、生物医疗中的人体器官和骨骼等。这些材料具有复杂、深长、狭小、曲折的空间表面，很难使切削工具抵达或不具备切削所需刚度而难以加工，从而促使小/无加工力的特种加工方法和特种工具产生，并由此实现超结构的复杂加工。未来，特种加工技术的优势还将在满足高端制造需求中得到进一步发挥，如采用复杂型面

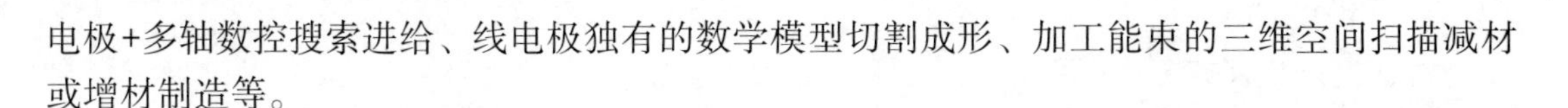

电极+多轴数控搜索进给、线电极独有的数学模型切割成形、加工能束的三维空间扫描减材或增材制造等。

三、面向微细结构的加工和制造

未来微细结构将获得更为广泛的应用，对微精喷射零件、微植入式生物系统、生物检测芯片、微纳光学器件、微传动零件、微型模具、微流控芯片、微电子器件、微结构连接封装等的制造要求也会越来越高，需求越来越大。比如非硅工艺的陶瓷、合金微结构需要特种微细加工或硅微结构的翻模特种加工，能实现更耐温、更韧性、导电导热性等复杂功能的微机电系统加工。未来，特种加工将进一步创新拓展以柔克刚、加工能量微细精准可控、可减材也可增材的优势，在微制造领域中发挥不可或缺的重要作用。

四、面向精密、超精密装备的加工制造

在高端装备、精密仪器设备、医疗器械、新型发动机、微电子器件、精密模具等的制造中，对零件精度要求越来越高，有的要达到微米乃至纳米级的要求。在传统精密、超精密加工基础上附加特种能场，可实现高效细微的精密、超精密加工，可突破极限磨粒尺度、极限擦除硬度、极限切削速度等工艺能力。同时也要求，特种加工领域要研发更加精准可控的能量发生系统，高精度超高精度的装备本体及新的加工方法、工艺技术、检测手段，要更好地发挥特种加工对难加工材料、复杂微细结构进行精密、超精密加工的优势，进而满足新的高端精密加工制造的需求。

第二节 智　　能

围绕“制造强国”国家战略，在《“十四五”智能制造发展规划》指导下，特种加工技术与装备将进一步聚焦“智能制造”，向数字化、网络化、智能化方向深入发展。

一方面，特种加工比常规加工的能场多、复杂度高，更需要能场状态的实时监测和智能控制。特种加工不仅是加工过程中对轴的运动轨迹进行控制，更重要的是在时间、空间维度上，根据加工工件及环境的宏微观状态，精准快速地感知、判断，对加工能量、轴运动状态、工作介质等诸多工艺参数进行智能决策控制，以达到最佳的物理化学效应及多能场复合效应。即智能控制是特种加工的本质要求。没有智能控制，就无法有效、顺利、高水平地进行特种加工。经过几十年的发展，特种加工实质上已步入初步智能化阶段。更加深入、全面、高水平地实现智能化，不仅能明显提升特种加工的加工性能，而且能使特种加工实现原来不能完成的加工制造目标，实现重大甚至颠覆性的创新。智能化是特种加工迈向高端、占据未来竞争制高点的必然选择和必由之路，是今后长时期的主攻方向。

另一方面，实现特种加工能场数字化和智能化是高端产品特种加工的必然趋势。通过与信息学、计算机科学以及人工智能学等相关学科的不断融合，基于特种加工领域知识的数字化设计技术，推动特种加工工艺设计和平台与领域知识的有效融合，促进特种加工装备的更加易用、灵巧和智能。

一、智能设计、编程与仿真

构建特种加工表面形成、结构形成、性能形成的智能工艺设计、加工编程及质量性能的仿真体系。要进一步建立特种加工的“大数据”，形成海量、异构、多来源、多维度的知识库，更好地应用现代三维 CAD、有限元分析等技术，使特种加工装备设计上新的台阶；更好地应用现代 CAM 技术，根据特种加工的特殊要求，提升各类特种加工自动编程系统的智能化水平；更好地应用现代 CAE 技术，融合丰富的工艺技术，加快实现各类特种加工过程的仿真。

二、特种加工过程的智能控制

特种加工能场作用区的动态作用机理、监测及控制方法的深入研究，是实现智能特种加工的关键基础保障。要更高水平地获取自身及环境信息，实现更高水平的加工状态微、宏观感知；应用先进的控制理论，融入特种加工工艺，对加工过程实施智能控制，达到最佳的加工效果；对加工结果进行在线检测，分析决策在线智能修整；形成自学习的能力，不断自我优化知识库和控制策略；形成故障自诊断、辅助排障、维护的能力。

三、智能远端服务

应用互联网及大数据远端对装备进行加工过程监控、加工状态及结果分析、优化加工过程；远端依托装备的故障自诊断系统，对故障进行诊断、性能测试，参数设置数据导入，远端完成设备的排障维护。远端与用户沟通，对加工方案策划优化、仿真分析，提供最佳解决方案；远端根据用户需求开发应用模块，扩张装备的功能。尤其是危险材料、太空环境、无人系统等的特种加工制造、调控及维护，更需可靠的、多方面的远程技术保障。

四、智能柔性重构

特种加工的加工、制造单机或系统能根据加工、制造任务的变化，分析任务的需求，自我或即插即用，进行柔性重构，重新规划组织协调，快捷执行完成个性化任务。随着加工能场组合、复合方式的日益多样化、变换实时化，需更加智能多变的组合工艺以实现自动协调重构能力。

第三节 融 合

随着多学科的交叉、多能场的融合，突破单一特种加工技术在理念、知识、方法、工具等方面的“天花板”，加强与其他加工技术和工艺方法的融合以及与其他领域新技术的融合、与日益增多的用户需求的融合，是特种加工技术发展的趋势。未来，要在常规工艺生产线上有机融合特种加工工艺，形成更强的制造能力、制造效率和产品质量，满足各种不同用户或产品类型的需要，从而推动特种加工技术实现升级换代、形成可持续发展的能力，更好地服务于国家和社会发展。

一、多能场的融合

电加工、激光加工、增材制造、超声加工等特种加工技术中各种不同工艺技术的复合、组合，特种加工中各种工艺技术与机械切削、模具成形、生物制造等其他工艺技术的复合、组合，可以催生更多新的加工方式及制造技术，能解决目前难以解决的加工制造难题，使加工制造的效率和精度更高、表面质量更好，更加节能、节材，更加绿色环保。未来，特种加工领域将针对加工对象的材料、结构及质量特点，选择最合适的能场组合方式、分配最合理工艺能力资源，以达到最大收益的复合工艺效果。

二、与新技术的融合

随着新能场驱动形式、新测试控制方式不断涌现，新的技术将不断融入特种加工系统，不断提升、变革特种加工的能力和方法。比如，与数字信息化技术的融合，将AR、VR、元宇宙、数字孪生、人工智能等新一代信息技术与特种加工技术融合，将互联网和大数据横向渗透到特种加工领域，扩展产业边界，重构资源组合，优化特种加工行业生态系统，衍生新业态模式。

三、与应用需求的融合

在实现新型工业化的过程中，立足高质量发展，更多的高端需求将得到释放。比如国防、航天、信息、生物医学等领域的高端装备更新换代，将对特种加工技术及装备提出更多、更高的要求。同时，新的科技产业革命，也将催生更加特殊、更有难度的跨界需求，这将为特种加工技术的创新发展提供机遇。未来，特种加工的技术进步和装备发展将进一步与应用领域的需求提升紧密融合到一起。

第四节　绿　　色

贯彻“绿色发展”理念，与环境和谐、以人为本，这是特种加工领域可持续发展的必然要求。智能发展和融合发展为特种加工的绿色低碳发展奠定基础，会提供新思路和新支撑。基于此，直面社会发展中的资源与环境问题，从科学途径系统性、渐进式解决特种加工在能场对能源与资源的利用率问题、对人机环境的友好改善问题，特种加工将在从科研到产品的设计、制造、使用、维护及报废的整个生命周期中，构建绿色的科研、生产、服务系统，追求能源、资源、利用率最高，对环境及人体的影响最低，同时也为下游应用产业的绿色低碳发展提供先进技术及装备支撑。

一、构建绿色发展系统

特种加工领域从科研、生产到服务，以科学、绿色的理念为指导，以新技术为工具，构建绿色的研发、设计、制造、服务等系统，优化科研生产决策、强化科研生产管理，降低全过程的浪费，提高研发、生产和服务的效率等。

二、节能降耗高效加工

以“绿色技术”促能效升级，研制各类电感储能代替电阻耗能的电火花加工脉冲电源、大功率高效脉冲电解加工电源、高效光电转化新一代工业激光器，明显降低加工能量发生或转化过程中的能量消耗，降低加工制造成本；智能优化特种加工过程的微宏观检测及控制技术，注重实现高效加工的同时具有更好的表面质量；研发、提升电弧放电成形加工、阳极机械切割、放电诱导烧蚀加工、高功率短脉冲激光加工等新型高效加工技术。

三、与人和环境的和谐

针对过去技术中存在的光、电、磁辐射（传导）、有害介质排放、危险机械运动等危害人体、环境及装备本体的因素，研究突破相关技术，制定执行更加严格的标准及规范，使特种加工技术对人体、环境及装备本身的危害程度降至最低；同时注重发展加工制造过程中耗材、废料的可循环利用技术。

四、支撑下游绿色发展

围绕下游应用领域发展绿色制造、绿色产品的需求，研发相关的特种加工技术及装备，如具有倒锥的精密燃油喷嘴微孔加工技术及装备，汽车等产品轻量化需要的增强复合材料的高效优质切割技术及装备，轻质、高强及异种材料大型复杂结构件的连接技术及装备，高效复杂随形流道的制造技术及装备等。

第五节　优　　质

高质量发展是全面建设社会主义现代化国家的首要任务。高质量发展理念引领特种加工领域高质量的科研、生产和服务。优质的科创、优质的管理、优质的供给、优质的服务，是特种加工技术和装备走向高端、跻身世界一流的根本途径，也是企业打响产品品牌、争夺国际市场的根本保障。

一、高质量科技创新

实施高质量的科学研究和技术创新，力破阻碍基础研究和应用研究高质量发展的深层次问题，从立项研究到成果转化的全过程构建起科学而系统的学术研究和技术创新体系，大力发展高质量的特种加工技术，形成高质量的学术成果、解决方案和产品。比如，提升产品加工表面完整性和工作性能，通过特种能场创造产品新的表面微结构，开发材料的新功能等。

二、高质量品控管理

加强特种加工科研、生产各环节的管理。比如，加强产品质量工艺提升技术与生产质量管理技术的并行发展，向工艺要质量性能以提升效益，向管理要质量信誉效益，为高精尖产品制造提供更高端、更优质的制造能力；追求一流性能水平，执行先进的标准，加工制造过程可控，结果稳定达到指标并可在线检测、智能修整等。

三、高质量生产制造

进一步提升特种加工装备研制的自动化、智能化水平，促进生产质量管理方式的本质提升，提高我国高端产品制造的良品率和劳动生产率；加强特种加工装备构建的高端基础件配套制作能力与装配控制水平及外观设计水平；提升与加强特种加工特别是增材制造的网络服务实时便利性水平和相应支撑技术革新，实现虚拟工厂和实时制造。

四、高质量服务保障

提供高水平的培训，提供及时、周到的排障服务；实施快速响应，根据用户的需求提供指导及解决方案，远端的故障诊断、性能检测、技术服务；提供精良的耗材、备品、备件。

编撰组成员

组　长　吴　强　赵万生
成　员　刘永红　曲宁松　姚建华　张德远　史玉升　徐均良
　　　　卢智良　王　应　聂成艳

第三章
Chapter 3

电火花加工

第一节　概　　论

电火花加工是指在加工过程中使工具和工件之间不断产生脉冲性的火花放电，依靠放电时产生的局部、瞬时高温蚀除工件材料的一种加工方法。电火花加工主要包括电火花成形加工、电火花线切割加工、电火花高速小孔加工、微细电火花加工以及高效放电加工等。电火花加工不受被加工材料的物理、力学性能等限制，能够实现对高强度、高硬度、高脆性和高韧性等难切削导电材料的加工；电火花加工属于非接触加工，加工过程中不存在宏观的机械切削力，能够加工各种复杂表面、窄缝、低刚度以及微细结构零件，且可保证较好的加工表面质量和加工精度。因此，电火花加工已成为现代工业领域一种不可或缺的重要加工技术。

电火花加工广泛应用于航空航天、军工、汽车、精密模具、电子信息、能源动力装备、微型机械、光通信和生物医疗等领域。随着现代工业的迅速发展，许多领域的产品向高、精、尖方向发展，且一些高强度、高硬度、高脆性等难加工材料的应用范围越来越广，零件尺寸向更大或更小的两极分化方向发展，零件形状越来越复杂，加工精度、加工表面质量和某些特殊要求也越来越高，对电火花加工技术提出了新的要求。

电火花成形加工技术的研究热点主要集中在绿色高效高精密加工技术、低电极损耗加工技术、高可靠高精准节能脉冲电源技术、智能控制技术等方面。在工艺设备开发方面，新型电火花成形加工机床在加工功能、加工精度、自动化程度、可靠性等方面已全面改善，许多机床已具备在线检测、智能控制、工艺数据库等功能。由于放电过程本身的复杂性、随机性以及研究手段缺乏创新性，在基础理论研究领域尚未取得突破性进展。今后电火花成形加工的加工对象主要面向传统切削加工不易实现的难切削材料、复杂结构、精密与微细零部件以及精密模具等加工，其中精细加工、精密加工、窄槽加工、深腔加工、绿色高效加工等将成为发展重点。同时，还应强化与信息技术、网络技术及其他特种加工技术、传统切削加工技术等的复合应用，充分发挥各种加工方法在难加工材料和复杂结构零件加工中的优势，取得联合增值效应。电火花成形加工技术具体呈现以下发展趋势：①高精密、大型多轴联动数控电火花成形机床主机技术；②高可靠高精准节能脉冲电源技术；③基于新型工业以太网的智能化数控系统技术；④特殊材料、复杂结构零件精密电火花加工技术。

电火花线切割加工包括单向走丝和往复走丝两种工艺形式。单向走丝电火花线切割加工在精度、加工表面质量、加工效率以及自动化程度等方面已达到比较高的水平，可以达到“以割代磨”的效果，已在航空航天、军工、模具、汽车、电机、IT、家电等领域获得广泛应用。与国外相比，国内在单向走丝电火花线切割机床加工性能指标及可靠性等方面还存在一定差距。单向走丝电火花线切割加工技术未来将呈现以下发展趋势：①高效节能单向走丝电火花线切割技术；②智能化电火花线切割技术；③自动化互联电火花线切割技术；④微精电火花线切割技术。往复走丝电火花线切割加工技术经过半个多世纪的发展，已形成专业化、规模化、集约化发展的态势。随着模具等行业对加工要求的不断提高以及市场竞争的日趋激烈，国内往复走丝电火花线切割机床生产厂家都将提升机床的加工精度和表面质量作为产品发展的主攻目标，纷纷推出具有多次切割功能的往复走丝电火花线切割机床（俗称“中走丝”机床）。但目前其控制系统普遍存在功能不全面、开发后劲不足等问题，必须通过市场整合、不断积累加以完善。未来往复走丝电火花线切割加工技术将呈现以下发展趋势：①线切割机床系统智能化控制；②高效、低损耗切割技术；③高稳定性精密多次切割技术；④超高厚度、大锥度切割技术；⑤绿色化电火花线切割系统。

电火花高速小孔加工技术为超硬、超脆、超韧材料的深小孔加工提供了很好的解决方法。目前在高精度主机、脉冲电源、伺服控制、在线检测、加工工艺等方面取得了较大发展。但与国外产品相比，自动化、智能化水平还有一定差距，在过程控制、适应控制、伺服控制、工艺数据库及专家系统等方面仍处于简单的实控模式，自学习、自调整的智能控制有待加强。随着新材料的不断应用以及新工艺的进步，对深小孔加工的需求越来越多，要求也越来越高。未来电火花高速小孔加工主要发展趋势为：①航空发动机零件气膜孔加工技术；②大深径比小孔加工技术；③精密微小孔加工技术；④电火花电解复合小孔加工技术。

微细电火花加工技术、装备和加工工艺近年来获得了较大发展，已使其加工对象由简单的圆截面微小轴、孔拓展到复杂的微小三维型腔结构。但国内微细电火花加工机床的工艺系统数据库技术还不甚完善且应用较少，与国外先进设备相比还有差距。而且由于单一加工能量和技术手段的局限性，针对材料特性关联的复合加工机理与工艺还在探索中。未来微细电火花加工技术将呈现以下发展趋势：①微细放电加工机理；②智能化高频脉冲放电电源技术；③微细电火花加工状态检测与伺服控制技术；④微小尺寸加工一致性及其在线测量技术；⑤微细电火花成形加工技术；⑥微细电火花复合加工机理与工艺。

高效放电加工技术主要包括高速电弧铣削技术、高速电弧放电成形加工技术、放电诱导烧蚀加工技术、阳极机械切割技术、高能电火花放电铣削等。我国学者在此方面的研究工作总体水平较高，先后研究开发出基于流体动力断弧的高速电弧放电成形加工、高速电弧铣削、短电弧加工、电火花电弧复合铣削、机械-液体耦合断弧的运动短电弧铣削加工、振动辅助电弧铣削、放电诱导间歇烧蚀和放电诱导雾化烧蚀加工等技术。该类加工技术具有加工效率高、成本低等优点，但其加工精度低和加工表面质量较差，目前，仅在部分难切削材料的粗加工中获得少量应用。但放电诱导烧蚀加工技术在深型腔和深孔加工能力方面已经体现出独有的优势。未来，高效放电加工技术的发展趋势为：①加工精度和表面加工质量提高需进一步研究开发；②加工机理需深入探究；③绿色高效智能电源需研究；④智能伺服控制系统需研究开发；⑤工艺数据库和智能参数选择方法需深入研究；⑥智能化数控机床需研究开发。

总体而言，电火花加工技术今后发展的主要目标包括：智能化开放式电火花加工数控系统、高效节能型脉冲电源和新型绿色工作液等的研制，电火花加工数字化和智能化设计平台、智能化放电加工工艺数据库、远程健康保障系统等的开发，面向精微制造、复杂大型异形件的系统制造、难加工材料的高效放电加工工艺、加工工艺融合以及电火花加工机理等的研究，以促进电火花加工技术向高效、高精度、智能化和绿色化方向迈进。

第二节　电火花成形加工技术

一、概述

电火花成形加工是在绝缘或低电导率的介质中，采用伺服系统控制成形工具电极沿预定轨迹进给，利用电极与工件之间产生的脉冲性火花放电高温等离子体，使工件材料被熔化或气化去除，获得要求的加工精度和表面质量的三维型面加工方法。

自20世纪中叶以来，电火花成形加工技术在难切削材料及复杂型腔零部件加工中表现出独特的优势，在模具、刀具、精密及微细零部件加工等领域得到了广泛的应用。近年来，随着国防军工、航空航天、电器电子、医疗器械等领域对产品性能要求的不断提高，高熔点、高强度、高韧性的新型材料不断涌现，类似透平压缩机、发动机用整体闭式叶轮、带冠整体涡轮盘、涡轮转子、机匣等复杂结构零部件的需求量日益增大，电火花成形加工以其“无宏观作用力及刀痕、以柔克刚、精密微细、仿形逼真”等特点，成为上述难加工零部件的重要加工手段。

对于电火花成形加工机床，瑞士GF加工方案、日本沙迪克公司、日本牧野公司和西班牙欧纳公司等都进行了长期深入的研究与开发。目前，国外先进机床厂家生产的电火花加工装备在技术基础方面，如机械结构的恒温控制、自动化、一体化水平及脉冲电源综合性能等比国内同类产品有一定优势；在加工效果方面，开展了石墨和铜电极的零损耗、表面纹理控制、特殊材料高效加工等技术的研究；在整体解决方案方面，国外机床厂商重点关注如何提高电火花成形加工机床的自动化、信息化和智能化水平，并且更加注重节能环保技术、加工效率、电极制作成本和工厂数字化的升级需求，以应对劳动力成本日益提高和高级技工紧缺等问题[1]。

在推动制造强国战略实施的进程中，国内企业、高校等开展了五轴以上联动精密数控电火花成形加工技术与机床的研究，不断拓展其应用领域，在一些关键零部件、特殊材料及复杂结构零件加工工艺技术方面有了新进展，在提升机床精度及稳定性、降低电极损耗、提升加工效率等方面有了实质性进步，并在向自动化、智能化、绿色环保等方向发展，较好地解决了国家重点领域及重大项目中关键技术“瓶颈”问题。然而，在机床信息化、智能化及整体工艺解决方案等方面，国产设备与国外先进装备相比仍有一定的提升空间[1]。

预计到2035年，随着电火花成形加工技术与信息技术、网络技术及其他加工技术等的融合，以及对电火花加工机理的进一步深入研究，国产柔性化高精度机床主机、智能数控系统、新型脉冲电源、新型功能部件等技术产品将获得广泛应用，电火花成形加工智能控制技术及数字孪生技术将取得突破性进展，同时将出现面向高性能制造的复合型机床，使电火花成形加工装备与技术水平和应用领域得到进一步提升和拓宽，从而推动我国特种加工行业的高质量发展。

二、未来市场需求及产品

随着航空、航天、能源、电子、医疗等领域的高速发展，我国对难切削材料、复杂结构、精密与微细零部件以及精密模具的需求量将进一步增大，这将给国内外电火花加工机床产品提供了广阔的市场空间，也促使我们不断追求科技进步、奋力追赶国际先进水平。其中，航空航天、能源等领域动力系统核心零部件的大型化、复杂化、精密化对高精密与大型多轴联动数控电火花成形加工装备与技术提出了新的需求；电子、医疗等领域的微小型腔零部件对加工的高可靠性、一致性、精细化及工艺智能化等需求日益增长，对精密微细电火花成形加工机床提出了新的需求；近年来，精密模具、刀具等行业产品的功能与质量要求明显提升，从而对电火花成形加工装备与技术提出了更高的要求，同时也为国产机床提供了更贴近民生的广阔市场。

此外，制造业整体技术水平的提升，对电火花成形机床的需求从自动化向智能化方向发展。随着智能制造、数字化工厂的推广普及，具有信息采集、传输、处理功能的网络化智能加工装备市场需求日益迫切。

（一）面向航空航天、能源装备的高精密、大型多轴联动电火花成形加工机床

高精密（加工精度≤0.02mm/m）、大型（最大行程≥2500mm）多轴联动电火花成形机床主要用于加工航空航天发动机、军工能源透平压缩机中带冠整体涡轮盘、涡轮转子、整体闭式叶轮、机匣等关键零部件的加工。这类零部件材料主要以镍基高温合金、钛合金等难加工材料为主，尺寸较大，结构复杂，通常具有弯扭叶型且相邻叶片间通道狭窄，用传统机械加工方法容易发生干涉、粘刀、刀具损耗快等现象。

预计到 2035 年，高精密、大型多轴联动数控电火花成形机床得到广泛应用；同时该机床运用专业三维设计软件对工具电极与电极运动轨迹进行设计和仿真分析，与高速铣削加工、电火花线切割加工、3D 打印合理匹配，实现上述领域关键零部件的高效、高精度、高表面质量电火花成形加工，国产机床市场占有率将超过 80%。

（二）面向微型机械、微小型腔零部件的精密多轴联动电火花成形加工机床

该类机床针对医疗、电子、新能源等领域的微小结构加工需求设计开发，具有多轴联动、微能量加工、微尺度进给等功能，可满足微小型特征的高精度、高表面质量、复杂结构的加工要求。

预计到 2035 年，该类机床将广泛用于高精度执行机构关键零部件，如位姿控制系统对撞孔板、液压伺服系统反馈杆；以及微小型精密机构关键零部件，如喷油系统旋流器、副喷口、具有小于 1mm^3 型腔的微型机械、微流泵等的窄槽、微孔、小型腔的加工中。

（三）面向高精密模具的精密多轴联动电火花成形加工机床

随着我国产业结构的持续升级，医疗、家电、3C、超大规模集成电路精密模具（如 IC、LED、光纤接插件）等领域对模具加工的尺寸精度、表面质量、复杂程度等方面的要求日益提高，对多轴联动精密数控电火花加工装备的要求也越来越高。在精密模具方面，大量的模具合模精度要求<5μm，接插件模具 R 角要求<10μm，加工面积>50000mm^2 的表面粗糙度值要求 Ra≤1.6μm，这些指标要求电火花成形机床具有极高的动态精度和极好的电源控制能力。

同时，模具行业各大型企业已经进入数字化时代：从装备自动化到数字化工厂，从自动加工路径规划到智能专家系统，对数字化水平要求越来越高。

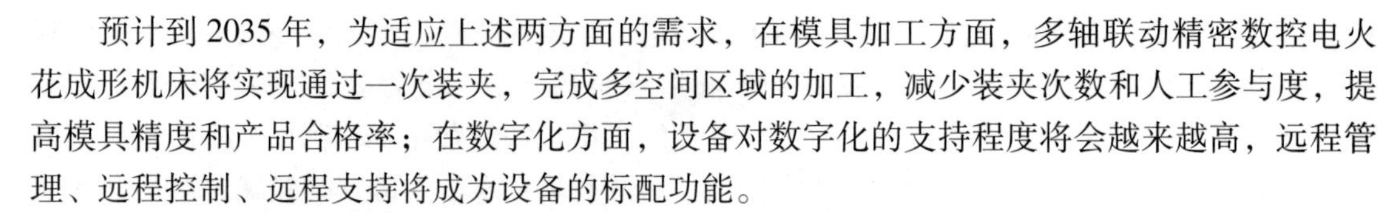

预计到 2035 年，为适应上述两方面的需求，在模具加工方面，多轴联动精密数控电火花成形机床将实现通过一次装夹，完成多空间区域的加工，减少装夹次数和人工参与度，提高模具精度和产品合格率；在数字化方面，设备对数字化的支持程度将会越来越高，远程管理、远程控制、远程支持将成为设备的标配功能。

（四）面向新材料的高性能精密数控电火花复合加工机床

航空航天、能源等领域新材料，整体式复杂构件不断涌现，采用单一的加工方法已难以解决带涂层叶片、复杂机匣、盘轴一体化结构等零件对加工精度、表面质量、加工效率等方面的加工需求，给传统的、单一模式的加工方法带来了严峻的挑战。通过将电火花与超声、电化学、电弧、激光、机械等多种加工方式融合，可充分发挥各自优势，实现在一道工序内多种加工能场的集成，突破新材料的高性能加工瓶颈。

预计到 2035 年，借助不同加工方式，将逐渐形成多能场、多功能、自动化、柔性化的复合加工方法，实现新材料的工序集成，减少工序周转和辅助加工时间，达到高效、低成本、高质量的加工效果[2]。

（五）智能化、柔性化、网络化的电火花成形加工技术与服务

互联网技术的飞速发展为生产过程远程管理、机床故障远程诊断、远程工艺服务等提供了便利条件。随着电火花成形加工工艺数据库的深入开发与成熟应用、智能化电火花成形加工机床的市场化普及，基于互联网的加工技术开发与服务平台将使机床供应商与用户深度融合。客户期望在最短时间内获得系统、完整的工艺解决方案，大幅提高加工效率，显著缩短研制周期。

预计到 2035 年，针对客户大批量、多种类产品的加工需求，支持网络服务平台的智能化设备将会大大降低生产成本和加工工艺难度，并将成为客户选购机床的重要参考指标。随着航空航天发动机批量生产需求的增加，以柔性加工单元为代表的电火花成形加工自动化生产线将会成为未来重要的发展方向，航空航天领域电火花成形加工柔性制造单元应用将实现规模化的突破。

三、关键技术

（一）高精密、大型多轴联动数控电火花成形机床主机技术

1. 现状

在航空航天、能源等国家重大产业中，以透平机械的机匣和大型整体闭式叶轮、航天器整体化结构件等为代表的核心关键复杂结构零件，常使用镍基高温合金、钛合金等难切削材料。这类零部件通常为 3D 打印或锻造的大型整体结构件等，所需加工的特征种类多（如孔、扭曲流道、异形孔、型腔、型槽、型面等）、精度要求高（曲面轮廓精度优于 0.05mm）、表面质量优（表面粗糙度值达 $Ra1.6\mu m$）；在高精密模具、医疗器械等领域对电火花加工零件尺寸精度和表面质量指标的要求也日益提高，这均对电火花成形机床主机提出了极高的动态精度和大型化要求。

针对这些难切削材料，大型结构件的复杂异形或薄壁特征、高精密模具与医疗器械领域高精密零件加工问题，高精密、大型电加工机床成为理想的加工解决方案。国外针对以上零件加工形成了一整套成熟技术和装备，如瑞士 GF 加工方案、日本三菱电机

公司、日本沙迪克公司、西班牙欧纳公司、德国欧吉索公司的高精密电火花加工机床及大型机床，在结构优化提升机床刚性、温度控制补偿机床精度、优化控制策略提高大型机床运动速度等方面已有商业化产品。国内企业在多个国家重点专项的支持下，突破多项关键技术，成功研制出高精密多轴联动精密数控电火花成形机床、大型多轴联动精密数控电火花成形加工机床，但在温控补偿、高速运动、油液密封等技术上仍有提升空间。

2. 挑战

1）高精密电火花加工机床加工精度达到微米、亚微米级，对机床主机结构刚性、抗振动性和热稳定性等方面提出了更高的要求，对机床结构优化、温度控制和补偿、高性能材料等技术提出了挑战。

2）大型电火花加工机床（最大行程≥2500mm）尺寸大、驱动电动机功率高、脉冲电源能量大，因此精度受环境、运动、加工等产生的热量影响较大，如何控制这些热源是大型机床精度保持性的关键所在。

3）大型电火花加工机床运动部件惯量大，难以实现高加速度，不利于形成良好的极间排屑流场，容易引起短路、拉弧现象，因此在大型机床运动部件的轻量化设计、高加减速运动控制、合理的极间流场控制等方面具有挑战性。

4）大型电火花加工机床的油液箱容积通常不低于5000L，对油槽的密封性能、油液箱结构以及防火安全、绿色环保等提出了更高的要求。

5）大型电火花加工机床因工作环境恶劣、放电功率高，对大型转台的高密封性、大进电能力，以及电极库和回转分度轴的承载能力等提出了需求和挑战。

3. 目标

1）预计到2025年，形成高精密（加工精度≤0.02mm/m）电火花加工机床温度控制策略，实现对环境、放电、功率驱动等因素导致温升的有效控制和平衡，建立起相对确定性和可量化的温度-精度影响模型。开发出配套的高精密及大型功能部件，如高精密全浸液转台、大型全浸液转台、大载重多数量的电极库和高精密回转C轴、重载电极回转C轴等，满足自动化、智能化加工的成组连线需求。

2）预计到2030年，开发出可承载高速运动的大型机床（最大行程≥2500mm）主机和高速运动控制系统，实现大型机床高功率、高效率（石墨-模具钢加工效率≥2000mm^3/min）、高精度加工。

3）预计到2035年，构建出温度控制理论模型，形成针对不同结构形式的系列化高精密、大型多轴联动电火花加工机床的温度补偿策略，并将其形成多轴联动温度补偿算法在数控系统实现集成，实现更高精度主机控制和加工。

（二）高可靠高精准节能脉冲电源技术

1. 现状

随着电子技术的发展，电子设备的可靠性设计及测试手段得到了迅速发展。国外对于电子设备的研发和测试已尝试采用更能充分暴露系统潜在隐患的白盒测试方法和高加速寿命试验（HALT&HASS）[3-5]。国内可靠性研究领域已对白盒测试和高加速寿命试验进行了深入研究，热管、液冷等散热技术也已成熟，并已广泛应用于军工、通信、工控及民用领域，但上述技术尚未在电火花脉冲电源的设计和测试中得到应用。

国外厂商采用PWM（脉冲调制）开关电源替代工频变压器来提升脉冲电源供电系统的可靠性；采用储能元件电感代替耗能元件电阻，实现了80%以上的能量利用率；通过实时波形检测控制来实现异常波形剔除，提升波形精准度；采用清扫脉冲进行电火花精加工，针对不同的加工状况调整不同的检测参数和清扫脉冲能量参数，粉碎短路桥或积碳。国内虽然在理论研究方面取得了许多成果，但电火花成形加工脉冲电源产品仍主要采用工频变压器作为供电系统，沿用传统RC电源拓扑技术，存在工频变压器体积大而重、输出对电网依赖度高、能量利用率低、不易模块化等不足。

高能物理、强激光等脉冲电源领域引入的一些新技术也具有借鉴价值，如磁开关陡化固态脉冲源技术、双极性脉冲源、Marx驱动电感负载、电压源电流源切换、环形LTD叠加技术等[6-8]。

2. 挑战

1）随着新技术、新工艺的不断发展迭代，对高频窄脉宽、大电流的脉冲电源性能要求越来越高。针对高频需求，诸如SiC和GaN等新材料功率开关管的应用，使开关速率得到了明显提升，但是高频化带来的更陡峭 dv/dt 所伴随的电磁兼容（EMI）问题有待于进一步优化；针对大电流需求，可利用多路并联提高单位时间内的通流能力，但是存在多开关管并联的参数散布一致性问题。

2）用储能电感替代电阻，虽然能量利用率得到了一定提高，但还有进一步提高的空间。而且电感的存在会导致脉冲电流开始和结束时出现爬坡和拖尾现象，其放电频率的升高以及单个放电脉冲能量的进一步缩小也受到了一定限制，波形控制难度大，影响精加工的放电质量。

3）放电波形的检测要求高，实时控制难度大。高频脉冲电源的脉冲宽度达到亚微秒甚至纳秒级，这对检测并控制脉冲波形的实时性要求极高。虽然伴随电子技术的发展，高速采集系统实现波形检测已没有技术瓶颈，但要实现波形的实时控制依然极具挑战，对滤波处理、波形模板比对、异常波形控制等算法及实时性也提出了更高要求。

4）随着人工智能技术的飞速发展，人工智能控制方法在各个领域都得到了应用，在电火花脉冲电源开发中可尝试将人工智能控制方法应用于间隙状态检测、电源控制参数优选等方面，以提升脉冲电源性能。

5）脉冲电源的高可靠性。电火花脉冲电源包含绝缘击穿、器件失效、参数飘移等故障隐患，需要测试分析人员基于电路、电磁理论，对脉冲电源运行机理进行深入研究，提出更加完善的白盒测试与分析手段。另外，高加速寿命试验方案复杂，失效机理分析欠缺。

3. 目标

1）预计到2025年，进一步优化模块化开关电源的并联扩容及冗余设计，提升加工稳定性和一致性。

2）预计到2030年，电火花脉冲电源可实现脉冲波形实时监测、间隙状态检测及自适应控制，从而达到单周期精微能量控制的目标。

3）预计到2035年，开发高效节能脉冲电源，实现拓扑优化、智能自适应控制及谐振软开关等控制方法的工程化应用，降低电路寄生参数影响，使能量利用率达80%以上。

（三）基于新型工业以太网的智能化数控系统技术

1. 现状

国内外自动化领域先进厂家已先后推出多种工业以太网技术，例如德国 Beckhoff 的 EhterCAT、PI 组织的 PROFINET、EPSG 组织的 POWERLINK、浙大中控的 EPA 等，用于高速、低延迟、低时钟抖动的装备控制以及高效、高可靠、高扩展的设备间通信。通过工业以太网，数控机床可以与上位系统、云平台、边缘计算等进行数据交互，支持远程监控、诊断、优化、维护等功能，提供丰富的智能化服务。

随着人工智能技术的快速发展，国内外数控机床厂家不断创新，在深度感知、智慧决策、自动执行功能等方面做出了很多成果。国内企业、高校等单位利用人工智能技术开发出针对小孔电火花加工的穿透检测智能模块，极大地提高了小孔加工合格率。

将电火花与超声、电化学、电弧、激光、机械等加工方式的融合，可充分发挥各自优势，实现在一道工序内多种加工能场的集成，可以解决新材料的加工难题。目前，国内已出现多种电火花复合加工工艺或机床，如超声复合电火花机床、磁场复合电火花工艺等。

2. 挑战

1）不同厂商的数控系统可能采用不同的通信协议、数据格式和接口，导致网络连接和数据交换的困难。因此，需制定统一的数控系统网络化标准，实现不同数控系统之间的互联互通。

2）数控系统网络化涉及机床的运行控制和监测，一旦发生网络故障或恶意攻击，可能会造成机床的停止或者损坏，甚至危及人员安全。保证数控系统网络化的安全性和可靠性，防止网络干扰和破坏是一大挑战。

3）数据采集需考虑准确性、完整性、实时性和安全性，同时也需解决数据的稳定存储、智能分析和应用的问题。通过大量的生产过程数据实现对生产过程的监控、优化和决策是数控系统智能化的一大挑战。

4）基于新型工业以太网的智能化数控系统技术在工艺复合化上的应用需集成多种功能模块，各模块之间的协调、通信、同步等问题是一大挑战。

3. 目标

1）预计到 2025 年，实现远程监控、健康监测、数据共享、云端协同等功能。

2）预计到 2030 年，制定基于新型工业以太网的数控系统网络化标准，实现不同数控系统之间的互联互通；利用大数据和深度学习功能，开发高质量的工艺专家模块。

3）预计到 2035 年，开发出中断延时抖动在 2μs 以内的实时数控系统；开发出具有高安全性、高可靠性、高实时性的模块化电火花加工机床数控系统；开发多维误差补偿、几何误差补偿、热变形误差补偿技术并实现应用。

（四）特殊材料、复杂结构零件精密电火花加工技术

1. 现状

目前，高温合金、钛合金等难切削材料已在航空航天发动机等核心部件中获得大量应用，国内科研人员已进行了大量电火花成形加工工艺研究，专用机床设备加工镍基高温合金材料的效率已达到或接近国外进口设备水平，但钛合金材料的工程化应用效率仍有较大的提

升空间。此外，随着金属基复合材料、金属间化合物等新一代难切削材料的工程化应用逐渐提上日程，行业内已经进行了大量工艺研究与试验，虽取得了一些成果，但距离工程化应用仍有一定差距[9]。

五轴联动数控电火花成形加工技术已经成为实现带叶冠整体式涡轮盘、整体闭式透平叶轮等空间复杂结构零件工程化生产的重要手段。国内高校、企业等针对带冠整体叶盘类零件基于商业软件二次开发了电极设计及轨迹生成、优化专用 CAD/CAM 模块，实现了电极设计和路径搜索与规划，但目前搜索效率和智能化程度仍有待进一步提高，且对于空间结构更复杂的整体闭式叶轮目前尚无专用软件。

目前国内一些学者已针对电火花加工技术与其他技术复合加工的工艺技术开展了研究，已在复合加工时对材料的协同作用机制、多工艺要素协同控制等关键技术的研究上取得了一些成果，但与工程化应用还有一定距离[10-12]。

2. 挑战

1）随着科学技术的发展，各种难切削特殊材料、复合材料等不断涌现，根据材料物理化学及机械特性，建立特殊材料电火花成形加工工艺研究方法、快速响应特殊材料零部件的制造工艺服务，实现产品高效、高质量加工，将成为一个巨大的挑战。

2）国内在超大尺寸带冠涡轮转子、整体闭式叶轮等零部件的高效、高质量电火花加工方面还缺乏相关工艺能力支撑。为提高这类零部件的加工效果，除了在多轴联动加工技术上要有所突破，还需要与其他工艺技术进行融合，这对相关工艺研究提出了巨大的挑战。

3）如何根据最终零件三维模型和机床架构开发工具电极生成软件，使其具备电极拆分、干涉检查、轨迹搜索和优化等功能，并与计算机辅助工艺过程设计（CAPP）系统进行有机集成，从而进一步提升电极设计效率、减少辅助时间、提高加工速度，是另一项重要挑战。

4）电火花复合加工技术对电火花加工工艺带来了新的机遇，研究不同的复合加工工艺对材料的协同作用机制，攻克多工艺要素协同控制等关键技术，形成电火花加工工艺与其他工艺方法的复合，使其各尽所能，实现提高加工效率、加工精度和表面质量是一个重要挑战[13,14]。

3. 目标

1）预计到 2025 年，将开发出适合多轴联动精密数控电火花成形加工的 CAD/CAM 专用模块，具备工具电极交互式拆分设计、路径搜索与干涉检查、轨迹及加工程序自动生成等功能，可针对国内外知名厂商的大部分机型自动生成加工代码。

2）预计到 2030 年，多轴联动精密数控电火花成形加工的 CAD/CAM 专用模块/软件可实现电极拆分设计、轨迹搜索，以及代码优化模块与 CAPP 模块的集成等，进一步优化加工效能。

3）预计到 2035 年，实现多轴联动精密数控电火花成形加工的 CAD/CAM 专用软件与数控系统的全面集成，研发电火花加工工艺与其他工艺方法复合加工的高效利用方法，使电火花复合加工技术得到工程化应用。

四、技术路线图

电火花成形加工技术路线图如图 3-1 所示。

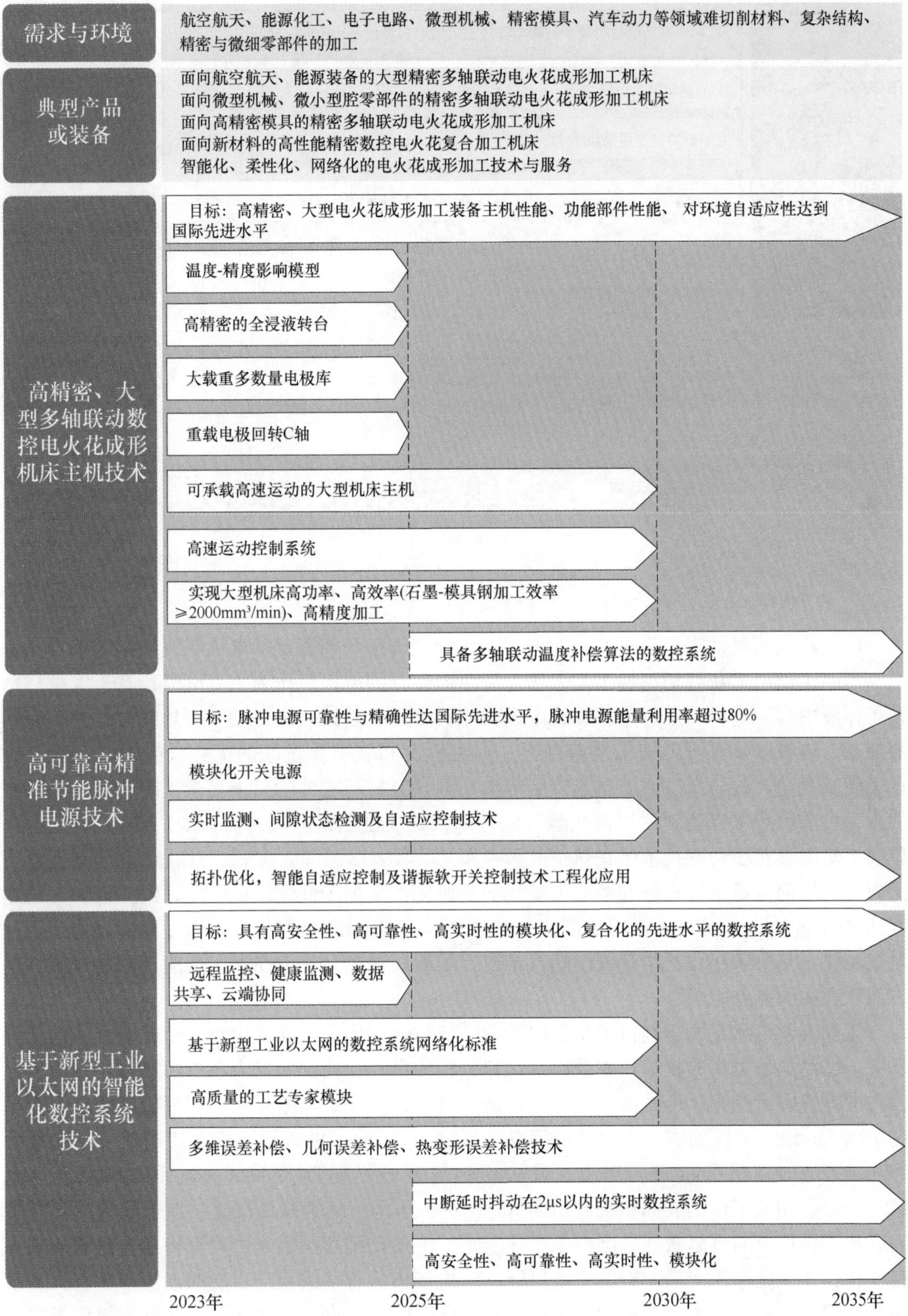

需求与环境

航空航天、能源化工、电子电路、微型机械、精密模具、汽车动力等领域难切削材料、复杂结构、精密与微细零部件的加工

典型产品或装备

面向航空航天、能源装备的大型精密多轴联动电火花成形加工机床
面向微型机械、微小型腔零部件的精密多轴联动电火花成形加工机床
面向高精密模具的精密多轴联动电火花成形加工机床
面向新材料的高性能精密数控电火花复合加工机床
智能化、柔性化、网络化的电火花成形加工技术与服务

高精密、大型多轴联动数控电火花成形机床主机技术

目标：高精密、大型电火花成形加工装备主机性能、功能部件性能、对环境自适应性达到国际先进水平

温度-精度影响模型

高精密的全浸液转台

大载重多数量电极库

重载电极回转C轴

可承载高速运动的大型机床主机

高速运动控制系统

实现大型机床高功率、高效率(石墨-模具钢加工效率≥2000mm³/min)、高精度加工

具备多轴联动温度补偿算法的数控系统

高可靠高精准节能脉冲电源技术

目标：脉冲电源可靠性与精确性达国际先进水平，脉冲电源能量利用率超过80%

模块化开关电源

实时监测、间隙状态检测及自适应控制技术

拓扑优化，智能自适应控制及谐振软开关控制技术工程化应用

基于新型工业以太网的智能化数控系统技术

目标：具有高安全性、高可靠性、高实时性的模块化、复合化的先进水平的数控系统

远程监控、健康监测、数据共享、云端协同

基于新型工业以太网的数控系统网络化标准

高质量的工艺专家模块

多维误差补偿、几何误差补偿、热变形误差补偿技术

中断延时抖动在2μs以内的实时数控系统

高安全性、高可靠性、高实时性、模块化

2023年　2025年　2030年　2035年

图 3-1　电火花成形加工技术路线图

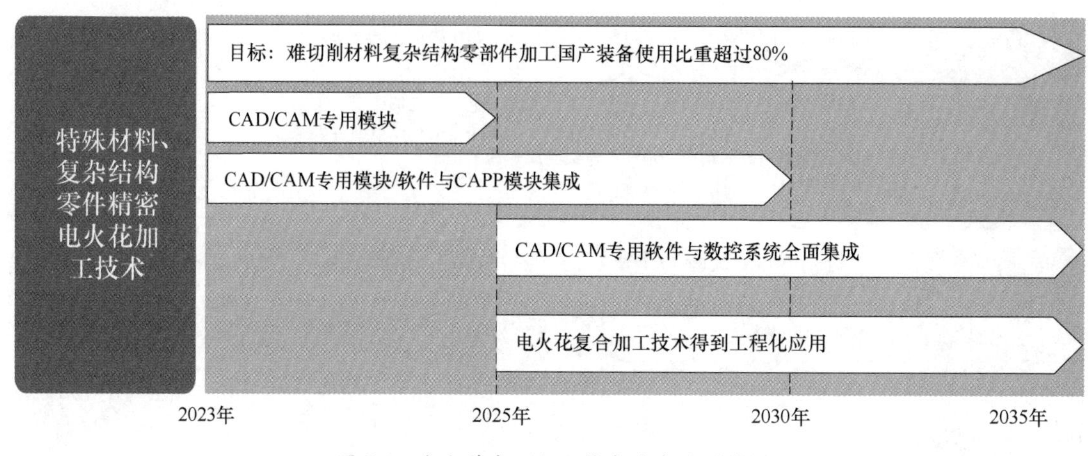

图 3-1　电火花成形加工技术路线图（续）

第三节　电火花线切割加工技术

一、概述

电火花线切割加工包括单向走丝电火花线切割加工和往复走丝电火花线切割加工。

单向走丝电火花线切割加工是采用连续单向运行的电极丝作为工具电极，基于电极材料在工作液中与导电材料进行电火花放电蚀除原理，通过数控轨迹运动实现导电材料的轮廓切割加工。该技术具有可以加工复杂型面、加工精度和表面质量高的优势，适用于包括淬火钢、硬质合金、钛合金、高温耐热合金等难切削导电材料零件的三维复杂直纹轮廓面的切割加工，目前已经可以达到“以割代磨”的效果，是关键制造领域不可或缺的先进加工技术。单向走丝电火花线切割技术已在航空航天、军工、模具、汽车、电机、IT、家电等制造业广泛应用。目前世界上最先进的单向走丝线切割机床主要加工性能指标已经达到：最大切割速度达500mm^2/min、最佳表面粗糙度值 Ra 0.05μm、加工轮廓精度±1μm[9]。与国外单向走丝电火花线切割机床相比，尽管国内的技术也在不断发展提升，但在加工性能指标及可靠性等方面还存在明显差距[15]。

往复走丝电火花线切割机床是我国在20世纪60年代末研制成功的，经过半个多世纪的发展，已经具备坚实的技术积累及成本优势，成为世界上独创的电火花线切割加工模式，并已为世界各国所认知，产品出口到世界各地。目前，往复走丝电火花线切割机床能够进行厚度1000mm以上工件的切割，最高切割厚度超过2000mm，机床长期稳定切割速度普遍达到167mm^2/min（10000mm^2/h）以上，最快切割速度已经超过350mm^2/min，加工精度达到±0.01mm，切割工件的表面粗糙度值为 Ra 2.5~5.0μm。随着模具行业对加工要求的不断提高以及市场竞争的日趋激烈，国内生产往复走丝电火花线切割机床厂家都将提升机床的加工精度和表面质量作为产品发展的主攻目标，纷纷推出具有多次切割功能的往复走丝电火花线切割机床（俗称“中走丝”机床）。随着纳秒级高频电源的研制及应用、电极丝闭环张力的动态控制、加工轨迹的闭环控制、伺服进给控制策略的完善、工作液性能改进以及多次切割工艺技术等方面的发展，目前所能达到的加工精度为±0.005mm，表面粗糙度值 *Ra* 1.2μm，最佳表面粗糙度值可达 *Ra*<0.4μm。

二、未来市场需求及产品

（一）单向走丝电火花线切割加工技术

1. 精密模具制造行业的技术需求及产品

精密模具制造行业的精密、复杂、组合、多功能复合模具和高速多工位级进模、连续复合精冲模、高强度厚板精冲模以及微特模具的制造需求日益增长。模具材料也在不断向高强、高韧、耐高温、高耐磨性等方向发展，对精密模具的加工设备要求也越来越高，如集成电路引线框架模，其精度为1.0μm、引线脚100以上、间距0.15μm以下，对单向走丝电火花线切割机床细丝的精细加工技术提出了新的需求和挑战。还有许多精密硬质合金模具，要求加工表面无变质层、无线痕，表面粗糙度值要求达到“以割代磨”的水平，需要更加完善的加工过程智能化技术及油基工作液的线切割技术及产品[16]。

预计到2035年，我国精密模具制造技术将逐步进入国际先进行列，模具制造企业进入智能制造、数字化工厂时代，高精密、微精模具的加工亟须更高性能的单向走丝电火花线切割技术、采用油基工作液的精密单向走丝电火花线切割微精加工技术以及具有信息采集、传输、处理、互联功能的网络化、智能技术及装备。

2. 航空航天和军工制造领域的技术需求及产品

随着航空航天和军工制造技术的不断发展，飞行器的性能要求越来越高，因此必然要研制并应用力学性能更加优异的新材料，如钛合金、高强度及超高强度钢、钴基合金以及有关复合材料等，这些材料具有高强度、高硬度、耐高温以及轻量化的特征，这类新材料加上飞行器有关复杂结构的零部件加工对单向走丝电火花线切割机床性能和个性化提出了更高的要求。例如，航空发动机叶片高精度、高表面质量榫槽的线切割加工，需要几乎无表面重铸层加工的高性能单向走丝电火花线切割机床；航空发动机许多特殊材料环形零件壁上精密复杂腔体的加工必须采用带有数控转台的六轴或七轴数控单向走丝电火花线切割机床才能完成。

预计到2035年，我国航空航天和军工制造领域各种特殊难加工材料、复杂形状、微细结构零件的加工都将达到世界先进水平，需要更高性能、更多功能、更加个性化（六轴及以上）单向走丝电火花线切割技术及智能装备的支撑。在航发制造领域，单向走丝电火花线切割将代替拉床成为涡轮盘榫槽的首选加工工艺，由单向走丝电火花线切割机床组成的柔性制造自动化生产线得到广泛应用。

3. 医疗器械行业的技术需求及产品

近年来，功能完善、使用方便的手术器械，以及人体植入件在医疗器械行业不断快速发展，不锈钢、钴铬合金、钛合金等材料普遍应用于手术器械、人体植入件的制造中，这些形状复杂的手术器械和人体植入件很难使用传统加工方式完成，而单向走丝电火花线切割机床能对其进行更加方便、快捷的加工制造，并保证植入体加工表面的均匀性，避免表面被污染，并满足医疗器械相关的标准。

预计到2035年，满足手术器械、人体植入件的加工制造需要，具有更高性能、五轴联动、一次性装夹完成多空间区域加工的单向走丝电火花线切割技术及智能装备广泛应用。

4. 超硬材料加工技术需求及产品

聚晶金刚石刀具以其优良的性能在汽车、航空航天、木材等加工制造领域中得到了广泛的应用，如在汽车发动机缸体、航空航天铝合金件的加工制造中普遍使用聚晶金刚石刀具。但是聚晶金刚石刀具高硬度和良好的耐磨性给其自身的切削刃加工带来了很大的困难，主要体现在传统磨削加工效率低和成本高，特别是一些复杂形状的聚晶金刚石刀具的修磨无法采取机械磨削方法。而电火花线切割高效、高精度、高表面质量以及“以柔克刚”的加工特点，是解决聚晶金刚石刀具加工瓶颈的有效方法，市场迫切需要用于聚晶金刚石刀具切割修磨，满足刀具形状精度≤5μm、刃口崩口≤2μm的单向走丝电火花线切割专用技术及设备。

预计到2035年，由机器人、自动化装夹、料库组成的单向走丝电火花线切割机床加工单元实现超硬刀具自动化生产。

（二）往复走丝电火花线切割加工技术

1. 面向中档及普通加工精度需求的产品

往复走丝电火花线切割机床的核心竞争力是高性价比，其运行成本是单向走丝电火花线切割机床的十分之一甚至几十分之一，因此往复走丝电火花线切割机床将会逐步替代一部分中低档单向走丝电火花线切割机床[17]。但就目前电火花线切割加工机床的市场总量而言，在整个机械行业中的占比仍然较小，市场总体份额有限，因此要将视野放宽，把电火花线切割加工的应用拓展到普通加工精度要求的通用机械加工领域。

预计到2035年，面向中档及普通加工精度需求的通用机械加工领域，线切割机床将会广泛应用。

2. 面向“自动化、可控化、智能化”要求的产品

注重机床的“自动化、可控化、智能化”等软性指标的改善，创造一个更好的工作环境，降低工人的劳动强度将是今后往复走丝电火花线切割机床一个最主要和长期发展的方向。在这方面关注的关键问题包括：半自动或自动上丝，半自动或自动穿丝，工作液水位检测及自动补水更换，废液自动处理[18]，电极丝直径损耗在线检测，电极丝空间稳定性或走丝系统稳定性自动检测，张力闭环控制及按工艺要求调节，电极丝寿命预判，工作液寿命自动检测[19]，线臂防碰撞功能装置，工件自动找正，工件变截面自动跟踪切割等一系列问题。

预计到2035年，能实现自动化、可控化、智能化的具有优良工作环境的往复走丝线切割机床将会得到普遍应用。

3. 围绕往复走丝自身特长重点发展的产品

（1）超高厚度稳定切割　目前往复走丝电火花线切割机床最高切割厚度已超过2000mm，但目前仅仅是能割，后续还需要开展切割的持久性、切割表面的平整性、切割的尺寸精度及纵横剖面尺寸差控制等一系列指标量化控制的研究。

（2）特殊材料切割　半导体材料、聚晶金刚石及各种导电陶瓷材料的电火花线切割是往复走丝电火花线切割机床应用领域的重要拓展，往复走丝电火花线切割在这些特殊材料切割的优势体现得十分明显。

（3）大斜度、高厚度大斜度及特殊大斜度切割　往复走丝电火花线切割机床能进行大厚度切割的优势同样体现在大斜度切割，尤其是在大厚度、大斜度的塑胶模具切割应用方面。由于冷却的问题，对于单向走丝电火花线切割机床，塑胶模具尤其是大厚度、大斜度的

塑胶模具切割是比较困难的，并且断丝的概率较高，而这正是往复走丝电火花线切割机床的特长所在。

（4）细丝高厚度切割　往复走丝电火花线切割机床由于走丝速度快，电极丝获得的冷却更加及时，其切割持久性、稳定性以及切割速度和性价比将大大高于单向走丝电火花线切割机床的细丝切割。因此今后的研究重点之一将是在一定的电极丝直径范围内（如电极丝直径<0.05mm），对较高厚度的零件进行切割。

预计到2035年，针对特殊需求的往复走丝线切割机床，包括超过2m厚度能够实现稳定持久切割的机床，针对半导体材料、聚晶金刚石及各种导电陶瓷材料的电火花线切割机床，特殊的高厚度大斜度线切割机床，以及细丝大厚度线切割机床将会问世并得到推广应用。

4. 可以提高切割表面完整性的技术及产品

（1）电解线切割修整工艺　电火花加工是通过材料的熔化、气化形成的蚀除，实质属于“热加工”方式，因此即使是通过多次切割，最终也无法完全去除重铸层。而电解加工是通过阳极溶解进行的，属于“冷加工”方式，因此可以利用往复走丝工作液具有一定导电特性的特点，在多次切割减薄重铸层的基础上，再采用电解线切割的方法，去除具有表面微观裂纹及残余拉应力的重铸层。这对于有抗疲劳强度要求的结构件的线切割加工，如发动机涡轮叶片的隼槽加工等具有重要的意义。

（2）抗电解电源的应用　往复走丝电火花线切割抗电解电源的研究刚起步，其作用机理虽然与单向走丝电火花线切割机床的抗电解电源类似，但有其特殊的方面，并且由于电极丝反复使用，抗电解电源对于电极丝的影响作用也是需要关注和研究的。其主要应用在对有色金属的加工方面，如对于钛合金航空结构件及钛合金人体内植入假体等的切割方面。

预计到2035年，针对航空航天等领域的特殊需求，附有电解线切割修整模块和抗电解电源的线切割机床将会投入市场。

5. 对功能电极丝的需求及产品

往复走丝电火花线切割一直采用钼丝作为电极丝，但随着加工要求的细分，尤其是“中走丝”机比例的不断增加，简单钼丝已经满足不了一些细分加工的需求，预计不久的将来一定会研发出类似单向走丝用的各类功能镀层电极丝，以应对超高厚度切割、高效切割、微小能量修刀、细丝切割及纯水条件下切割等不同的加工要求。此外功能电极丝的开发也可以为今后进一步提高往复走丝在各类情况下的自动穿丝功能做好准备。

预计到2035年，带有各种功能镀层的电极丝将会应用于往复走丝电火花线切割机床中。

三、关键技术

（一）单向走丝电火花线切割加工技术

1. 高效节能单向走丝电火花线切割技术

（1）现状　在航空航天、新能源、模具等精密零件加工行业中，特别是大批量零件加工始终追求高效率、高稳定性，持续降低运行成本和能耗以及提高加工效率是加工装备的技术发展目标。过去单向走丝线切割使用单极性有限流电阻的高频脉冲电源，大部分放电能量被消耗在放电回路的限流电阻上，能量利用率低，切割效率仅150mm^2/min。近年双极性、无限流电阻的高频脉冲电源技术使用在单向走丝线切割上，实现了80%以上能量利用率，切割效率提升到 250mm²/min。目前，国外单向走丝线切割使用先进的智能数字谐振式脉冲电源技术，能量利用率进一步提高，切割效率达到 400～500mm²/min。国内单向走丝线切割在节能、高效率加工技术与国外先进技术相比，尚存在较大技术差距，同时也体现出国内高频脉冲电源新技术的基础理论研究没有跟上国际先进技术。

在提高加工性能、降低机床运行成本方面，国外研发出电极丝旋转切割技术，利用旋转机构使加工区域的电极丝按照一定速度和方向（左旋或右旋）旋转，以实现加工区域从上到下均在未放电过的新电极丝面上进行放电[1]，切割的表面质量、精度及加工速度获得一定提高，并减少了电极丝的消耗量。

为进一步提高电极丝承受大能量并同时具有较强的排屑能力，研究人员提出了采用钢心电极丝，以提高电极丝的抗拉强度；同时为了提高电极丝的导电性能，在芯材之外包了一层纯铜，最外层使用了含锌比例高的铜锌合金。此外，还有学者提出在电极丝表面增加微裂纹或微孔，利用电极丝表面的微结构来提高电极丝带液和排屑能力。

（2）挑战

1）线切割的切割速度是与脉冲电源的加工电流成正比，要实现绿色高效切割，需要优化无电阻脉冲电源电路或采用谐振式脉冲电源新技术，尽可能地提高加工峰值电流。窄脉冲、高峰值电流是单向走丝线切割机床获得高速切割加工的必要条件，但加工电流的提高受电极丝所能承受的电流密度的制约。

2）为了进一步提高切割速度，线切割高效加工的单脉冲电流需要上千安培，这对运行于高频、高压、高峰值电流的功放及其脉冲关断保护技术提出了极大的挑战，需引入更先进的电子技术、性能更优的电子元件，并发挥电子元器件的极限性能，同时也必须对脉冲能量的输出及信号反馈获取采取十分严格的措施。

3）加工间隙的放电状态瞬息万变，放电脉冲的单脉冲宽度在数十纳秒量级，要在极短的时间内迅速、准确地采集到单次放电的放电状态信息，这对检测技术提出了较大的挑战，需要引入性能更优的电子元件、更先进的信息采集技术。

4）对于影响线切割加工设备整体性能提升的工艺参数自适应控制策略及其控制技术以及脉冲电源和伺服控制策略及自适应控制技术，完善的工艺专家系统等涉及数据处理、自动控制、计算机数控等方面的理论和技术的综合，还需经过大量的工艺验证和优化。

5）对电极丝走丝方式及电极丝的材质及表层微观形貌的研究也必须重视，单向走丝线切割工艺指标的提升是整体系统的综合结果，在这个系统中，作为工具电极的电极丝起着不可忽略的作用，同时电极丝作为耗材，很大程度上也决定着单向走丝线切割的运行成本。

（3）目标

1）预计到 2025 年，双极性无电阻高频脉冲电源技术将广泛应用于单向走丝线切割机床，自适应控制策略、加工工艺参数、专家系统进一步完善及细化，最高切割速度达 300mm²/min。能承受更大峰值电流的国产钢心电极丝得到实际应用。满足发动机涡轮盘榫槽切割专用的六轴数控单向走丝电火花线切割机床研发成功。

2）预计到 2030 年，将实现 10ns 级超窄脉冲微能量的超精加工和上千安培高峰值电流的高效加工，机床最大切割速度达 400mm²/min。

3）预计到 2035 年，智能数字谐振式脉冲电源技术得到应用，具有多学科技术融合的放电状态检测技术及加工过程自适应控制策略、更为完善的工艺专家系统，最高切割速度达

$500mm^2/min$。

2. 智能化电火花线切割技术

（1）现状　电火花线切割加工过程的智能化技术包括加工过程随形智能控制技术，建立在大量工艺参数的工艺数据库基础上的智能工艺专家系统、智能数控系统、远端智能服务、诊断及预警技术等，这些智能化技术极大地减少了对操作人员经验及技术水平的要求。智能化工艺专家系统、加工轨迹智能优化处理策略、工艺参数智能化自适应控制策略及控制技术，以及智能化脉冲电源和伺服控制策略及自适应控制技术，对于线切割加工设备整体性能的提升起关键作用。对工件的切入/切出、变厚度切割、高厚度切割腰鼓度控制、拐角及微细部位切割等的工艺参数智能化自适应随形控制策略更是关系到线切割加工质量。虽然国内单向走丝电火花线切割也有工艺专家系统、拐角控制策略技术，但工艺专家系统中各种加工材料种类不齐，不同加工状况的工艺参数不完整，切入/切出、变厚度切割、拐角、尖角处理等自适应与控制策略还不完善，特别在高精度与高表面质量的加工应用时，其加工结果与预期相差较大。国外通过解析工件的三维数据，或通过检测放电频率变化来预测阶梯形状零件加工厚度的变化，自动识别工件厚度特征，对应采用自适应控制策略；另一项技术是通过检测放电位置在空间上的实时分布，从中提取实时的切割厚度变化状况，自适应调节加工工艺参数，使变厚度工件的切割速度提升，断丝风险降低[20,21]。

数控系统是电火花线切割加工实现智能化的核心部件，由于单向走丝电火花线切割数控系统的特殊性，国内企业根据各自产品的特点开发研制专用的数控系统，系统功能不强大、智能化水平低，比如三维图形读取与处理、倾斜工件自动校正、机床几何精度误差补偿、电极丝损耗补偿等先进方便的智能化功能不全或没有，与网络、检测、测量技术相融合的防碰撞、光学在线测量、远程监控服务等系统功能还不完善。国外机床数控系统最小指令单位为 0.001μm，匹配高分辨率的位置检测单元与高响应伺服驱动系统，数控系统的最小驱动单位为 0.01μm；国产单向走丝电火花线切割数控系统的位置控制精度与国外机床相差较大，高表面质量、高精度的微精加工以及细丝加工还不能达到一个更好的技术水平。

（2）挑战

1）智能工艺专家系统的构建和完善在很大程度上依赖于基础理论和实验研究，需要对不同电极材料、丝径、工件材料、工件厚度、加工场景的加工应用进行大量的工艺试验，在大量加工工艺数据的基础上，依赖加工参数智能匹配算法及优化控制策略，构建适用于线切割加工的智能化工艺专家系统。

2）智能化自适应随形控制策略的优化，应对工件的切入/切出、变厚度切割、拐角及微细部位切割的加工轨迹智能优化处理策略进行深入、系统性的研究，才能在多种控制策略中找到最优。

3）智能化数控系统的构建，是利用先进的计算机技术、通信总线技术、工业以太网技术，开发出适合智能电火花线切割技术要求和特点的专用软硬件控制模块，将脉冲电源、极间检测、运动控制、自动穿丝控制等模块都以工业总线接入数控系统，打造以工业总线为基础的电火花线切割智能数控系统；通过工业以太网支持远程监控、诊断、报修、软件升级等智能化服务。

4）三维图形读取与处理、倾斜工件自动校正、机床几何精度误差补偿、电极丝损耗补偿、防碰撞、光学在线测量等智能化功能，需要三维图形辨识、CAD 后处理、空间几何算法、检测、测量等技术支撑。

（3）目标

1）预计到2025年，电火花线切割的数控系统最小驱动单位为0.5μm，具有倾斜工件自动校正、几何精度补偿等辅助功能，对工件的切入/切出、拐角及微细部位切割的加工轨迹有优化处理策略，相对完善的加工工艺参数库与工艺专家系统。

2）预计到2030年，支持三维图形读取与处理，对变厚度、中空零件切割有相应的控制策略，工件的切入/切出、拐角及微细部位切割的精度进一步提高，智能工艺专家系统构建完成，数控系统最小驱动单位为0.1μm。

3）预计到2035年，具有多学科技术融合的智能化脉冲电源及伺服系统、完善的智能化工艺专家系统及智能化、多功能的电火花线切割数控系统，最小驱动单位为0.01μm，具有远端智能服务、诊断及预警功能。

3. 自动化互联电火花线切割技术

（1）现状　单向走丝线切割机床与其他金属切削加工设备、机器人、测量设备、料库等共同互联组成的柔性自动化生产线，或单向走丝线切割机床与机器人、料库等组成自动化生产单元是未来生产制造重要发展方向，国外厂家有成熟的智能化生产单元与生产线技术解决方案提供给客户使用。自动化生产线或自动化生产单元都需要单向走丝线切割自身具备自动穿丝系统、电极丝自动交换、加工液槽自动升降、工件自动装夹与交换系统及穿丝点自动寻位找正、废料自动拾取、故障自诊断等自动化功能，以及与其他加工设备、机器人、测量设备、料库、工厂MES系统联机的互联互通标准化协议接口。目前国内企业还不能向客户提供成熟的自动化生产单元与生产线技术解决方案，自动穿丝系统仅能实现直径0.15mm以上电极丝的可靠自动穿丝，自动化功能还需不断完善。

（2）挑战

1）实现可靠有效的自动穿丝，可大大提高设备的自动化程度和生产效率。

2）穿丝点自动寻位找正、自动坐标重构、废料自动拾取以及故障自诊断是实现无人值守、自动加工的基础。

3）加工液槽自动升降、零件自动装夹与交换装置是机床实现自动化加工、提高加工综合速度，以及与其他金属切削加工设备、机器人、测量设备、料库等柔性联线的有效措施。

（3）目标

1）预计到2025年，直径≤0.1mm自动穿丝技术在单向走丝线切割上得到应用，自动升降式加工液槽、专用零件自动装夹与交换系统将逐步实现应用，可实现单机自动化生产单元并与MES生产管理系统连接。聚晶金刚石刀具单项走丝电火花切割修磨专机步入应用。

2）预计到2030年，带废料自动拾取装置、多孔位模板自动连续加工、直径0.05mm线径自动穿丝技术及装备在市场上得到应用。

3）预计到2035年，将有配置更加自动化的工业机器人，具有通用型工件自动装夹与交换系统、电极丝双丝自动交换系统、与其他设备方便互联的电火花线切割技术及装备投放市场，且能实现直径为0.02mm电极丝的可靠自动穿丝。

4. 微精电火花线切割技术

（1）现状　国外成熟的微精电火花线切割加工可使用直径0.02mm的微细电极丝，可加工最小窄缝宽度0.023mm、最小放电间隙0.0015mm的半导体引线框架模具等精细零件，最

佳表面粗糙度值 $Ra0.05\mu m$。国内单向走丝电火花线切割机床细丝、微精切割加工技术处于起步研究阶段，还没有形成一套成熟的细丝、微精切割加工技术。

（2）挑战

1）微细电极丝的抗拉强度远低于常规的电极丝，对张力波动的敏感度极高，对运丝系统中运丝机构的系统阻尼、运丝速度及更精确稳定的张力控制都提出了新的挑战，依赖运丝机构的设计、精密制造及控制系统的创新突破。

2）超窄脉冲能量的脉冲电源是实现微精电火花加工的主要技术基础，欲使脉冲电源的最窄单脉冲宽度从目前的 50ns 降低到 10ns 量级，需要引入更新的电子元件及技术，实现超窄脉冲能量的产生和高保真放大。超窄脉冲能量脉冲电源的另一个关键技术就是能量传输技术，如何将超窄脉冲能量高保真地传输到工件和电极丝形成的放电区域，需克服传输过程中寄生电感和寄生电容的影响，解决传输线路的阻抗匹配问题。

3）单向走丝电火花线切割机床的加工精度要求高达±0.001mm，且机床连续 24h 加工运行期间，对机床主机结构、制造精度、最小驱动当量、运动控制精度，以及降低外界环境温度变化对主机精度影响等方面都提出了更高的技术要求；低膨胀系数材料、多模块化温度检测单元、热变形校正系统、机械精度随温度变化补偿机制等要应用到机床上，才可确保机床精度的稳定性。

（3）目标

1）预计到 2025 年，热稳定控制技术将会被使用在国产单向走丝电火花线切割机床上，0.07mm 线径的电火花线切割加工技术及其装备将向市场提供。

2）预计到 2030 年，向医疗器械、人工植入体等行业提供所需 0.05mm 线径电火花线切割加工技术及其装备，热变形校正系统、机械精度随温度变化补偿机制等技术都将应用到机床上。

3）预计到 2035 年，面向 IT、医疗器械、精密微小模具等领域应用的单向走丝电火花线切割细丝微精技术及产品将国产化，最细电极丝直径 0.015mm，加工精度±0.001mm，最佳加工表面粗糙度值 $Ra0.02\mu m$。

（二）往复走丝电火花线切割加工技术

1. 线切割机床系统智能化控制技术

（1）现状　目前，往复走丝电火花线切割机床尤其中走丝线切割机床的控制系统普遍存在系统功能不全面、开发后劲不足等问题，必须通过市场的整合、不断积累并通过对单向走丝电火花线切割控制系统的学习、借鉴而加以完善[22]。根据往复走丝电火花线切割的工艺特点增加一些必要的操作功能，如上丝张力控制、工作液寿命及流量监控、电极丝寿命预判、修刀策略，信息搜集以及处理模块等，完善并推出几套成熟的往复走丝电火花线切割的控制系统平台。

（2）挑战　采用编码器以实现螺距补偿及反向间隙补偿，进行半闭环轨迹控制的数控系统，目前已经逐步在市场上获得推广。采用光栅尺反馈信号直接进入系统而进行实时闭环控制功能的真正闭环控制系统也正逐步成熟，上述半闭环及闭环控制将大大提升线切割机床的轨迹控制精度，结合电极丝空间位置控制精度的提高、电极丝损耗的控制及电极丝分段切割的应用，通过多次切割以获得±0.005mm 的稳定加工精度将成为普遍的现实。目前存在的主要问题是机床系统的综合智能化控制水平仍然比较欠缺。

（3）目标

1）预计到2025年，往复走丝电火花线切割的控制系统绝大部分将采用半闭环以上的控制系统，并搭配智能化脉冲电源及较为丰富的工艺专家数据库系统。

2）预计到2030年，伴有多任务处理功能的控制系统将进一步得到丰富和完善，建立可对机床的全要素信息进行搜集的智能自适应采样分析系统。

3）预计到2035年，往复走丝电火花线切割的控制系统除了具备齐全的功能、更高的响应速度、更强的抗干扰能力、更好的通用性和更高的性价比外，还具备更强的综合信息搜集、处理和分析能力，使得机床可以跟整个制造环境实现信息的互联互通。

2. 高效、低损耗切割技术

（1）现状 往复走丝电火花线切割加工良好性价比的一个重要体现在于能进行高效、长期稳定的切割加工，尤其体现在高厚度切割方面。

高效加工的研究重点可分为两个方面：①提高实用的、持续稳定的切割速度，目前持续稳定的切割速度为150~200mm²/min，近期努力的目标是200~300mm²/min，并且对于200mm以上厚度工件也同样适用；②提高最高切割速度，目前采用智能脉冲电源[23]，配合复合型工作液，最大切割速度已能达到350mm²/min[24]。上述指标已经接近或达到中档单向走丝电火花线切割机床的一般切割速度要求。但是必须注意：当往复走丝电火花线切割速度超过200mm²/min，工件表面将逐渐产生烧伤条纹。工件表面出现严重的交叉烧伤痕迹说明极间处于十分恶劣的放电状态，导致在大能量的放电条件下，极间蚀除产物无法及时排出，蚀除产物在极间产生堆积，引起极间放电状态恶化，最终在工件表面形成严重的烧伤，增大断丝风险，影响切割速度的提高。

（2）挑战 往复走丝电火花线切割速度的提高可以从以下两个方面进行阐述：①在洗涤冷却较充分前提下（一般切割电流<6A），提高单位电流切割速度；②在大能量前提下（一般切割电流>7A）提高高效切割速度[25-27]。

在洗涤冷却较充分的前提下，提高单位电流切割速度的主要措施有：①研究新型自适应与节能脉冲电源，进一步提高脉冲电源的脉冲加工利用率；从目前脉冲电源放电脉冲利用率80%~90%，提高至95%以上，同时进一步抑制有害脉冲的输出（如一旦检测出现持续短路情况就及时切断脉冲输出），使单位电流的切割速度从目前的25~30mm²/（min·A）上升至30~35mm²/（min·A）；②对脉冲电源的蚀除方式进行研究，所谓蚀除方式是指放电加工是以熔化还是以气化的方式蚀除；③对工作液性能继续进行深入研究，以提高单个脉冲的放电蚀除量；④对电极丝张力进一步进行控制，通过改善加工的稳定性，使得放电脉冲利用率进一步提升且切缝宽度均匀及收窄，从而获得因切缝材料蚀除量降低所带来的切割速度的提升；⑤改进电极丝进电方式，尽可能将进电点移至靠近加工区域，减少能量消耗并尽可能获取更接近于加工区域的取样信号（通常取样点和进电点在一起），将由此获取切割速度的进一步提高；⑥研制具有高效切割功能的新型结构电极丝，借鉴单向走丝电火花线切割镀层及表面形貌的特点，研制出适合高效切割的新型往复走丝电极丝。

（3）目标

1）预计到2025年，往复走丝电火花线切割的稳定切割速度达到250mm²/min。

2）预计到2030年，往复走丝电火花线切割的稳定切割速度达到350mm²/min。

3）预计到2035年，往复走丝电火花线切割的稳定切割速度达到500mm²/min。

3. 高稳定性精密多次切割技术

（1）现状　随着21世纪初复合型工作液的市场化及往复走丝电火花线切割机床软硬件控制技术的发展，多次切割技术已成为一种实用的改善表面加工质量及精度的工艺方法[28]。目前，往复走丝电火花线切割40mm以内的工件时，多次切割最佳表面粗糙度值已能达到Ra<0.4μm，加工精度长期稳定在±0.005mm以内[29]，腰鼓度控制在0.01mm以内，较好的情况下，一次切割长期稳定切割速度为180mm²/min，三次切割（割一修二）综合切割速度可达100mm²/min（Ra<1.2μm）；对于200mm工件多次切割后的正四棱柱工件腰鼓度≤0.025mm，表面粗糙度值Ra≤2.5μm；目前随着多次切割表面质量的提升，切割表面的完整性、切割拐角精度的控制也逐步进入研究范畴。

（2）挑战　目前中走丝线切割机床的挑战集中体现在切割稳定持久性的控制、切割轨迹及加工精度的控制、高厚度修刀腰鼓度的控制及切割表面完整性的控制等方面，具体涉及的技术问题主要有：

1）解决电极丝形位变化的问题。由于往复走丝电火花线切割机床走丝速度比单向走丝电火花线切割机床高出1~2个数量级，并且钼丝比黄铜丝更硬，电极丝高速、往复运动必然会降低走丝系统中运动部件的稳定性及寿命。此外，精度较低的机械式张力控制也需向精密多级张力控制转变。

2）开发更加微小的脉冲当量驱动系统。目前数控系统采用的1μm/脉冲的当量已不能满足精密加工的需求，必须开发出更加微小的脉冲当量驱动系统。

3）解决电极丝损耗对加工精度带来的问题。现有的往复走丝电火花线切割均采用单丝筒循环往复走丝，必然产生电极丝的损耗，在大面积切割时会影响切割零件精度一致性[30]。

4）研制纳秒级脉冲电源及电解修整工艺方法，以提高多次切割后工件表面的完整性。目前已经有数百纳秒脉冲宽度的电源进入使用，获得的多次切割表面粗糙度值Ra≤0.4μm，但大面积修刀的平整性还有待进一步提高。此外，由于往复走丝工作介质的弱导电性，给修刀后采用电解修整以去除表面变质层带来了可行性，这也是往复走丝有别于单向走丝的显著区别之一。

5）研究新的取样伺服进给方式及清角功能。中走丝线切割机床多次切割时，除目前普遍采用的取样伺服及恒速进给修刀，还需探索出更加准确稳定的伺服控制方式。

清角功能可根据不同的转角设定停顿时间和停顿时高频放电能量，也可以选择转角角平分线过切、转角延长线过切进行加工，进而获得更高的加工精度。

6）减少高厚度工件切割形成的腰鼓度。高厚度工件（工件厚度>200mm）多次切割后形成腰鼓度的主要原因是修切时工件中间与上下两端的材料蚀除不均匀[31]，仍需对腰鼓度形成机理进行深入研究。

（3）目标

1）预计到2025年，中走丝线切割机床能够解决多次切割稳定及持久性问题，并通过脉冲电源的改进设计，达到大面积稳定修刀切割表面粗糙度值Ra<0.6μm，加工精度长期稳定在±0.005mm，最佳修刀切割表面粗糙度值Ra<0.35μm。

2）预计到2030年，开发出脉冲当量更小的伺服控制系统和拥有多重切割工艺自适应能力的控制系统，并形成较为成熟的多次切割和电解修整工艺，可以获得完全没有重铸层的切割表面，并成功应用于有变质层控制要求的结构件加工领域。

3）预计到2035年，中走丝线切割机床能够实现达到大面积稳定修刀切割表面粗糙度值

Ra<0.3μm，加工精度长期稳定在±0.003mm，最佳修刀切割表面粗糙度值 *Ra*<0.2μm。

4. 超高厚度、大锥度切割技术

（1）现状

1）超高厚度切割技术。往复走丝线切割机床目前最高切割厚度已经达到2000mm，但目前只能说能割，后续还需做到能长时间稳定切割，并且需获得平整的表面及可控的精度。

2）大锥度切割及大锥度修刀技术。目前已经研制出六连杆大锥度随动导丝及喷液机构[32]，最大的切割斜度可以到±45°，甚至更大，但由于大锥度机构受加工精度、刚度的制约，加工精度以及大锥度修刀的稳定性和精度都受一定影响。

（2）挑战　要进行1000~2000mm超高厚度持续稳定切割，并获得理想的加工精度，为此还需要解决以下几个方面的问题：

1）脉冲电源。切缝必须有足够的间隙容纳电极丝的跳动，所以要求脉冲电源须有足够放电爆炸力以获得较大蚀除量和放电间隙。

2）电极丝空间稳定性。在超高厚度的加工中，由于电极丝跨度大大增加，在放电爆炸力作用下，使电极丝的空间形位保持性差，从而影响切割稳定性及切割表面的平整性，因此必须控制好电极丝的张力及其刚性和稳定性。

3）工作液在极间的阻尼特性。目前试验证明，对于超高厚度切割，极间充满工作介质并且具有较好的阻尼特性，对切割的稳定性和切割表面平整性具有重要的影响作用，因此超高厚度切割工作液，除了和普通切割要求工作液一样，要具有较好的排屑、冷却消电离特性外，能充满极间介质并具有很好的阻尼特性也是一个重要要求。

4）伺服进给控制策略。对于超高厚度切割，电极丝或工件已经具有半导体性质，因此采用目前常用的极间峰值电压取样变频伺服控制方法已经不能准确判断极间的加工状态，此外，超高厚度切割过程中的“单边松丝”问题也会影响长期切割的稳定性。

（3）目标

1）预计到2025年，往复走丝线切割机床可实现最高切割厚度2000mm的稳定平整切割，并将多次切割技术稳定应用于200mm厚度的大锥度修刀中。

2）预计到2030年，往复走丝线切割机床可实现最高切割厚度2200mm的精确稳定切割，并将多次切割技术稳定应用于250mm厚度的大锥度修刀中。

3）预计到2035年，往复走丝线切割机床可实现最高切割厚度2500mm的精确稳定平整切割，并将多次切割技术稳定应用于300mm厚度的大锥度修刀中。

5. 绿色化电火花线切割系统

（1）现状　产品绿色化正逐渐成为未来产品市场上的主旋律，绿色制造已成为一种新的制造战略。绿色制造主要包括节省能源，提高操作环境的清洁性，减少对操作者的健康危害等[33,34]。绿色往复走丝电火花线切割的研究内容主要包括研制节能脉冲电源，对失效的工作液进行处理及采用环保性工作液等方面。

（2）挑战　随着制造业向可持续方向发展，绿色化发展必然是往复走丝电火花线切割机床的重要发展方向。

1）提高能量的利用率。在电源回路中利用储能元件电感代替限流电阻，设计回馈电路将电感中剩余的能量回馈给电源，提高能量利用率，并通过控制功率开关管的通断来控制放电脉冲输出波形形状，减少电极丝的损耗。

2）改进工作液及工作液系统。研制非胶团性蚀除产物工作介质及过滤系统，从脏污源头进行改进，并研制废液更加易于处理的工作液。

3）自动上丝、半自动或自动穿丝功能的研发。关于自动穿丝，目前业内已经研制出半自动穿丝机构，后续还需进一步完善以提高自动穿丝的成功率并适合各种厚度及孔径的穿丝孔，尤其是可靠性的保障。

4）加工参数智能数据库。降低操作人员对机床熟练程度的依赖，只需操作人员输入简单的加工要求，就可以从数据库中获得各种电参数和非电参数。

（3）目标

1）预计到2025年，往复走丝线切割机床用节能型脉冲电源将部分进入市场，具有工作液各方面处理功能的工作液工作站将初步研制成功，具有半自动穿丝功能的往复走丝电火花线切割机床产品将批量面世。

2）预计到2030年，往复走丝线切割机床用节能型脉冲电源将占领绝大部分市场，具有工作液各方面处理功能的工作液系统将开始批量使用，半自动穿丝功能将成为往复走丝电火花线切割机床的标配。

3）预计到2035年，往复走丝线切割机床将具备绿色化发展的大部分特性，即节能、环保及自动化。

四、技术路线图

单向走丝电火花线切割加工技术路线图如图3-2所示，往复走丝电火花线切割加工技术路线图如图3-3所示。

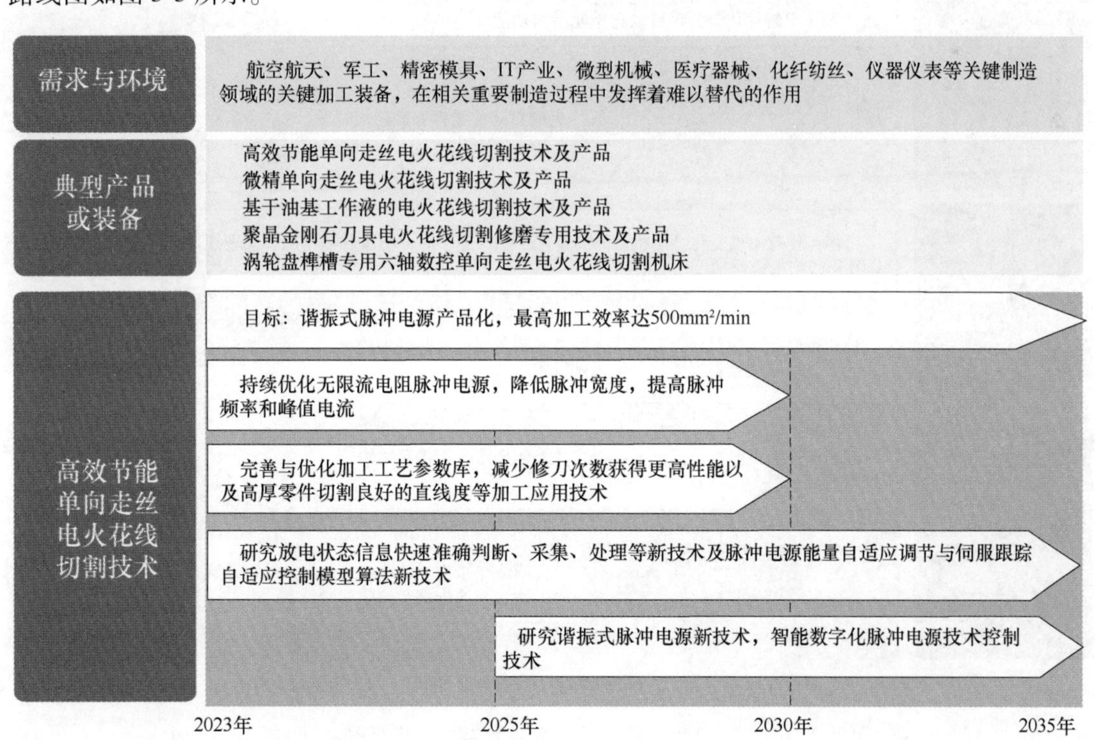

图3-2　单向走丝电火花线切割加工技术路线图

智能化电火花线切割技术

- 目标：完善工艺参数智能化自适应随形控制策略，以工业总线为基础构建的电火花线切割智能数控系统，分步实现数控系统最小驱动单位为0.01μm及智能化数控功能（2023年—2035年）
- 加工轨迹智能优化处理策略的研究，解决三维图形辨识、CAD后处理、加工状态信息辨识等新技术应用问题（2023年—2030年）
- 加工工艺和参数试验、参数优化、工艺参数智能选取等技术应用（2023年—2030年）
- 研究以工业总线方式将运动控制，不断将数控/智能控制、计算机、网络化等新技术应用于数控系统（2023年—2035年）

自动化互联电火花线切割技术

- 目标：实现线径0.02mm自动穿丝系统、带废料自动拾取装置及多孔位模板自动连续加工的应用，带电极丝自动交换系统、工件自动装夹与交换系统、与其他设备方便互联组成柔性加工生产线（2023年—2035年）
- 穿丝点自动寻位找正、自动坐标重构等功能开发（2023年—2030年）
- 研究电动、气动、喷流、控制、传感、检测等技术在自动穿丝系统中的综合应用，在细丝穿丝特性、穿丝机构及可行的技术解决方案上不断取得创新突破（2023年—2035年）
- 采用自动化生产线机械、电气控制、检测传感、智能互联等新技术，不断优化与完善自动化单元所需功能（2023年—2030年）
- 依托计算机技术、检测传感技术、自动控制等技术，完成自动化柔性互联功能开发（2025年—2035年）

微精电火花线切割技术

- 目标：具有温度变化补偿机制的高精度主机、超窄脉冲能量脉冲电源，实现线径0.015mm细电极丝加工技术的应用（2023年—2035年）
- 使用低膨胀系数材料、多模块化温度检测单元以及热变形校正系统、机械精度随温度变化补偿机制技术（2023年—2030年）
- 超窄脉冲能量脉冲电源原理、数字化控制技术、微能量传输技术研究（2023年—2030年）
- 完成运丝机构设计、精密制造及控制系统技术上的创新突破，研究并使用油基微精切割技术（2025年—2035年）

2023年 2025年 2030年 2035年

图 3-2　单向走丝电火花线切割加工技术路线图（续）

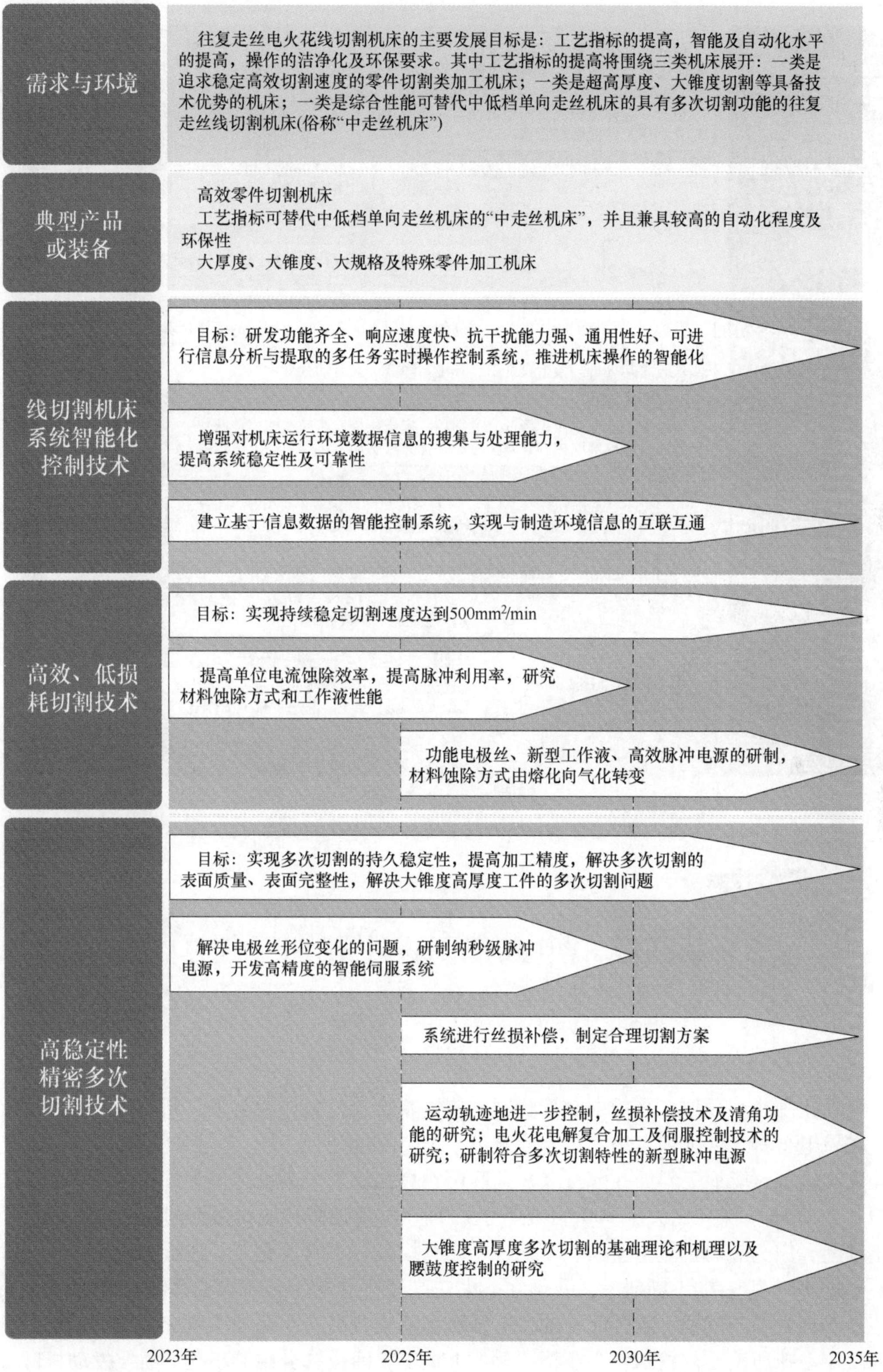

需求与环境

往复走丝电火花线切割机床的主要发展目标是：工艺指标的提高，智能及自动化水平的提高，操作的洁净化及环保要求。其中工艺指标的提高将围绕三类机床展开：一类是追求稳定高效切割速度的零件切割类加工机床；一类是超高厚度、大锥度切割等具备技术优势的机床；一类是综合性能可替代中低档单向走丝机床的具有多次切割功能的往复走丝线切割机床(俗称“中走丝机床”)

典型产品或装备

高效零件切割机床

工艺指标可替代中低档单向走丝机床的“中走丝机床”，并且兼具较高的自动化程度及环保性

大厚度、大锥度、大规格及特殊零件加工机床

线切割机床系统智能化控制技术

目标：研发功能齐全、响应速度快、抗干扰能力强、通用性好、可进行信息分析与提取的多任务实时操作控制系统，推进机床操作的智能化

增强对机床运行环境数据信息的搜集与处理能力，提高系统稳定性及可靠性

建立基于信息数据的智能控制系统，实现与制造环境信息的互联互通

高效、低损耗切割技术

目标：实现持续稳定切割速度达到500mm²/min

提高单位电流蚀除效率，提高脉冲利用率，研究材料蚀除方式和工作液性能

功能电极丝、新型工作液、高效脉冲电源的研制，材料蚀除方式由熔化向气化转变

高稳定性精密多次切割技术

目标：实现多次切割的持久稳定性，提高加工精度，解决多次切割的表面质量、表面完整性，解决大锥度高厚度工件的多次切割问题

解决电极丝形位变化的问题，研制纳秒级脉冲电源，开发高精度的智能伺服系统

系统进行丝损补偿，制定合理切割方案

运动轨迹地进一步控制，丝损补偿技术及清角功能的研究；电火花电解复合加工及伺服控制技术的研究；研制符合多次切割特性的新型脉冲电源

大锥度高厚度多次切割的基础理论和机理以及腰鼓度控制的研究

2023年　2025年　2030年　2035年

图 3-3　往复走丝电火花线切割加工技术路线图

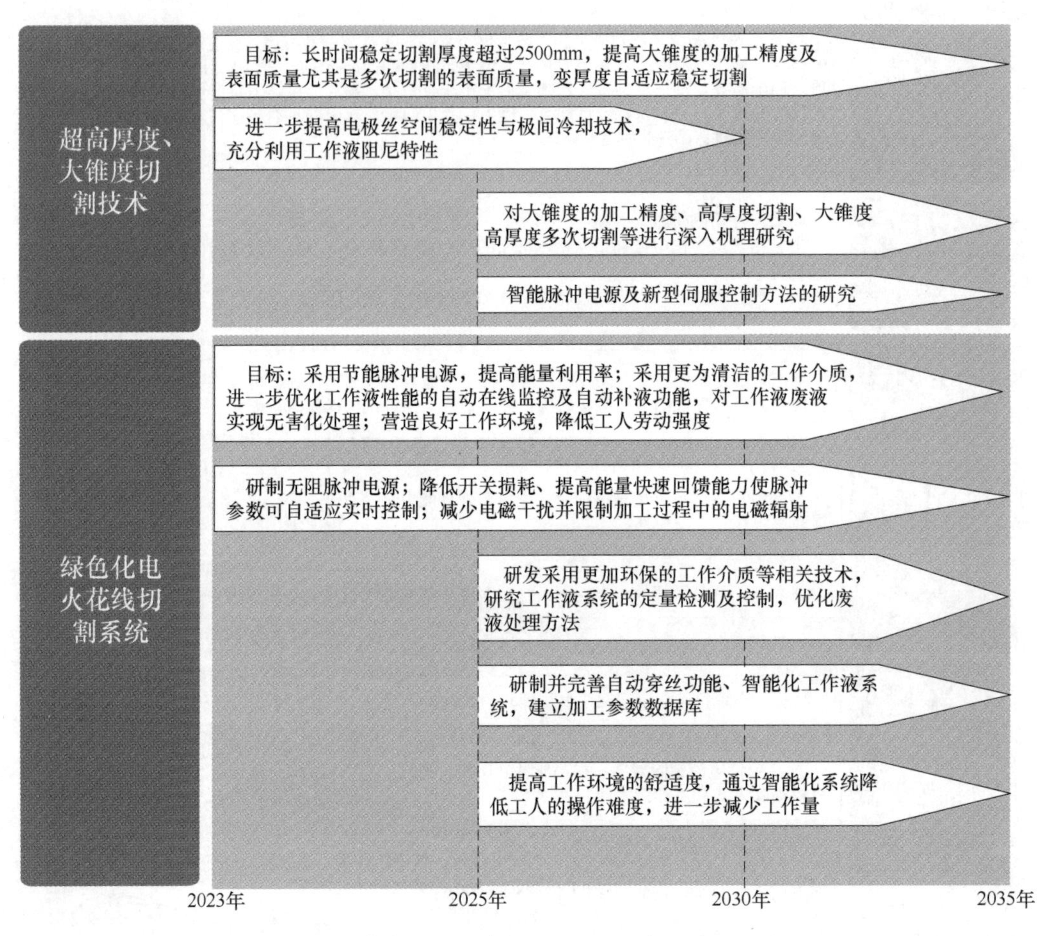

图 3-3　往复走丝电火花线切割加工技术路线图（续）

第四节　电火花高速小孔加工技术

一、概述

电火花高速小孔加工采用中空管状铜材或铜基合金材料作为电极，利用火花放电蚀除原理，在导电材料工件上加工出直径与电极直径相当的深小孔[35]，具有加工效率高、工艺简单、成本较低、能加工斜面孔等特点，尤其可在高强韧类、高硬脆类等难切削材料上加工直径为 0.2~3mm、深径比大于 300：1 的小孔，用于解决许多传统机械钻削无法加工的深小孔加工难题，广泛应用于航空航天、军工、船舶、模具、工具、化工、造纸等行业。

经过 40 年左右的不断研发，我国在电火花高速小孔加工技术及装备方面取得了不俗的成绩，能自主生产三轴、五轴、六轴、七轴数控电火花高速小孔加工机床，并形成了一套完整的高速小孔加工工艺技术，为在特殊材料上加工空间位置分布的小孔如航空发动机叶片气膜孔等提供了加工手段和装备[36]。

随着我国国防工业的发展，新材料的不断应用以及新工艺的进步，对深小孔加工的需求越来越多，要求也越来越高，为了使电火花小孔加工满足工业需求，新装置、新技术和新方法不断被应用，国内相关高校、研究机构和企业不断深入开展该技术的研究和探索。研究表明，多流体主轴、反压冲洗和雾化喷嘴等技术改善了电火花小孔加工间隙状态，提高了小孔加工质量[37]；电极采用新的材料可有效提高工件材料的去除率和小孔加工的深径比[38]；尝试采用柔性薄箔悬浮金属球电极进行曲线孔加工[39]；研制特殊夹具可进行波纹管深孔加工[40]等。但目前的研究成果不足以满足国防工业的需求，如何高质量、高效率地加工出所需的小孔是电火花高速小孔加工技术及设备未来研究和开发需要解决的重要问题。

二、未来市场需求及产品

（一）国家重点制造领域的重大需求及相关产品

航空发动机，燃气涡轮机的涡轮叶片、涡轮环件以及舰船的鱼雷发射管、泵、阀、螺旋桨等关键零件都存在孔加工的问题。从 20 世纪 90 年代后期一直到现在，我国航空航天等企业逐渐将电火花小孔加工技术作为特殊材料零件上小孔加工的主流工艺方法，用于涡轮叶片（工作叶片和导向叶片）、涡轮导向器组件、火焰筒、涡轮外环块、隔热屏的气膜冷却孔、喷油嘴/喷油环的喷油孔等零件上的小孔加工[3]。

涡轮叶片是孔加工的典型零件之一，每片涡轮叶片上分布有数百个不同直径和角度的气膜冷却孔，孔直径一般为 0.2~0.7mm，孔的入射角度约 25°，叶片内部为空心复杂型腔结构，腔壁间隙极小；另一个典型零件是火焰筒，其孔径一般为 0.7~2mm，孔数量由数千到数万级不等，孔的入射角由直角向大倾角贴壁发展；第三类典型零件是喷油管嘴/喷油杆，孔径一般为 0.2~1.0mm。

同时，为了提高涡轮叶片等承热部件的承温能力以及特殊功能，在零件表面喷涂具有隔热等功能效应的涂层，涂层材料大部分为非导电材料，如氧化锆等，使电火花无法直接加工。目前的解决方法有机械钻孔[41]、激光加工[42]。机械钻孔主要适合于大直径垂直孔，加工斜孔时，钻头容易发生断裂。激光加工目前是应用最为广泛的涂层加工方法。由此，先用激光加工去除孔位置的热障涂层，再用电火花加工基体高温合金材料部分，这种组合加工方法虽然工艺复杂，但加工效率高、成本低、质量好，是带涂层材料制孔加工较成熟的解决方案，具有较好的应用前景。

预计到 2035 年，电火花高速小孔加工技术及衍生工艺将以其低成本、高效率的制造优势成为群孔特征零部件批产加工的重要工艺方法，利用激光扫描设备，获取气膜孔位置、孔径、轴线方向等信息，反馈至工艺数据库，并具有加工过程工艺的自适应学习，实现更高程度的数字化、智能化、自动化加工。

（二）模具制造领域的需求及装备

随着我国国民经济的发展，我国的模具需求市场将进一步扩大。大多数模具，如级进模、跳步模、冲模等模具的制造均采用电火花线切割加工工艺，对于封闭轨迹的切割形状，穿丝孔的加工是电火花线切割加工的必要前提。随着大厚度切割、细丝切割以及精密微细切割等电火花线切割技术的大量应用，深小孔、微细孔的电火花加工成为迫切需要解决的加工难题。

（三）刀具制造领域的需求及装备

为了提高切削效率，延长使用寿命，加工中心、铣床、钻床等金属切削机床用的高性能合金刀具采用内冷型冷却方式，从而有效降低刀具的温度和磨耗，提升切削速度及钻孔深度，提高加工质量。其内冷孔的直径一般为1~4mm，最大深度可达500mm，这种硬质材料的深小孔加工是金属切削机床、激光加工机床等设备难以解决的，电火花小孔加工将是解决这类问题的有效方法。

（四）其他领域的需求及装备

除此之外，化工、冶金、造纸、医疗和核能等其他领域的滤网、筛网、输液输气管孔、冷却孔等加工的需求也相当大，在近阶段，受加工效率、加工成本、加工质量以及加工能力的限制，唯有电火花高速小孔加工最为实用，也是最有效的加工方法。

三、关键技术

（一）航空发动机零件气膜孔加工技术

目前，航空发动机的热端部件广泛采用气膜冷却技术，涡轮叶片、燃烧室、导向器组件、火焰筒、高低压外环块、隔热屏等重要部件往往需加工大量气膜冷却孔[43]，这些孔数量众多，直径不一致，入射角为锐角。近几年，国内已有可实现群孔自动化加工的电火花高速小孔加工机床投入使用[44,45]，一般为五轴以上的多轴数控结构形式，有的还配置电极库，可实现加工过程中不同直径电极和导向器的自动更换。然而，对于动辄数以万计的斜面群孔加工，国内相关技术尚不成熟，电极频繁更换的可靠性、群孔加工质量的一致性以及连续加工的高效性等问题仍需深入研究和改进。

1. 现状

（1）加工孔的表面质量　电火花加工是一种利用热能对零件进行加工的方式，工件表面在热力、电动力、磁力、流体动力等综合作用下，其表面微观几何特征和表面层物理、化学性能都会发生变化，表面质量主要包括表面粗糙度、表面重铸层和表面力学性能，这对零件的抗疲劳程度、运行寿命及性能效果有直接关系。目前我国的电火花高速小孔加工机床加工孔的最佳表面粗糙度值达到$Ra1.6\mu m$，孔壁不可避免地存在一定厚度的重铸层[46]，这将直接降低由钛合金、高温耐热合金等特殊材料制成的航空发动机叶片、外环等零件的可靠性和寿命，甚至在交变应力作用下会发生断裂。

（2）零件形位在线检测及孔位智能纠偏　航空发动机叶片均采用精密铸造工艺成形，由于温度、液态金属流动性、铸造用砂粒特性等因素的变化，会造成零件形状和曲面的微小变化。为了避免这种变化而造成气膜孔位置的偏差，需要对每个叶片的外形进行检测，根据所检测的实际值与理论值的差值，对加工孔的位置坐标值进行修正。

目前国内有少数企业开始对该类技术进行探索和研究，并在产品上提供相应的功能。但目前该技术的成熟度和可靠性还不是很理想，主要表现在零件型面检测的精确度、数值拟合和描述的准确度、孔位纠偏的一致性等方面，只能根据已定的孔位坐标自动移位，这就容易造成加工后的孔位及孔的轴线方向偏离设计要求，也无法消除由于装夹误差造成的位置偏离。

（3）孔穿透检测及控制　航空发动机叶片一般都是薄壁空腔结构，规范要求在一侧壁上加工贯通冷却孔，而不允许另一侧壁有任何放电坑，即电火花小孔加工设备应具有孔穿透探测功能和穿透控制功能，当一侧材料的孔加工穿透后电极应自动停止进给并回退，避免因伸出太长而触碰或加工到对面的材料。

国内有多家企业在这方面已有多年研究，并取得了一定的效果，孔穿探测距离已由3mm缩短到1mm[47]，但在高可靠性和一致性方面还有待进一步提高。

（4）异形导流口铣削加工技术　带异形导流口的气膜孔以其高吹风比下较高的冷却效率和局部绝热效率，广泛应用于现代先进航空发动机涡轮叶片中[48]，目前，通常采用电火花成形加工方法加工异形导流口。由于采用成形电极，不同形状的导流口需用不同截面形状的电极，因此电极制作复杂且成本较高，加工过程中因电极损耗，还需频繁对电极进行修整或更换，不可避免地存在装夹误差和位置偏差，难以满足未来先进发动机对于涡轮叶片高制造精度、高加工效率的要求[49]。电火花铣削加工技术采用圆形电极，沿指定路径以分层放电铣削的方式去除材料，是异形导倒流口的新加工方法。近年来，有国内高校尝试使用电火花铣削加工技术进行导流口的高效加工[50]。这种加工方法使用黄铜管电极、去离子水作为工作介质和高压内冲液作为冲液条件，其优势在于加工效率较高、电极成本低且制作简单，易于与现有电火花高速小孔加工机床相集成，从而实现在同一机床上，一次装夹即可高效完成涡轮叶片上所有待加工气膜冷却孔的加工。

（5）智能化加工产线技术　国内有单位对涡轮叶片气膜冷却孔小孔高速电火花加工的极间物理现象、穿透及贯穿检测、分阶段自适应控制、专用CAM软件研发、加工轨迹优化、自适应加工方法以及几何精度、位置度测量等方面进行了一定程度的深入研究，研制了航发涡轮叶片气膜孔智能制造示范线。

通过对实际叶片的测量点云与叶片模型的配准，计算出实际叶片与模型叶片之间的变换矩阵，根据该变换矩阵和机床的校准数据自动计算出特定叶片在特定机床上的加工G代码，以实现叶片气膜冷却孔的准确定位。专用CAD/CAM软件中采用“变邻域-禁忌”搜索算法，可有效缩短仿真实验的非加工时间。针对大深径比小孔加工各阶段的特点，实行分段自适应控制策略，以提高加工效率和孔入口区域质量。在此基础上，融合用于检测气膜孔位置精度、轴线方向以及入口尺寸的三维激光检测系统，可明显提高叶片气膜孔位置精度和孔径精度检测的效率。

（6）加工结果的一致性和保持性技术　受机械、电气、控制及工作液系统性能和参数变化以及环境因素的影响，电火花小孔加工的结果可能会出现波动。目前，我国生产的电火花小孔加工机床在加工万级孔零件时加工结果的一致性和保持性还有较大差距，合格率远没有达到100%。用相同内外径和材质的电极加工相同材质的工件，孔的入口直径精度、出入口直径差、出入口中心偏差、表面粗糙度、重铸层厚度、加工速度等结果指标尚存在一定的离散性，个别孔甚至会出现严重偏离，使整个工件报废。

2. 挑战

1）需深入研究放电状态的实时在线智能检测技术，实现对放电信号的高速采集和智能化分析；针对钛合金、高温合金等特殊材料，结合相关工艺规律和先验知识，研究表面质量与脉冲宽度、脉冲间隔、空载电压等级、高低压复合形式、电流波形、电容量值、工作液电导率及温度等因素的相关性，研制纳秒级高效脉冲电源。根据当前放电状态，对脉冲电源放电参数以及机床各轴运动的方向、速度、加速度进行在线调整，结合电极和工件材料、电极直径、加工深度、工作液电导率及温度等外部参数，利用神经网络等方法建立相关数学模型，有效减小加工表面微裂纹、重铸层，提高表面完整性。

2）应先研究工件外形轮廓的精密测量技术，即通过同一基准的标准夹具在精密测量仪器上或者采用3D线激光测量仪对叶片外形轮廓进行分区扫描测量，利用三维算法软件拟合叶片的实际外形轮廓，并得出各个加工孔的位置坐标值。将所有孔位的实际值与标准理论值进行比较匹配，将其差值传输给机床作为补偿值进行孔位纠偏，要做到夹具精密快换、测量精准高效、算法科学快速、过程自动便捷。

3）未穿、穿而未透以及穿透这三种状态所呈现的加工现象不同，而且与之相关的因素是多方面的，因此首先要找出最能反映孔穿特征的多个参数作为要素，进行实时监测；其次要解决孔的出入口直径差太大，孔穿出口不畅的问题。

4）需深入研究三维型面上导流口电火花铣削加工的工艺规律、铣削路径生成方法、控制软件、间隙伺服控制方法和电极损耗补偿技术，建立机床运动学模型，将生成的工件坐标系下的加工轨迹转换为机床可执行代码。研究智能化电火花铣削加工控制软件以及各加工参数下电极损耗规律，结合分层铣削方法和当前加工参数，动态调整电极轴向补偿量，提高加工形状的几何精度，满足异形导流口高效、大批量生产要求。

5）将电火花高速小孔加工机床、其他加工机床（视加工需要确定具体机床品种）、移动式机器人、检测仪器、智能料库等设备和装置集成在一个系统内，研究出基于涡轮叶片加工工艺的专用管理软件和控制软件，使整个产线系统内信息互联、智能协同、节拍同频，具有一定难度。

6）深入研究电火花高速小孔加工机理并进行大量针对性试验，对脉冲参数、伺服性能、工作液特性和电极材料等参数对加工孔径、表面粗糙度、重铸层厚度、烧伤、出入口直径差和出入口中心偏差、加工速度等加工结果的影响因素进行解析，提出相应措施，分类施策；同时还要对主要电子器件进行可靠性、抗干扰性以及运动部件的精度保持和热变形等技术进行研究[19,20]，并在设计、制造和使用过程中采取有效防范措施，提高加工结果的一致性和保持性。

3. 目标

1）预计到2025年，航空发动机零件气膜孔加工专用的多轴数控电火花小孔机床将具有在线孔位纠偏功能，脉冲电源、伺服控制、加工工艺和自动化程度等技术以及加工指标将会有进一步提升，孔位精度≤0.1mm，孔径误差≤0.05mm，孔表面粗糙度值 Ra≤1.6μm，重铸层≤0.02mm，并形成由电火花小孔加工机床、电火花成形机床、检测仪器、料库、自动上下料等装置组成的气膜孔生产线。

2）预计到2030年，涡轮叶片气膜孔加工合格率达到98%以上，孔表面粗糙度值 Ra≤1.6μm、重铸层≤0.02μm的一次检出合格率达到80%。

3）预计到2035年，能自动连续加工万级气膜斜孔，具有很好的加工结果一致性和保持性，孔径误差≤0.04mm，表面粗糙度值 Ra≤1.25μm，重铸层≤0.015mm，一次检出合格率达到100%，直径1.0mm的电极加工10mm深的孔时，其入口与出口的直径差≤0.05mm，孔穿透时电极伸出孔口长度<0.5mm，实现高速高效、高精度、批量化和自动化的电火花小孔加工和异形导流口的电火花铣削加工。

（二）大深径比小孔加工技术

1. 现状

在模具、刀具、冶金、核电及其他一些特殊用途中存在许多深径比超过300的深小孔，最大深径比甚至达到500以上。这其中许多工件采用的是诸如钨合金、PCD（聚晶金刚石）等硬质材料，根据设计要求，需要在这些材料制成的零件上加工大深径比的小孔，如模具顶针孔、刀具冷却孔、冶金炉温度探测孔、核电设备监测孔等。受切削刀具硬度、刚性及韧性的限制，目前金属切机床无法完成这类孔的加工，大多采用电火花高速小孔加工方法。对于尺寸精度和表面质量较高的通孔，可先采用电火花小孔加工方法加工预制孔，再用电火花线切割加工方法加工出孔径≥0.3mm的成形孔。

2. 挑战

1）脉冲电源的性能对微细电极的稳定加工起决定性作用，需研究放电脉冲峰值电流、电流上升率、单个放电脉冲能量及脉冲波形等参数对深小孔加工的影响，在高效、微细电源技术及加工工艺技术方面取得突破。

2）通过快速灵敏的放电状态监测，实现微观适应控制和宏观适应控制，对放电参数实时优化调整，保持稳定、高效放电。

3）电极性能的好坏对加工效果影响较大，需深入研究电极的制成材料、合金元素含量、热处理及制造工艺等，使电极达到刚性好、弹性强、平直度高，内外径尺寸一致、内外壁光滑。研究超薄涂覆技术，在电极外层形成绝缘保护膜，解决在加工大深径比孔的情况下电极侧面的二次放电问题，这对电极制造企业有较大的难度。

4）研究精密导向器的结构和材料，解决既保证电极的高精度导向、又保证电极运动滑顺的矛盾，提高可靠性和使用寿命。还需解决微细电极的夹持、电极内孔高压冲液、密封、馈电等关键技术。

5）研究工作液的成分、配比及流动性、导电性、气化温度、冷却效果等固有特性，通过加工试验，根据侧面放电几率、端部放电稳定性和加工连续性等加工效果，筛选出又“好”又“快”加工特性的工作液类别。针对硬质材料深孔加工，进行不同配比工作液的专门试验，掌握工作液对加工速度、电极损耗、加工稳定性、放电间隙等加工指标的不同影响，从而确定电火花深小孔加工的专用工作液。

3. 目标

预计到2035年，能在硬质材料（钨合金）上加工孔径≥0.5mm、深径比≥100：1的小孔，出入口中心偏差≤0.8mm，出入口孔径偏差≤0.6mm；加工孔径≥1.0mm、深径比≥500：1的小孔，出入口中心偏差≤0.6mm，出入口孔径偏差≤0.6mm；到2035年，实现在硬质材料（钨合金）上加工孔径≥0.5mm、深径比150：1的小孔，出入口中心偏差≤0.6mm，出入口孔径偏差≤0.5mm；加工孔径≥1.0mm、深径比≥500：1的小孔，出入口中心偏差≤0.4mm，出入口孔径偏差≤0.4mm，并形成相关成熟产品，在模具、刀具、核电、纺织、冶金等领域得到应用。

（三）精密微小孔加工技术

1. 现状

随着航空发动机推力与推重比的不断提高，对涡轮叶片的加工提出了更高的要求，涡轮叶片气膜冷却孔加工至关重要。在材料耐热能力有限的前提下，涡轮叶片气膜孔可以提高涡轮进口温度和保证涡轮在高温下可靠工作。这要求涡轮叶片上的气膜孔具有高位置精度、孔尺寸精度、孔径一致性、表面质量以及无重铸层要求。

以往，电火花高速小孔加工机床可加工直径为0.3~3mm的小孔。随着电极制造、脉冲电源、伺服控制和加工工艺等技术的提升，现在可采用直径0.1mm的电极进行微细小孔加工。但由于电极刚性差、易弯折变形，以及加工中排屑困难等，加工小孔的精度和质量还有待提高。西班牙通过铜电极电火花加工 TiB_2 材料最优参数（电流强度2.37A；脉冲时间45.0μs）加工出表面粗糙度值为 *Ra*2.0μm 的微小孔，且电极损耗为0.93%[51]。印度通过改进脉冲时间和引入振动，将微小孔加工的重铸层厚度和表面粗糙度值分别降低到 *Ra*2.6μm 和 *Ra*0.36μm[52]。国内部分高校通过改进微精脉冲电源和加工工艺等技术提高微细小孔的加工精度和质量。

2. 挑战

1）脉冲电源的性能对微细电极的稳定加工起决定性作用，需研究放电脉冲峰值电流、电流上升率、单个放电脉冲能量及脉冲波形等参数对细孔加工的影响，在微精脉冲电源技术及加工工艺方面取得突破。

2）微细电极刚性差，火花间隙小，对伺服控制的灵敏度和电极运动精度控制提出了很高要求，运动中的摩擦力、惯量、黏滞特性等对主轴机构的运动性能影响较大，需在伺服控制系统的快速响应、超调等动态性能方面有所突破。

3）制造可靠性高的电极旋转轴可大幅度提高电极的旋转精度，从而提高细孔的加工精度和加工质量。同时电极旋转轴还应解决电极夹持方便快速、径向跳动小、馈电良好、高压液通畅等技术。

4）加工参数对精密细孔加工效率和加工质量起决定性作用，需研究不同工件材料最佳适用电极以及之间的最优加工参数。因此建立完整的精密微细孔加工数据库是提高加工效率和减少加工成本的重要保障。

5）研究精密导向器的结构和材料，使之既能保证电极的高精度导向，又能保证电极运动的滑顺流畅，提高可靠性和使用寿命。还需解决微细电极的夹持、电极内孔高压冲液、密封、馈电等关键技术。

3. 目标

预计到2035年，采用直径0.1mm的电极，能加工深径比大于100∶1的微小孔，形成相关成熟产品，在航空航天、汽车、核电、纺织等领域得到应用。

（四）电火花电解复合小孔加工技术

1. 现状

电火花加工过程中，各材料高温熔化后，在急冷作用下凝固形成重铸层，由于重铸层结构内部存在残余应力，外部表面产生细微裂纹，使得加工零件极易发生断裂而影响使用寿命。电解加工的小孔具有较高的表面质量，但加工精度不高。而电火花加工可以和电解加工优势互补，将电火花加工的高精度、高效率和电解加工的高表面质量相结合，实现小孔的电火花电解复合加工，已成为国内外小孔加工领域正在探索的一个方向，以实现无重铸层的小孔加工。

目前，国内多家高校和企业对电火花电解复合加工技术进行了研究，国内高校提出用工件底部填充反衬层的加工方法来改善小孔的加工质量，并开展了有无反衬层对小孔加工质量影响的对比试验，研究了底部反衬层对小孔加工形貌、平均孔径及重铸层等质量的影响[53]。也有高校提出了基于电火花加工技术和电解加工技术复合的无重铸层加工方法，实现大深径比深小孔无重铸层加工[54]，试验表明电火花电解复合加工时，随着工作液压力的增大或电导率的增加，进出口直径差变小，重铸层厚度变小，对复合加工表面特性有一定的改进。小峰值电流、大脉冲间距、大工作液压力、高导电率优化方案用于加工工艺改进具有可操作性。国内研究机构对电火花电解复合加工技术用于航空发动机关键零件精密群小孔加工中以减少或消除重铸层和微裂纹问题进行了研究[55]。通过筛选复合加工工作液、优化复合加工电压以及采用侧壁绝缘电极和软质导向器等措施，使电火花加工在去除工件材料方面发挥主导作用，电解效应在提高表面质量、降低重铸层方面发挥辅助作用，以达到电火花加工-电解效应的综合平衡。上述研究还仅是探索性尝试和初步验证，由于电火花电解复合加工对机床、电气控制等要求高，工艺过程和技术复杂，环境防护要求较高，目前在生产实际中没有得到应用。

2. 挑战

1）电火花电解复合加工技术所采用的机床既要符合电火花加工要求，又要满足电解加工要求，同时机床的材料能够抗电解加工所带来的腐蚀。解决机床结构和性能的兼容性、耐蚀性、可靠性和高精度是电火花电解组合小孔加工的主要问题。

2）研究电火花-电解复合加工新方法，突破弱电解液作为工作液条件下的电火花放电加工机理，进而突破稳定放电加工的低电压区段以实现电解持续加工难题。

3）研究合适的电解液和加工参数，使电火花和电解加工能持续稳定进行，确保电解加工刚好去除重铸层，而不会破坏孔的精度。

4）研究电火花小孔加工时的火花间隙和所产生的重铸层厚度以及电解有效去除重铸层的厚度和效率等，解决电解加工的去重铸层的能力与电火花加工产生的重铸层相匹配，确保达到无重铸层的孔加工。

3. 目标

预计到2035年，电火花电解复合加工技术将成为小孔无重铸层加工的重要工艺方法之一，用于钛合金、高温耐热合金等特殊材料上无重铸层的小孔加工。

四、技术路线图

电火花高速小孔加工技术路线图如图3-4所示。

需求与环境	航空航天、军工、模具制造、纺织、发电、核能等零件制造领域
典型产品或装备	国家重点制造领域的重大需求及相关产品 模具制造领域的需求及装备 刀具制造领域的需求及装备 其他领域的需求及装备

图3-4　电火花高速小孔加工技术路线图

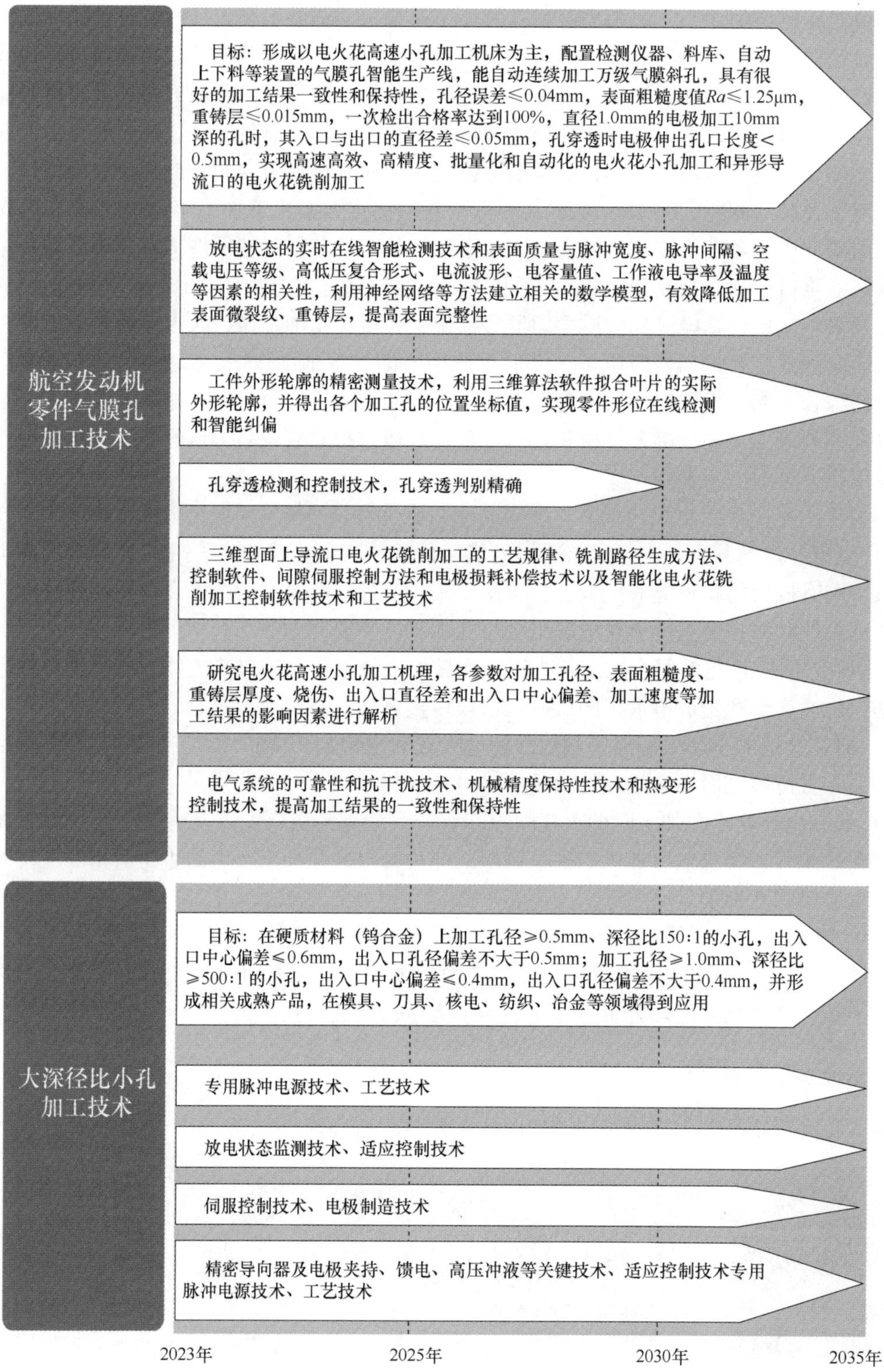

图 3-4　电火花高速小孔加工技术路线图（续）

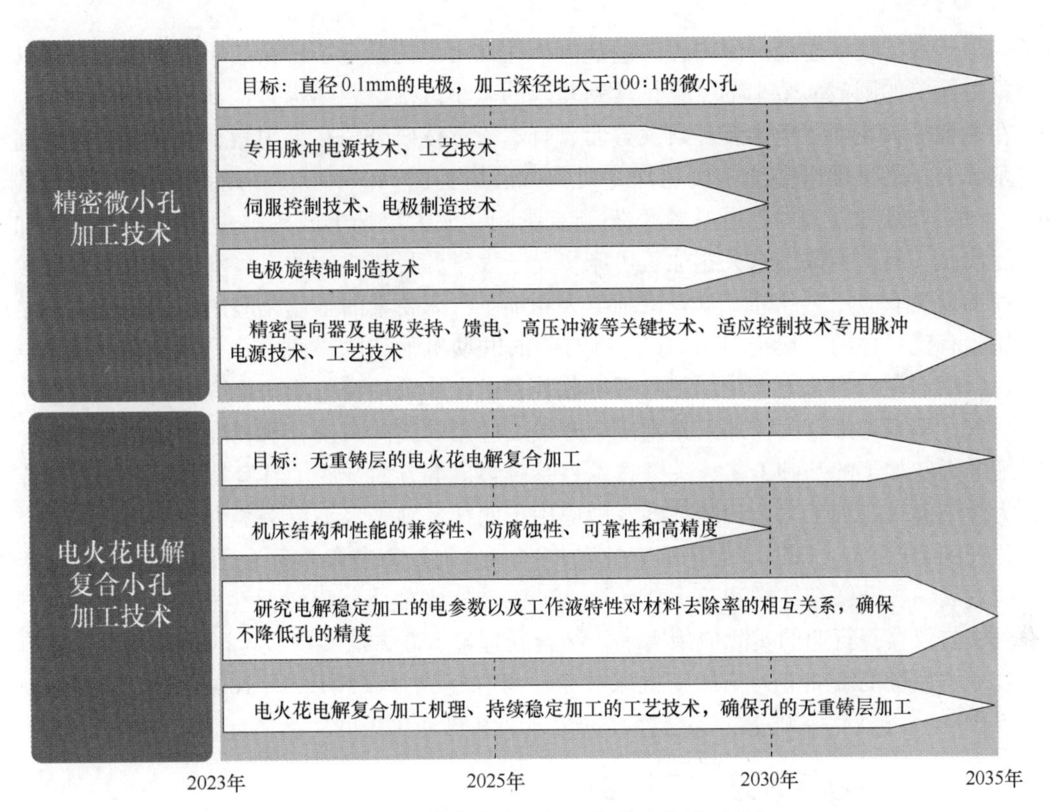

图 3-4　电火花高速小孔加工技术路线图（续）

第五节　微细电火花加工技术

一、概述

从机械加工和特种加工技术水平及通用性考量，当被加工零件上的结构特征尺寸<0. 2mm 时，常规的加工工艺和装备在微小尺度加工能力上表现出明显的不足。一般而言，当被加工结构的特征尺寸<0. 2mm 时，属微细加工范畴[56]。

基于对导电材料的电火花放电蚀除原理及非接触加工的特点，微细电火花加工利用微小脉冲能量的火花放电原理蚀除材料，具有最小加工去除单位可控、工艺流程简单、成本低廉的优势，适用于微小孔、微细轴、微型槽以及微三维型腔结构的加工，在微制造领域受到越来越多的关注。

微细电火花加工技术目前已在发动机的微小喷油孔、化纤喷丝孔、喷墨打印头的喷墨孔、微创手术器械等加工制造上获得初步应用。随着微细电火花加工技术的发展，在加工材料上，可拓展至特殊金属合金、半导体、陶瓷、金刚石等材料的加工。应用领域也将拓展至精密机械及仪器、微电子制造、光通信、生物医疗、节能环保等不同行业领域。

在微细电火花加工工艺上，日本东京大学生产技术研究所率先开发出的微小电极线放电磨削（WEDG）工艺[57]，为解决微小轴（工具电极）的在线制作、实现微细电火花加工提供了一个有效的技术途径。国内外对微细电火花加工工艺进行了持续的研究探索，已使其加工对象由简单的圆截面微小轴、孔拓展到复杂的微小三维型腔结构[58,59]。

在微细电火花加工机床装备研发方面，日本松下技研公司在采用微小电极线放电磨削技术的基础上，最早推出微细电火花加工机床，后由美国 SmallTec 公司继承。近年来，瑞士 Sarix 公司的微细电火花加工机床在欧洲颇有影响，成为市场上较为典型的微细电火花加工机床的代表。但这类微细电火花加工机床多见于大学和科研机构的实验室使用，尚未有较为成熟的批量工业应用。此外，具有微细电火花加工机床要素的工业化应用专用装备也开始出现，比较有代表性的有瑞士 Posalux 公司的柴油发动机喷油嘴微喷孔电火花加工专用机床。在国内，喷油嘴微喷孔电火花加工专用机床装备已在油泵油嘴行业获得应用[60]。

目前，从事微细电火花加工技术研究开发及应用的我国高校、研究院所及相关企业，已在微细电火花加工的基础工艺、关键技术、系统集成等方面开展了具有特色和良好的研究工作，为微细电火花加工工艺和装备的发展应用走向技术领先水平奠定了可行基础。

预计到 2035 年，微细电火花加工技术将向精度与效率兼备、复合加工延展，以及智能化方向发展，提升微细结构和微小特征尺寸的制造实现能力，以满足生物医疗、航空航天、精密机械与仪器等行业的实际应用需求。结合新理论、新方法和新技术的研究开发，具有较高精度和可靠性的微细电火花加工机床装备，将在达到加工精度 1~10μm 量级、表面粗糙度值 Ra100nm 量级的基础上，综合提高加工效率和自动化程度。

二、未来市场需求及产品

（一）微细电火花加工应用需求背景

随着机电产品的精密化、微细化发展，微细特种加工工艺与装备将发挥越来越重要的作用。微细电火花加工已应用于发动机喷油孔、化纤喷丝孔等的加工，随着微纳 3D 打印、医用微注射/微电极等前沿领域的发展，微细电火花加工在特殊合金材料的微细孔/轴加工方面具有较为广阔的应用前景。

微小复杂结构器件在航空航天、生物医学、通信与雷达等领域有特殊加工制造需求。器件核心微结构的形状精度、表面粗糙度、加工过程稳定性均是待解决的关键技术问题。例如，在通信与雷达领域，太赫兹行波管是复杂苛刻应用场景中的典型高频电学精密器件，其慢波微结构要求达到微米级尺寸精度且表面精度要求达到数十纳米。微细电火花加工三维扫描/铣削工艺技术将有望解决此类微三维结构的加工制造难题。随着微型机械、微机电系统，特别是植入式生物微系统以及生物检测芯片的研究及应用发展，对难切削材料、特殊功能材料的微三维结构加工以及批量化生产用微结构模具的需求日益明显。

预计到 2035 年，三维微细电火花逐层扫描（铣削）加工工艺及技术逐步成熟、应用推广。微细电火花加工技术应用将不仅在微孔/槽/轴加工领域不断扩展，而且面向复杂微结构加工需要，将集成先进的计算机技术、数控技术，形成先进加工工艺与产品化数控装备。

（二）面向工业应用的微细电火花加工机床

国内外面向直径 0.1~0.2mm 微细孔/微喷孔工业应用的微细电火花加工机床已较为成熟，例如柴油发动机喷油嘴微喷孔加工已达到批量化加工制造规模，产业化升级将使微细电火花加工机床向精益化、智能化方向发展。

尽管更微小尺寸直径<0.1mm 微孔加工已有工业化需求，例如工业喷墨打印微喷孔、微纳 3D 打印微喷孔尺寸小至 20~50μm，且尺寸一致性误差要求<2μm。但对于此类小至十微米量级的微孔加工，微细电火花加工机床还未达到工业化应用水平，尚需解决微细工具电极一致性精度的在线连续、批量化制备的关键问题。

应特殊合金材料的微三维结构和微结构模具的加工需求，结合微细电极在线制作、微细电极损耗在线补偿、微三维 CAD/CAM 等关键技术，面向微三维结构加工制造的多轴精密微细电火花加工机床将向产品化发展。

预计到 2035 年，微细电火花加工机床所用的关键功能单元和部件将形成模块化产品；面向多领域/多行业工业应用的微细孔/微喷孔微细电火花加工机床将形成多种专用机床；面向微模具/生物微器件等微三维结构加工的多轴精密微细电火花加工机床将向行业进行产品化推广。面向逐步拓宽的应用市场领域，微细电火花加工机床将逐步增强自动化、智能化功能。

（三）组合/复合微细电加工中心

近年来，人工智能（AI）、云计算、物联网、大数据、5G 等新兴技术蓬勃发展，将先进技术集成应用于加工设备，可提高制造过程的敏捷性、高效性，可实现设计、制造、检测的快速协调。网络化、信息化、数字化技术进一步应用于微细电加工机床是必然趋势。

随着生物医疗、航空航天等领域对特殊加工材料、表面精度及加工性能的高标准苛刻要求，将不同加工工艺或多种工艺过程与微细电火花加工工艺集成，综合解决复杂结构、加工精度和效率兼备、低损伤或无损伤的加工问题，形成具有组合/复合工艺特征的智能化微细电加工中心设备是必然发展趋势。

预计到 2035 年，将形成微细电火花加工机床的网络化、信息化的软硬件接口标准，配备可以实现网络通信的信息化工艺数据库，实现加工设备及加工过程的全数字化控制，出现以“钻孔加工-线切割-铣削加工”、微细电火花/电解组合/复合加工、微细电火花/激光组合加工等不同功能组合的微细电加工中心。组合/复合工艺机床将有望商品化，满足航空航天、生物医疗等领域对精密微结构/微器件的特殊加工需求。

三、关键技术

（一）微细放电加工机理

1. 现状

由于微细电火花加工在放电能量、放电参数以及放电环境等方面与常规电火花加工有所不同，导致其极间微观放电现象及机理存在特殊性，具体涉及放电通道的属性及其能量分配、材料蚀除发生的时刻、材料蚀除机制、放电凹坑的形貌、放电屑的排出机制等。由于微细放电机理复杂，特别是放电瞬间极间微观瞬时产生的物理化学过程及动力学特性，无论是用实验观测还是用理论分析对其微观物理过程进行研究都极其困难，对混有气泡、加工屑和工作液三相的间隙状态难以准确获取。

纳米放电加工是微细电火花加工的一个前沿发展方向，目前还主要处于实验探索研究阶段。此研究主要利用原子力显微镜作为实验平台和纳米探针作为工具电极，可采用低压 2~10V 开展纳米去除分辨率的基础研究[61,62]。目前在纳米放电加工机理研究主要通过单脉冲放电和仿真技术开展研究[63]。

近年来，借助高速摄像观测技术和高性能计算机模拟仿真技术的发展[64-66]，很多极间微观放电现象逐渐得以揭示，但总的来看，基础理论的研究仍相对滞后，放电本质和微观属性的信息仍有待进一步明确，在很多方面尚不存在统一的定论。基础理论研究的滞后在一定程度上制约了微细电火花加工技术的发展。

2. 挑战

1）微细电火花加工的放电通道涉及传热学、流体动力学、电磁学等多个物理过程综合作用，为此需建立更符合实际的放电通道模型并结合更先进的观测手段。

2）建立更符合实际边界条件的放电蚀除多物理场模型，进而与放电通道的仿真模型联合，并结合先进的观测手段，揭示放电熔池动力学和材料去除机制。

3）放电加工屑、气泡等产物从微小极间间隙的高效排出是保证稳定放电状态以及提高加工性能的重要因素，亟须通过先进的观测手段揭示其排除机制，进而促进排屑。

3. 目标

预计到2035年，放电加工机理将得以澄清和进一步揭示，实现放电蚀除过程和极间现象的可视化，构建出微纳尺度下放电蚀除理论体系，进而为促进微细电火花加工技术的发展和具有突破性新工艺方法的出现，提供理论依据。

（二）智能化高频脉冲放电电源技术

1. 现状

脉冲放电电源的单脉冲能量是决定微细电火花加工精度和表面质量的重要因素。脉冲放电电源的单脉冲能量主要还处于亚微焦量级、最小电压脉宽处于数十纳秒量级，峰值电压无法随放电频率同步提高到期望值。当前所用脉冲电源拓扑结构较为单一，仅依靠主放电电容和晶体管的开关控制难以达到较高的性能。目前，国内外的发展趋势是：提高放电能量密度，增加材料气化蚀除占比；辅助诱导极间正常火花放电，提高脉冲有效利用率；脉冲电源回路寄生参数的影响分析与规避措施；发展节能环保型、高效低损耗型脉冲电源，提高能量利用率；纳秒级脉冲电源，降低单脉冲放电能量至极限值，逼近纳米尺度加工；根据间隙状态变化实时调节输出脉冲的智能化脉冲电源。

2. 挑战

1）更小放电能量的突破依赖于抗干扰技术和电子元器件技术的突破。比如，RC 脉冲放电电源需克服离散电容和达到快速消电离；独立式脉冲电源需突破晶体管等开关元件的开关特性和电磁振荡的不利影响；静电感应式脉冲电源需要克服容性元件对脉冲能量传递的限制。

2）要达到高的能量利用率和放电效率，需突破多因素影响下的放电机理，进而突破快速适应加工状态的极速放电问题。需设计新型节能电路和脉冲形状，需引入最新的电路电子技术、计算机技术和自适应控制技术。

3）兼顾加工精度和效率的新型智能高频微能脉冲电源，需结合新型超高速控制芯片（DSP）、新型高速开关元件以及创新型电源电路，并利用最先进的智能控制算法给脉冲放电电源配置“智能”“自学习”“自适应”功能。

3. 目标

预计到2035年，微细电火花加工用脉冲电源将实现独立式脉冲电源与甚高频脉冲电源复合，充分发挥两者在不同蚀除距离上的大量主体去除及微量精细去除复合效果，实现纳秒级脉宽高功率密度的放电加工，并批量应用到微细电火花加工专用机床，且将实现放电参数自适应智能调节，实现精密连续的微细加工，最终迈入纳米级高效去除的微细加工时代。

（三）微细电火花加工状态检测与伺服控制技术

1. 现状

微细电火花加工技术在智能化、精密化和高效化的发展趋势下，对加工状态的在线检测与实时反馈伺服控制的要求不断提高，各种新型实时检测方法和信号分析处理技术不断被探索和应用。微细电火花加工间隙微小，放电波形畸变，使得电信号检测值与理论计算值有较大的差异，易导致检测判断准确性降低，基于声、光、热、磁等类型信号的间隙状态检测技术尚在研究。放电状态检测的实时性、可靠性和准确性是放电间隙伺服控制的前提，多信息融合传感技术、大量数据实时处理技术、特征信号提取技术、智能伺服控制技术的引入和应用，将成为发展趋势。

2. 挑战

1）快速传感反馈时变的放电状态信号本身就是检测技术难题，特别是超窄脉冲（纳秒级）放电的应用将会增大检测难度。不仅是对放电信号的快速采样有所要求，而且要对如此短时间内的放电信号进行放电状态快速识别和判断，这是后续放电状态实时伺服控制的前提。

2）放电状态伺服控制通过控制微小放电间隙来实现，这是一种控制目标不确定、状态变化快、影响因素多、随机性大的非线性伺服控制难题。传统伺服控制方法无法达到控制的最优化目标。

3）加工状态检测与伺服控制涉及传感、数据采集与处理、伺服控制的软硬件多方面理论和技术，而且执行机构还需达到高频响、微米级甚至纳米级运动分辨率，这需要从系统工程的角度去考虑此问题。

3. 目标

预计到 2035 年，将开发出响应速度在微秒级的加工状态检测系统和能够迅速实时匹配间隙状态的伺服控制系统，并模块化、产品化应用于微细电火花加工系统中。预期将出现基于声、光、电、热、磁多种类型信号检测的新原理和新技术，并且将多种信号反馈进行数据融合处理，应用先进的智能控制技术、数据快速传输技术。

（四）微小尺寸加工一致性及其在线测量技术

1. 现状

尽管微细电火花加工可加工出微米量级的微孔和百微米量级的三维微结构，但对于这样微小尺寸结构加工仍存在重复性或批量化加工一致性精度和加工效率相互矛盾的关键问题，而限制了其实际应用。此类加工常采用的 WEDG 工艺在线制作的微细工具电极（径向尺寸 $<100\mu m$），微细工具电极重复制作的尺寸一致性精度直接影响微小结构加工的一致性精度。切向进给 WEDG 新方法已有效提高微细电极在线制备一致性精度[67]，但对于更微细工具电极的在线测量分辨率及精度也限制了其制备的精度。若要达到高一致性精度制备，工艺过程

效率仍然较低。通常微小尺寸的测量有在线和离线两种方式，采用光学、电接触或力接触方式[68]，在线测量过程中受光线、加工介质、运动平台精度等影响，目前在线测量的分辨率和精度依然不足。研究开发新型在线在位测量技术，实现对加工过程准确、快速地测定与评定，这是发展趋势。

2. 挑战

1）提高 WEDG 在线制备工具电极一致性精度，或提出创新的微细工具电极一致性批量化在线制备方法，研究微细电极重复制作、微结构加工的交替循环工艺过程，降低电极损耗对微小尺寸加工一致性的不利影响。

2）解决微小结构在线测量中尺寸范围、尺寸和几何误差的精密测量问题。测量中需解决测量环境、测量信号抗干扰等技术问题。还需解决跨尺度测量、多方位测量和误差分离及补偿的技术问题。

3）在线测量装置需考虑污染防护、可靠性的问题，要达到集成化、微型化、高分辨率、智能化的高要求，特别需要开发高精度自由曲面微结构在线测量技术，这些都具有挑战性。

3. 目标

预计到 2035 年，将研发出测量精度达到纳米级的在线测量方法，并集成于微小尺寸微细电火花加工机床中，达到微米级一致性加工精度。特别是针对微小尺寸形状的特殊技术要求，采用先进的传感测量技术，基于测量系统的模块化、可重组和智能化，实现在线、在位的精密测量系统。

（五）微细电火花成形加工技术

1. 现状

随着电子信息等科技新兴领域的高速发展和产品微型化趋势，为实现低成本、大批量快速生产，模具的加工制造成为技术核心。例如，小模数螺旋齿轮等各种具有微细结构的零部件在飞行器、通信设施、交通车辆、智能仪器仪表和家电等方面广泛应用，其模具型腔微结构主要使用微细电火花成形加工工艺进行制造[69]。微结构的加工精度、表面质量和使用寿命等均有严格要求，质量控制难度大，需不断进行技术革新[70]。此外，探索考虑材料特性的新型微细电火花成形加工工艺不仅针对不同的工件材料，也涉及工具电极材料[71]，例如，复合材料电极和梯度材料电极可通过自身的稳定损耗来成形加工微结构及二次微结构[72]，有望应用于热交换控制等领域[73,74]。因此，针对典型微型腔结构和材料特性的新型工艺及机理研究随着产品需求发展应运而生。

2. 挑战

1）特殊材料与结构的工具电极和工件的微细电火花成形加工的材料去除机理、成形机理、微观缺陷和重铸层形成机理等问题仍需深入研究。

2）对模具型腔加工面进行研磨是行业通行惯例，可以消除重铸层及表面缺陷，提高模具使用寿命和成形件表面质量，但是模具型腔微结构仍难以有效实施研磨。

3）复杂三维微型腔的密闭环境下，间隙流场设计与优化至关重要，微细电火花成形加工排屑困难、加工稳定性与效率低等问题仍需深入研究。

3. 目标

1）面向典型应用场景的复杂微型腔结构，实现粗、精加工三维微细工具电极的先进一体化制备技术和配准精度控制，解决工具电极损耗与工件成形精度控制等问题。建立可以准确预测三维微细工具电极和工件成形加工的宏-微形貌演变模型，开发出仿真系统预估加工质量与效率。

2）针对模具型腔微结构常规研磨工艺无法实施的问题，开发出微细电火花放电组合/复合成形加工工艺，明晰加工形貌特征对精度演化过程的影响，实现大深度螺旋结构等复杂三维微型腔的表面无损伤成形加工。

3）为解决微细电火花成形加工排屑困难、加工稳定性与效率低等问题，需结合抬刀、冲液、混粉等工艺措施，以及间隙状态感知、电源脉冲控制、伺服运动控制等策略，开发出具有自学习、自适应、可迁移的高效成形加工工艺。

（六）微细电火花复合加工机理与工艺

1. 现状

高性能材料和特殊功能材料发展迅速，例如高温/单晶合金、生物相容性合金、压电陶瓷等功能材料在航空航天、生物医疗、微致动器等方面具有广阔的应用前景。这些材料不仅难加工性，而且对微结构加工精度、表面质量、微观损伤、功能保持性有严格要求。国内外研究机构已探索研究考虑材料完整性的微细电加工技术。另外，对于高深宽比微结构加工，加工精度和效率之间的矛盾问题更加明显。由于单一加工能量和技术手段的局限性，针对特殊材料和高深宽比微结构的复合加工机理与工艺随着相关需求发展应运而生。

2. 挑战

1）特殊材料在微细电火花与微细电解/激光等复合能场作用下，材料的去除机理有待揭示，特别是微观损伤、微观缺陷的形成机理尚需深入研究。

2）高温/高压/化学/光热等多能量场作用下的复合加工工艺，需解决多能量场精准调控输出的复合耦合问题。

3）复合加工工艺系统装备需解决能量源、主轴机构、工作液等的匹配集成、相互抗干扰、耐蚀等问题。

3. 目标

1）针对导电高性能材料高精度、低或无表面微观损伤的加工目标，关联材料的物理、化学特性，将开发出微细电火花与电解复合加工工艺及装备，实现微细孔、微三维型腔的表面无损伤加工。

2）针对陶瓷、石英等绝缘材料高精度、低或无表面微观损伤的加工目标，开发出微细电化学放电甚至复合机械加工工艺，实现硬脆绝缘材料微结构的无损伤加工。

3）针对特殊合金材料大深径比微细孔的高效加工需求，研究出微细电火花与激光复合加工机理，开发出专业微细加工工具与复合加工工艺。

四、技术路线图

微细电火花加工技术路线图如图 3-5 所示。

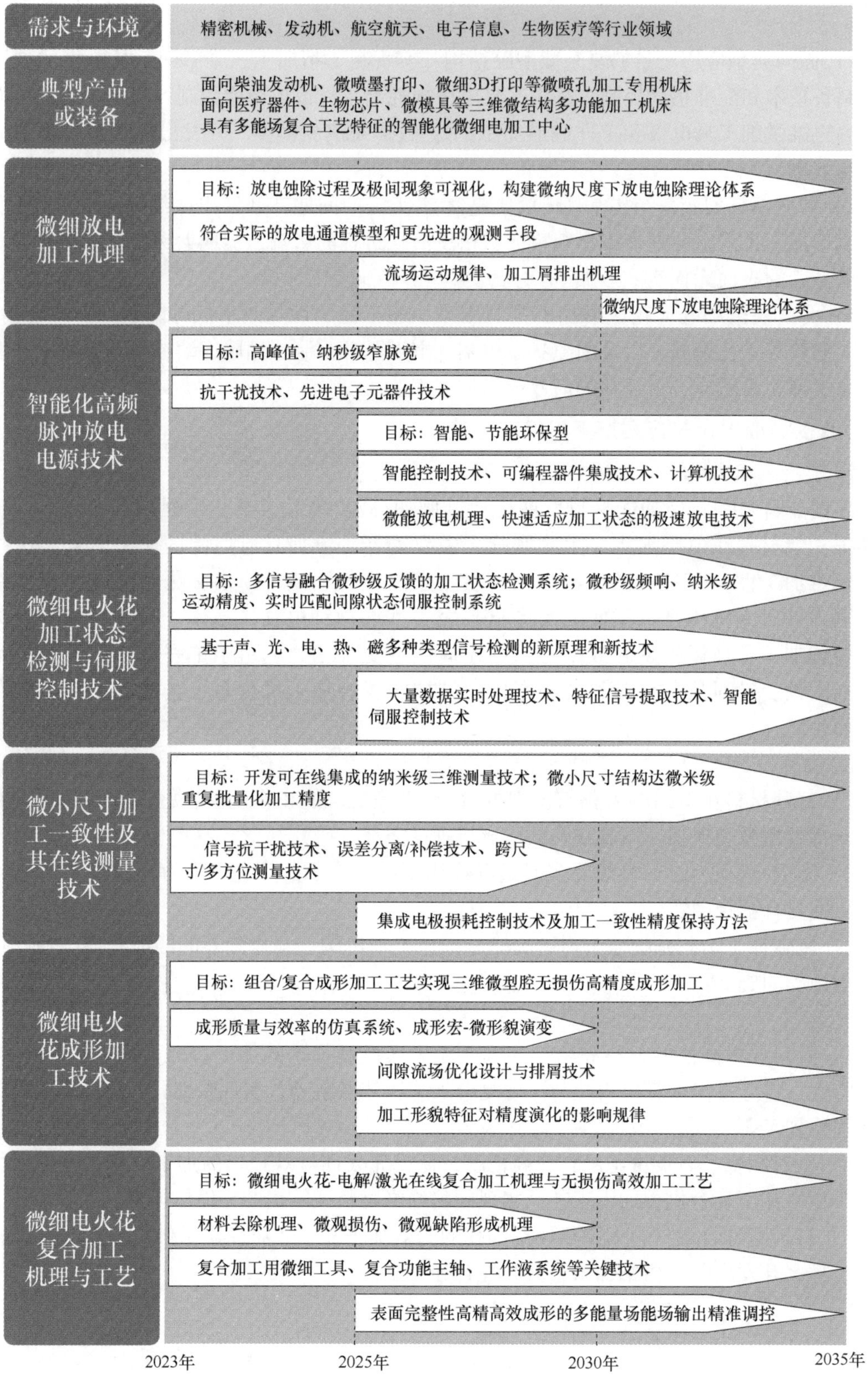

需求与环境	精密机械、发动机、航空航天、电子信息、生物医疗等行业领域
典型产品或装备	面向柴油发动机、微喷墨打印、微细3D打印等微喷孔加工专用机床 面向医疗器件、生物芯片、微模具等三维微结构多功能加工机床 具有多能场复合工艺特征的智能化微细电加工中心
微细放电加工机理	目标：放电蚀除过程及极间现象可视化，构建微纳尺度下放电蚀除理论体系 符合实际的放电通道模型和更先进的观测手段 流场运动规律、加工屑排出机理 微纳尺度下放电蚀除理论体系
智能化高频脉冲放电电源技术	目标：高峰值、纳秒级窄脉宽 抗干扰技术、先进电子元器件技术 目标：智能、节能环保型 智能控制技术、可编程器件集成技术、计算机技术 微能放电机理、快速适应加工状态的极速放电技术
微细电火花加工状态检测与伺服控制技术	目标：多信号融合微秒级反馈的加工状态检测系统；微秒级频响、纳米级运动精度、实时匹配间隙状态伺服控制系统 基于声、光、电、热、磁多种类型信号检测的新原理和新技术 大量数据实时处理技术、特征信号提取技术、智能伺服控制技术
微小尺寸加工一致性及其在线测量技术	目标：开发可在线集成的纳米级三维测量技术；微小尺寸结构达微米级重复批量化加工精度 信号抗干扰技术、误差分离/补偿技术、跨尺寸/多方位测量技术 集成电极损耗控制技术及加工一致性精度保持方法
微细电火花成形加工技术	目标：组合/复合成形加工工艺实现三维微型腔无损伤高精度成形加工 成形质量与效率的仿真系统、成形宏-微形貌演变 间隙流场优化设计与排屑技术 加工形貌特征对精度演化的影响规律
微细电火花复合加工机理与工艺	目标：微细电火花-电解/激光在线复合加工机理与无损伤高效加工工艺 材料去除机理、微观损伤、微观缺陷形成机理 复合加工用微细工具、复合功能主轴、工作液系统等关键技术 表面完整性高精高效成形的多能量场能场输出精准调控

2023年　2025年　2030年　2035年

图 3-5　微细电火花加工技术路线图

第六节　高效放电加工技术

一、概述

高效放电加工技术是利用工作液介质中的工具电极与工件间放电时产生的高能量密度的电弧或电火花，进行工件材料熔化和气化蚀除加工的工艺方法[45,75,76]。高效放电加工技术主要包括：高速电弧铣削技术、高速电弧放电成形加工技术、放电诱导烧蚀加工技术、阳极机械切割技术、高能电火花放电铣削等。我国总体研究水平较高。国内众多高校分别研究开发出了基于流体动力断弧的高速电弧放电成形加工技术和电弧铣削技术[77-82]，电火花电弧复合铣削技术和高能电火花放电铣削技术[83-89]，气液混合功能电极电火花诱导烧蚀铣削加工方法[90-93]，机械-液体耦合断弧的运动短电弧铣削加工技术[94-97]，振动辅助电弧铣削技术[98-100]，并对上述技术的加工机理和加工工艺等进行了研究。相关公司和高校研发出了短电弧加工技术及其装备，并对其加工机理和加工工艺进行了研究[101-106]。

高效放电加工技术在高强、高硬、耐磨损、耐高温等难切削金属材料及导电非金属材料零件大量材料去除的粗加工中具有较为广阔的应用前景。由于高效放电加工技术的研究起步较晚，其加工机理、加工工艺与装备等都尚待深入研究，目前该技术在生产实际中应用较少。

预计到2035年，高效放电加工技术的研究工作在材料高效蚀除机理研究，高效、高质量工艺研发，以及加工工艺和装备的绿色化、智能化和复合化等方面将取得重大突破，相关技术及装备在实际生产中得到广泛应用，以满足高强、高硬、耐磨损、耐高温等难切削导电材料复杂形状零件的高效和高质量加工的要求。

二、未来市场需求及产品

（一）高速电弧铣削技术及其机床

随着科技进步和工业发展，新材料、新结构不断出现，特别是航空航天领域，随着飞行器性能要求的不断提高，钛合金、高温合金、高强度钢、金属基复合材料及金属间化合物的使用比例越来越高，并且结构件已呈现出整体结构、复杂结构、大余量切削等特点。如应用在航空航天方面的整体叶轮、机匣、连接框及舱体等整体大型构件，广泛采用钛合金、高温合金等高性能金属材料整体制造，其材料加工难度大且去除率高，部分构件从毛坯到成品的去除率甚至超过90%，采用传统金属切削方法加工难度大，且该问题必将随着新材料、新结构的不断推广应用而更加突出，目前已经呈现加工手段严重滞后于新材料、新结构发展的趋势。

电火花铣削是20世纪80年代末开始研究的一种新型加工工艺技术，可以用简单的工具电极加工形状复杂的三维零件，在微小零件的微细加工中获得了较好的应用效果。由于电火花铣削技术加工效率低，被认为是一种“慢工艺”，因此在较大尺寸零件的加工中应用较少。电弧具有远高于火花放电的能量密度，弧柱温度高达数万度，应用于铣削时瞬间蚀除量大，加工效率高，但若蚀除材料不能及时排出，会导致短路甚至工件烧伤，影响加工效果。我国学者先后开发出了电火花电弧复合高效铣削技术、基于流体动力断弧的高速电弧铣削技术、机械-液体耦合断弧的运动短电弧铣削加工技术和短电弧铣削技术等，实现了对难切削材料的高速电弧铣削。高速电弧铣削技术在高强、高硬、耐磨损、耐高温等导电难切削材料的粗加工中有广阔的应用前景，其加工机理、工艺和装备等都需要深入研究。

预计到2035年，高速电弧铣削技术及其机床的研究工作将在材料蚀除加工的微观机理、高效高质量加工工艺，以及制造工艺和装备的绿色化、智能化等方向和应用技术等方面实现重要突破，研究成果实现规模化工业应用，取得良好的应用效果。

（二）高速电弧放电成形加工技术及其机床

传统的电火花成形加工技术已广泛应用于模具、医疗器械、汽车部件、航空航天设备及能源设备等的制造。然而，随着技术的进步，电火花成形加工效率低、周期长等问题日显突出，其应用受到诸如高速铣削等方法的挑战。因此，寻求一种新型高效放电加工机制是放电加工革新的突破点。高速电弧放电成形加工技术的加工机理和加工工艺均不同于传统的电火花加工，研究实验表明：高速电弧放电成形加工不仅效率远远高于传统的电火花成形加工，单位能量的材料去除率也是传统电火花成形加工的数倍。该技术在模具、航空航天、军工等领域的难切削材料构件大余量加工方面具有广阔的应用前景，其加工机理、工艺及装备等都需要深入研究。

预计到2035年，高速电弧放电成形加工技术及其机床的研究工作，将在绿色化、自动化、智能化和应用技术等方面实现重要突破，研究成果实现规模化工业应用，取得良好的应用效果。

（三）放电诱导烧蚀加工技术及其机床

电火花加工作为一种特种加工方法，由于其材料蚀除的能量受制于脉冲电源能量的输出及电极损耗等因素的制约，材料去除率较低一直是其难以克服的瓶颈问题。

放电诱导烧蚀加工的提出在传统机械加工的高效与电火花加工的不受制于材料力学性能限制之间提供了一个桥梁。试验研究表明：放电诱导烧蚀加工的材料去除率远高于电火花加工。该技术利用电火花放电引燃金属材料，并利用金属和氧气燃烧形成的化学能蚀除金属，同时也利用电火花放电蚀除并对加工表面进行修整。因此理论上只要金属和氧气可以燃烧，就可以进行放电诱导烧蚀加工。与电火花加工一样，其加工能力和加工材料的力学性能无关，因此在高强、高硬、耐磨损、耐高温等难切削材料复杂形状零件大量材料去除的粗加工等方面具有广阔的应用前景。该技术自诞生以来，已经形成了车、铣、钻及成形等工艺，其加工介质也发展成气液、气雾等多种不同介质形态，当其中的液体介质具有一定的导电性后，还可以进行电解复合加工。目前其加工机理、工艺和装备等有待深入研究。

预计到2035年，放电诱导烧蚀加工技术及其机床的研究工作，将在绿色化、智能化、复合化和应用技术等方面实现重要突破，使研究成果达到工业化应用水平。

（四）阳极机械切割技术及其机床

阳极机械切割主要用于切割高强度、高硬度、高韧性或脆性的金属材料，如硬质合金、耐热合金、淬火钢、不锈钢、磁钢、钛合金等，其特点是切割效率不受工件材料力学性能的影响，同时对工件材料的热影响小、切口无毛刺和成本低。但存在切割精度低、表面粗糙度值大、加工环境差等问题，相关技术需进一步研究提升。

预计到2035年，阳极机械切割技术及其机床的研究工作，在高效、高质量数字化阳极机械切割专用装备研究方面取得重要突破，研究成果达到工业化应用水平，进一步扩大该技术的应用范围。

（五）高能电火花放电铣削技术及其机床

机械铣削是机械制造领域应用最广的一种加工方法，它采用铣刀“以硬克软”的方式去除工件材料，为机械制造业的发展和科技进步做出了极为重要的贡献。然而，机械铣削难以加工应用领域日益广泛的高温合金、钛合金、金属基复合材料和金属陶瓷等难切削材料，其存在的突出问题是刀具损耗大、加工效率低和成本高。电火花加工不受被加工材料的强度和硬度等影响，可实现“以柔克刚”，具备解决难加工材料及复杂结构加工难题的潜质，但因其加工效率低这一致命缺陷，目前仅有电火花线切割和电火花成形加工两种加工方法获得广泛应用，且在实际生产中大都为机械切削加工的配角和补充。电弧铣削难加工材料的生产率高，但其加工精度和表面质量远低于机械粗铣，目前仅在一些难加工材料机械粗加工前的材料预去除中得到少量应用。针对上述问题，国内高校研发出了高能电火花放电铣削技术，其加工效率远高于传统的电火花铣削技术，加工质量较电弧铣削技术有较大提高。高能电火花放电铣削技术在难切削导电材料及复杂结构零件的加工中具有广阔的应用前景，其加工机理、工艺和装备等都需要深入研究。

预计到2035年，高能电火花放电铣削技术及机床的研究工作，将在材料蚀除加工的微观机理、高效高质量加工工艺，以及制造工艺和装备的绿色化、智能化等方向和应用技术等方面实现重要突破，研究成果将实现规模化工业应用。

三、关键技术

（一）高速电弧铣削技术

1. 现状

高速电弧铣削是指使用多孔管状或柱状电极以类似铣削方式进给，通过多孔内冲液及强力外冲液手段，利用直流脉冲使电极与工件间产生高温高能量电弧进行材料蚀除而获得三维零件的高效加工方法。采用该加工方法，用直径10mm的管状电极铣削Ti6Al4V合金的效率可达20000mm^3/min以上，远高于传统电火花铣削，也高于机械铣削。但另一方面，在高速电弧铣削过程中，高能量电弧持续时间长，在工件表面形成的热影响层厚且微裂纹多，电极损耗大，电弧柱的长度和直径尺寸易受干扰而产生大的波动，其加工精度和表面质量远低于机械粗铣，目前仅在一些难切削材料机械粗加工前的材料预去除中得到少量应用。其相关技术、理论及装备等均需进一步研究。

2. 挑战

1）高速电弧铣削加工机理研究。研究高速电弧铣削加工机理，揭示其放电通道的形成、不同材料的蚀除与抛出机理，明确放电能量在工具电极、工件和间隙介质中的转化与分配机制以及加工过程中等离子通道的温度、压力等物理量测量。

2）高速电弧铣削工件表面微观结构特性研究。研究高速电弧铣削工件表面蚀坑的微观形貌、裂纹、表面变质层等微观结构的特性及其影响规律，揭示工件表面微观结构形貌的形成机理及其影响规律关系，为提高工件的表面加工质量提供重要的理论和技术支持。

3）高速电弧铣削高效断弧方法研究。针对电弧铣削加工中高能量电弧持续的时间长，影响加工精度和表面质量的问题，研究开发高效快速断弧方法，以提高电弧铣削的加工质量。

4）高速电弧铣削工具电极损耗在线补偿技术。在高速电弧铣削过程中，工具电极有一定的损耗，影响了加工精度和加工表面质量，因此需要对工具电极进行实时检测和在线补偿。研究工具电极损耗机理及在线补偿技术与理论，研发电极损耗智能化在线补偿方法，为提高工件的加工精度提供重要的理论和技术支持。

5）高速电弧铣削智能伺服控制系统研究。加工难切削材料时，高速电弧铣削可达传统电火花铣削的上百倍，且单次放电能量大，若铣削伺服控制参数选择和控制方式不当，易在工件加工表面形成深坑使工件超差报废。因此需研发高速电弧铣削智能伺服控制数学模型及系统，以实现质量可控的加工。

6）高速电弧铣削专用绿色高效工作液及其冲注方法研究。研究不同工作液及其冲注方法对加工效率、电极相对损耗率、加工误差、工件表面和截面结构等的影响规律，研发出绿色高效工作液及冲液系统。

7）高速电弧铣削工艺数据库研究。针对一些常用的难切削材料，研究电参数和非电参数对加工生产率、加工精度、表面质量、电极损耗等的影响规律关系，优化加工工艺参数，建立不同材料的加工工艺数据库，实现加工工艺参数的智能选择和控制。

8）高速电弧铣削与其他加工方法的复合工艺研究。单一加工方法难以同时解决效率、质量和成本这三个问题，因此需发挥各种方法的优势，采用合理的复合或组合加工方案，实现高效、高质量和低成本加工。

3. 目标

预计到2035年，研究开发出高速电弧铣削数字化加工中心；研究并揭示该加工技术材料去除微观过程的物理本质以及多能场复合加工的机理；研发工具电极损耗在线补偿技术和智能伺服控制系统；开发高速电弧加工专用的环保型高效高能电源；建立高速电弧铣削工艺数据库；研制智能化数控铣削中心。较大提高电火花电弧复合铣削绿色高效技术的加工表面质量，为解决困扰导电难切削材料的加工难题以及新型电弧铣削机床的研发提供理论和技术支撑。

（二）高速电弧放电成形加工技术

1. 现状

电弧具有极高的能量密度和电-热转换效率，但高能量密度的电弧长时间驻留在工件或电极表面会造成材料的过度烧蚀会使零件报废，因此有效地控制电弧的快速移动并实现周期性断弧是高速电弧成形加工的关键。在电弧成形加工中，电极或工件无法依靠高速旋转的机械运动实现有效断弧，必须有效利用流体动力断弧机制，即通过控制放电间隙中的高速流场实现电弧的有效吹扫甚至吹断。目前，实验室阶段的研究已经充分验证了基于流体动力断弧的电弧放电成形加工的可行性，针对成形加工的特殊需求，提出并实现了叠片电极、多孔成形电极等多种特殊电极设计方法，并配合层铣、扫铣或轨迹伺服等多种加工模式，使加工效率远高于电火花成形及传统铣削加工，单位能量材料去除率也具有明显优势。

2. 挑战

（1）基于流体动力断弧的高速电弧放电加工机理研究　电弧在高速流场作用下，自身的电磁效应与流场的交互作用是如何进行的，需深入研究，以在此基础上获得定量控制策略。

（2）高速电弧放电成形加工的工艺系统　由于高速电弧放电成形加工是一个新兴工艺方法，需针对其工艺特点开展一系列的工艺优化，研究电极材料、脉宽、脉间等放电参数，冲液压力/流场、工作液选择等一系列参数对加工效率、电极损耗及表面质量等加工效果的影响。

（3）电弧高效加工的自适应控制系统　为保障加工过程的稳定进行，需实时监控放电状态，并根据监测结果及时控制电极的伺服以及电源的输出。需开发并完善具有针对性的加工过程自适应控制体系，保障加工的效率和质量。

（4）实现高速冲液的多孔成形电极 CAD/CAM 系统　高速电弧放电成形加工中的电极需根据加工特征的形状设计，并且根据加工特征生成进给轨迹。

（5）高速电弧放电成形加工绿色高效智能化数控机床的研究开发。

3. 目标

预计到 2035 年，掌握高速电弧放电蚀除材料的内在机理，尤其借助高速流场及其他方式的综合作用实现有效断弧的机理和控制策略；建立并完善高速电弧放电加工基础理论；研究开发出商用五轴联动电弧放电成形加工中心；研制出适用于航空航天发动机、燃气轮机等领域的成形电极 CAD/CAM 系统；解决难切削材料的高效去除，尤其是具有复杂型面特征的中、大型工件的高效、低成本加工问题。

（三）放电诱导烧蚀加工技术

1. 现状

放电诱导烧蚀加工借助电火花放电产生的电蚀作用，将放电点金属加热至其燃点温度以上，使金属保持活化状态，然后送入含有氧气的介质与活化金属产生剧烈的氧化反应，借助火花放电产生的爆炸力和介质冲刷作用将蚀除产物排出加工区域，并通过常规电火花加工对表面进行修整。该技术可对难切削材料（如钛合金、高温合金、高强度钢及复合材料等）进行高效地蚀除加工。放电诱导烧蚀加工作为一种高效放电加工技术，目前已经对其机理、典型工艺、介质形态以及电极形式等进行了探究，实现了铣、钻、成形、车等加工方式，材料去除率比通常传统电火花加工提高了数倍甚至近十倍，并通过在液体介质中添加导电组分，进行电解复合加工，可以获得无重铸层的加工表面。目前已经发现放电诱导烧蚀加工在深型腔、深窄槽加工及深孔尤其是深异形孔加工方面具有独特优势。

2. 挑战

（1）放电诱导烧蚀加工专用伺服控制系统的开发　严格意义而言，放电诱导烧蚀加工技术有别于常规电火花加工，放电诱导烧蚀加工的蚀除能量主要依靠被加工工件表面材料与氧气剧烈氧化反应释放的化学能，能量较高，蚀除颗粒也大，氧化程度高，蚀除产物的导电性变差。因此，对于放电诱导烧蚀加工技术，脉冲电源、伺服控制系统均与常规电火花加工机床存在差异，放电诱导烧蚀加工的工作介质为氧气和工作液，工作介质循环系统也是烧蚀加工机床应考虑的问题，同时对于某些烧蚀电解复合加工场合，伺服跟踪的稳定性及机床的耐蚀问题也需要考虑。目前对于放电诱导烧蚀加工专用伺服控制系统的开发已经不仅围绕能稳定加工进行，更主要是需围绕着尺寸精度、表面质量等工艺指标可控进行。

（2）不同介质形式下的放电诱导烧蚀加工　雾化放电诱导烧蚀加工作为一种特殊的加工方式在深孔加工中已体现出显著的优势，成功解决了间歇通氧烧蚀在深小异形孔加工中的稳定性问题，可实现深小异形孔的持续稳定加工，但是还有一些问题需要解决：雾化系统的优化，雾化系统必须能够稳定地生成加工需求的雾滴；氧气压力与水压力的智能输入、输出；雾化放电诱导烧蚀加工过程中雾滴直径、放电间隙的在线检测，并能形成闭环控制，使机床始终处于最佳加工状态。目前介质的主要形式有内喷雾及液中喷气两种典型介质形式，液中喷气加工在铣削加工方面具有材料去除率高、电极损耗低、表面质量差等特点。

（3）多通道功能电极放电诱导烧蚀加工　由于多通道功能电极通过彼此独立的通道向加工区域通入高压工作液和氧气，氧气被喷入加工区域的工作液冲击、分散，形成均匀的气泡，随工作液冲向加工表面，在加工区形成均匀气泡。功能电极的采用大大提高了烧蚀加工的可控性及稳定性，并且随着输入能量和烧蚀能量的降低，烧蚀坑逐渐减小，氧化层也逐渐变薄，烧蚀深度降低，表面质量逐渐提高，直至获得需要的加工表面。

（4）双伺服控制的烧蚀/车削复合加工　烧蚀加工另外一个重要的用途是通过烧蚀加工形成软化层，为机械加工提供准备。由于电火花诱导烧蚀形成了表面软化层，因此车削深度在软化层范围内时，切削力很小，从而需要的机床主轴电动机功率也很小，大大提高了难切削材料的可切削性能，解决了难切削金属材料的加工难题。而当切深超过软化层厚度后，烧蚀区基体材料被去除，加工表面平整，表面粗糙度值接近机械加工表面。加工系统可通过伺服系统控制切削力的大小，从而达到控制材料切削深度的目的。

（5）烧蚀/电解复合加工　烧蚀加工表面存在的变质层，可以通过在介质中加入具有导电性的组分，以形成放电诱导烧蚀-电解复合铣削加工。通过复合加工的方式减少表面变质层，提高放电诱导烧蚀加工的表面质量。由于氧气较好的绝缘作用，可以使用高浓度电解液与氧气的混合气雾作为加工介质，从而获得较强的电解作用，能对铣削表面的变质层进行有效去除，从而达到高效、高质量加工的目的。实际加工中需要对烧蚀和电解的作用进行匹配和调节，以做到既保障烧蚀的高材料去除率，同时又能获得没有表面重铸层的加工表面。

（6）烧蚀/电化学复合加工　由于放电诱导烧蚀加工在某些材料的加工中所形成的不导电氧化物对正常加工的稳定性产生不利影响，由此出现了烧蚀/电化学复合加工形式。如对于 SiCp/Al 材料的雾化放电烧蚀加工，由于氧气的作用易形成导电性差的氧化物从而影响加工稳定性，进而对材料去除率及加工表面质量形成不利影响。采用碳酸钠溶液作为雾化介质，对氧化物进行化学溶解，以形成雾化放电烧蚀-化学复合加工的作用。加工中碳酸钠溶液可以与 SiCp/Al 加工区域形成的难导电氧化物发生化学反应并将其蚀除，从而保障了雾化烧蚀加工的高效持续进行。

（7）放电诱导烧蚀加工绿色高效智能化商业数控机床的研究开发。

3. 目标

预计到 2035 年，研究并进一步揭示该加工技术材料去除微观过程的物理本质，探索其更多适用的加工场合；对不同介质下的放电诱导烧蚀加工进行深入探索，建立相应的工艺数据库，并研究放电诱导烧蚀加工在不同加工场合的特性；研究开发出放电诱导烧蚀加工绿色高效智能化商业数控机床，为大规模推广应用该技术打下坚实的理论和技术基础。

（四）阳极机械切割技术

1. 现状

阳极机械切割技术是利用电热能和机械摩擦的复合作用形成断续性电弧切割金属材料的特种加工技术。切割加工中，由伺服系统控制电极对工件的伺服进给，在快速运动的电极（带状或盘状）与工件之间施以脉动电源及钝化性工作液，钝化性工作液在工件（阳极）表面形成绝缘膜，随着快速运动的电极与工件渐近波动接触摩擦，绝缘膜局部破坏，形成电弧放电，从而蚀除工件材料，电弧放电导致电极与工件之间的间距加大，又会在工件表面形成新的绝缘膜，实现断弧。通过电极的快速运动形成电弧移动以及电极表面绝缘膜的“形成-破坏-形成”的动态平衡，实现高速电弧切割加工。国内一些重点特种钢厂家已应用阳极-机械切割技术进行特种冶金材料（高温合金钢、钛合金、高锰钢）的高效低成本切割。目前，存在的主要问题是：钝化性工作液采用的是水玻璃，干涸后会呈白色固化物，对工作环境有一定影响；快速运动的环形带状电极接头的焊接技术影响环形带状电极的运行寿命；伺服进给系统的控制性能影响切割加工过程的稳定性。其相关技术、理论及装备等均需进一步研究。

2. 挑战

（1）高效节能放电电源研究　电弧放电电源用于提供材料蚀除的电能，其性能直接决定加工工艺效果及节能效果。在快速运动的电极与工件渐近波动接触摩擦过程中，不可避免地会存在间断性的局部短路，太大的瞬间短路电流会使切割表面质量变差；切割加工效率是与电弧放电电流成正比的，要想获得更高的加工效率，需使电极能承受更高的电流密度；需研究更加智能的节能型脉动电源，根据电弧放电的状况，适应控制脉动电源参数，实现高效、高质量的电弧加工。

（2）适应阳极机械切割工艺的伺服系统研究　阳极-机械切割过程中，快速运动的电极（带状或盘状）与工件之间需要一个适于形成断续性电弧放电的加工间隙，需要根据阳极-机械切割工艺特点，研究加工状态检测与伺服控制技术，涉及传感、数据采集与处理、伺服控制等方面的理论和技术。

（3）阳极机械切割钝化性工作液研究　钝化性工作液的性能对高效电弧放电切割效果的影响极其重要，需要研究既安全环保又具有优良钝化性能，满足高效电弧放电切割工艺要求的新型钝化性工作液。需要化学专业、工艺技术的支撑。

（4）适应阳极机械切割快速运动的环形带状电极焊接技术的研究　环形带状电极的焊接质量直接影响环形带状电极的运行寿命，需要焊接工艺、冶金工艺、热处理工艺的支撑。

（5）阳极机械切割工艺研究　研究寻找脉动电源参数、钝化性工作液种类、电极运行速度等的影响规律关系，研究电参数和非电参数多因素影响的关联性，优化加工工艺参数，实现加工工艺参数的智能选择和控制。特别是大直径工件材料的切割，由于割缝较深，工作液难以进入，影响了正常的电弧放电，需通过更有效的供液方式、渗透性更强的钝化性工作液等综合研究加以改善。

3. 目标

预计到2035年，研究开发出可满足国防军工企业特别是航空航天发动机制造企业，对高温合金钢、高铬高镍类钢和钛合金等特种钢材切割需求的高效、低成本、低损耗的阳极-

机械切割工艺及新型设备，最窄割缝宽度≤2mm，最大切割效率2000mm^2/min，最大可以满足直径超过1100mm的特种钢材的钢锭的切割需求。

（五）高能电火花放电铣削技术

1. 现状

高能电火花放电铣削技术采用高压低能脉冲电源击穿极间放电介质形成火花放电通道，由低压高能脉冲电源通过前述火花放电通道输送高能电火花加工所需的电能，管状工具电极在伺服数控系统的控制下按照设定的轨迹运动，从而实现三维零件的高能铣削。铣削时电极加工面的平均电流密度为传统电火花铣削的数百倍，通过电极内孔和外部同时高速冲液，快速排出大量的瞬时蚀除产物、迅速冷却工具电极和工件，以提高放电加工稳定性，其加工效率远高于传统的电火花铣削，在加工效率略低于电弧铣削的情况下，较大地提高了加工质量。其材料蚀除加工的微观物理本质、加工工艺及装备等均需要进一步研究。

2. 挑战

（1）高能电火花放电铣削机理研究　研究高能电火花放电铣削加工机理，揭示电火花放电通道的形成、材料蚀除与抛出机理，明确放电能量在工具电极、工件和间隙介质中的转化与分配关系，建立高能脉冲火花放电通道形成与材料蚀除过程的物理模型，弄清加工的微观物理本质。

（2）高能电火花放电铣削工件表面微观结构形貌特性及形成机理研究　研究高能电火花放电铣削工件表面的放电坑、微裂纹、表面变质层等微观结构的特性、形成机理和影响规律关系，揭示工件表面微观结构形貌的形成机理及影响规律，为提高工件的表面加工质量提供重要的理论和技术支持。

（3）绿色高能电火花复合脉冲电源研究　绿色高能电火花复合脉冲电源用于提供高能电火花放电铣削加工的电能，是整个复合铣削加工工艺系统的“心脏”，其性能直接决定着加工工艺效果。研究基于DC/AC变换和电压闭环反馈的高压低能数控调压脉冲电源的设计方法及理论，建立其控制系统的数学模型，优化其电路结构；研究基于逆变和电流闭环反馈的低压高能数控调流脉冲电源的设计方法及理论，建立其控制系统的数学模型，优化其电路结构；研究采用上述两种脉冲电源构建数字化高效节能电火花复合脉冲电源及提高其工作可靠性的设计方法及理论，优化该复合脉冲电源的结构。

（4）高能电火花放电铣削工具电极损耗在线补偿技术　在高能电火花放电铣削过程中，工具电极有损耗，影响加工精度和加工表面质量，因此需要对工具电极进行实时检测和在线补偿。研究工具电极损耗机理及在线补偿技术与理论，揭示工具电极损耗的机理、探索减少工具电极损耗的工艺方法，建立工具电极损耗在线评价数学模型，研发电极损耗智能化在线补偿方法，为提高工件的加工精度提供重要的理论和技术支持。

（5）高能电火花放电铣削专用绿色高效工作液及其冲注方法研究　工作液的种类及其冲注方法对高能电火花放电铣削加工效率、工具电极损耗和加工表面质量等有较大影响。研究不同工作液及其冲注方法对该种加工方法的加工效率、电极相对损耗率、加工误差、工件表面和截面结构等的影响，设计研发出绿色高效工作液及其冲注系统。

（6）高能电火花放电铣削智能伺服控制系统研究　高能电火花放电铣削难切削材料的

效率远高于机械铣削，为传统电火花铣削的数百倍。若采用电火花加工常用的伺服控制方法，易在工件加工表面形成使工件超差报废的深大放电坑，零件加工时为了避免该问题，不得不采用降低加工效率的低能放电工艺参数。针对上述问题，研发高能电火花放电铣削智能伺服控制数学模型及系统，实现最优加工的方法。构建高能电火花放电铣削放电状态信息数据收集及放电状态信息智能识别分类模型，建立高能电火花放电铣削智能伺服控制数学模型，研发其智能伺服控制系统。

（7）高能电火花放电铣削工艺数据库研究　针对一些典型的难切削材料，研究寻找脉冲宽度、脉冲间隔、峰值电流、峰值电压等电参数对加工生产率、加工精度、表面质量、电极损耗等的影响规律关系；研究寻找工具电极的转速、工作液的成分、冲液压力、工具电极材料和结构等非电参数对加工生产率、加工精度、表面质量、电极损耗等的影响规律关系；研究电参数和非电参数多因素影响的关联性，优化加工工艺参数，建立一些典型难切削材料加工的工艺数据库，实现加工工艺参数的智能选择与控制。

3. 目标

预计到 2035 年，研究开发出高能电火花放电铣削五轴联动智能机床；研究并揭示该加工技术材料去除微观过程的物理本质；研制绿色高效电火花复合脉冲电源、绿色高效水基工作液、自动追优冲注装置；研究开发工具电极损耗在线补偿技术及系统；构建高能电火花放电铣智能伺服控制数学模型，研究开发出该智能控制系统；建立高能脉冲放电铣削工艺数据库。较大提升高能电火花放电铣的加工效率及质量，为解决困扰导电难切削材料及其复杂结构零件的加工难题以及新型放电铣削机床研发提供理论和技术支撑。

四、技术路线图

高效放电加工技术路线图如图 3-6 所示。

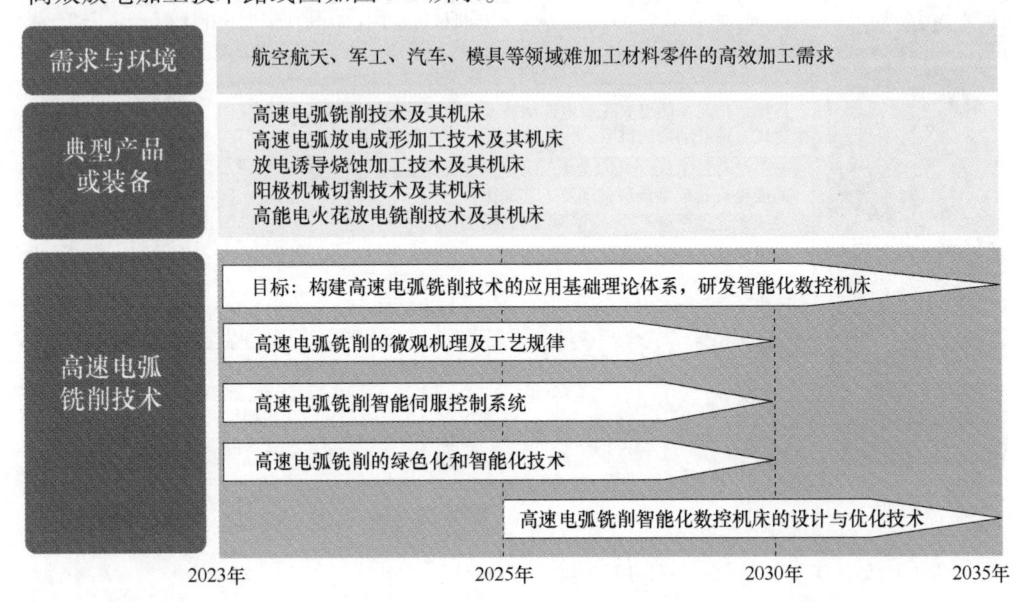

图 3-6　高效放电加工技术路线图

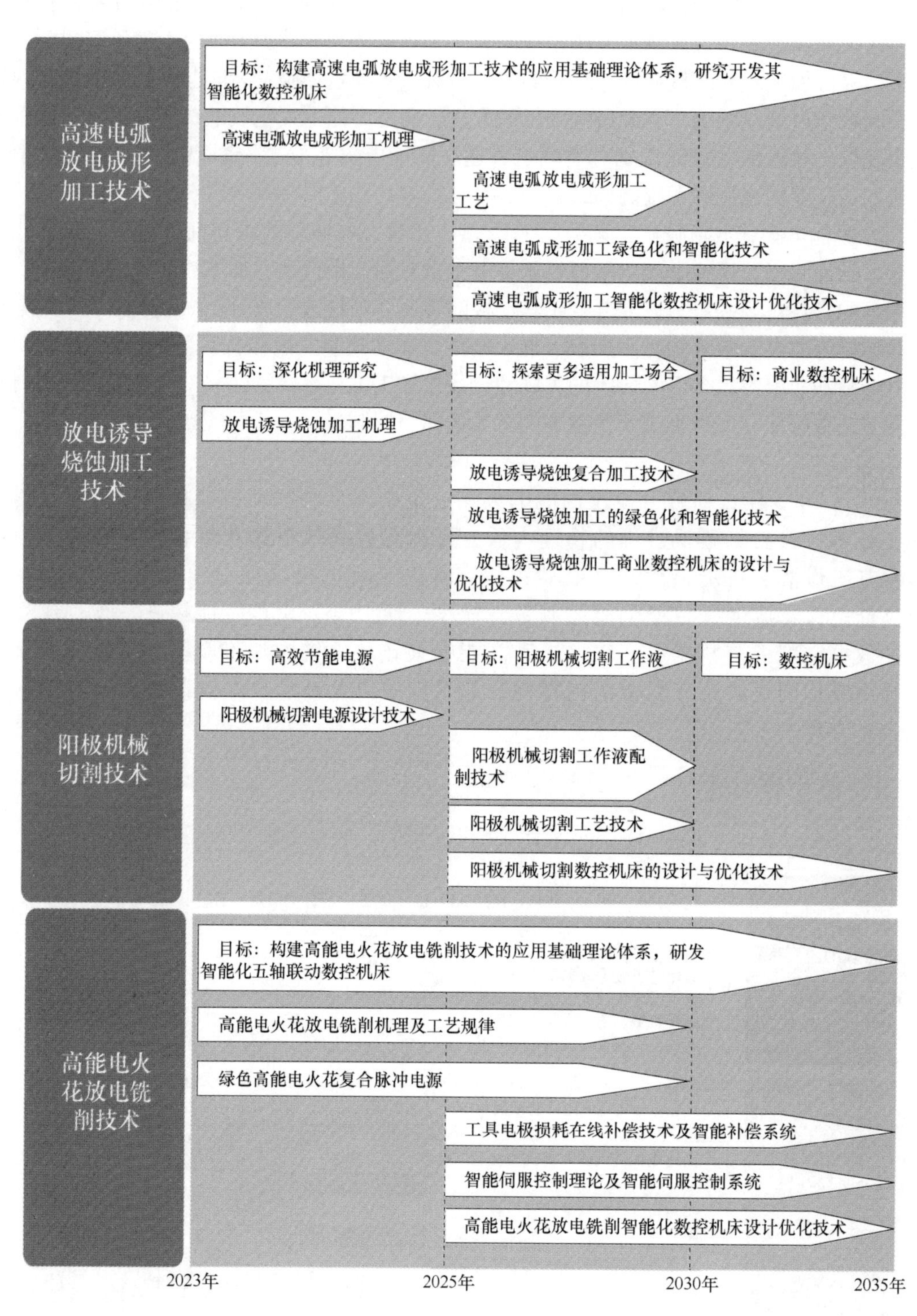

图 3-6　高效放电加工技术路线图（续）

参考文献

［1］ CIMT2021 特种加工机床评述组. 第十七届中国国际机床展览会特种加工机床评述［J］. 电加工与模具，2021（3）：6-18.

［2］ 赵明，王兴林，金耀兴. 复合加工技术在航空复杂零件加工中的应用［J］. 航空制造技术，2011（19）：40-43.

［3］ 陈循，陶俊勇，张春华. 可靠性强化试验与加速寿命试验综述［J］. 国防科技大学学报，2002，24（4）：29-32.

［4］ 游达章. 数控系统加速寿命试验方法及可靠性评估技术研究［D］. 武汉：华中科技大学，2011.

［5］ 贺青川. 数控系统开关电源加速寿命试验方法研究［D］. 杭州：浙江理工大学，2013.

［6］ REDONDO L M，KANDRATSYEU A，BARNES M J. Marx generator prototype for kicker magnets based on SiC MOSFETs［J］. IEEE Transactions on Plasma Science，2018，46（10）：3334-3339.

［7］ 程显，夏荣翔，葛国伟，等. 基于感应叠加原理的模块化脉冲电源的研制［J］. 高电压技术，2021，47（3）：778-785.

［8］ TU Z，LIU K，QIU J，et al. A new triggering technology based on inductive transformer for linear transformer driver（LTD）switches［J］. IEEE Transactions on Dielectrics and Electrical Insulation，2013，20（4）：1279-1286.

［9］ CIMT2015 特种加工机床评述专家组. 第十四届中国国际机床展览会特种加工机床评述［J］. 电加工与模具，2015（4）：1-12.

［10］ 陈根余，戴隆州，李明全，等. 激光与电火花复合修整粗粒度弧形金刚石砂轮试验研究［J］. 中国机械工程，2022，33（15）：1780-1786.

［11］ 陶飞，张贺，戚庆林，等. 数字孪生模型构建理论及应用［J］. 计算机集成制造系统，2021，27（1）：1-15.

［12］ 陶飞，张辰源，张贺，等. 未来装备探索：数字孪生装备［J］. 计算机集成制造系统，2022，28（1）：1-16.

［13］ 薛瑞娟，黄祖广，王金江，等. 数控机床数字孪生标准体系研究［J］. 制造技术与机床，2023（3）：39-50.

［14］ 武鑫磊，刘永红，亓梁，等. 电火花辅助电弧高效铣削技术智能化数控系统设计［J］. 电加工与模具，2022（6）：21-24.

［15］ 叶军. 精密高效电加工关键技术取得重大突破［J］. 电加工与模具，2012（增刊 1）：9-19.

［16］ 第十五届中国国际模展模具评定评述专家组. 第十五届中国国际模具技术和设备展览会现代模具制造技术及设备评述［J］. 电加工与模具，2014（5）：1-13.

［17］ 刘志东. 高速往复走丝电火花线切割技术发展趋势［J］. 航空制造技术，2014，57（19）：40-45.

［18］ 张旭东. 电火花线切割机床工作液自动供给方法及系统：201410633905. 2［P］. 2016-08-17.

［19］ ZHANG Y Q，LIU Z D，PAN H W，et al. Dielectric fluid lifespan detection based on pulse discharge probability in wire electrical discharge machining［J］. The International Journal of Advanced Manufacturing Technology，2017，92：1481-1491.

［20］ ZHANG M，LIU Z D，PAN H W，et al. Discharge state identification and servo control method of high-speed reciprocating microwire-EDM［J］. The International Journal of Advanced Manufacturing Technology，2021，112：193-202.

［21］ BOCCADORO M，D AMARIO R，BAUMELER M. Towards a better controlled EDM：Industrial applications of a discharge location sensor in an industrial wire electrical discharge machine［J］. Procedia CIRP，2020，95：600-604.

[22] LASHIN M M A, HEWIDY A M, ALNEMER G N. Controlling and optimization of machining performance parameters for WEDM Process by using fuzzy logic control system [J]. International Journal of Mechanical and Production Engineering Research and Development, 2020, 10 (3): 3311-3322.

[23] QIN D F, YANG F, LI L, et al. A discharge pulse discrimination strategy for high speed WEDM with power-electronic-based pulse power generator [J]. Procedia CIRP, 2020, 95: 366-370.

[24] PAN H W, LIU Z D, LI C R, et al. Enhanced debris expelling in high-speed wire electrical discharge machining [J]. The International Journal of Advanced Manufacturing Technology, 2017, 93: 2913-2920.

[25] JI Y C, LIU Z D, DENG C, et al. Study on high-efficiency cutting of high-thickness workpiece with stranded wire electrode in high-speed wire electrical discharge machining [J]. The International Journal of Advanced Manufacturing Technology, 2019, 100: 973-982.

[26] 邓聪，刘志东，张明，等. 单向走丝电火花线切割电极丝的分类及发展 [J]. 电加工与模具，2017 (4): 60-67.

[27] 刘志东. 往复走丝电火花线切割加工切割效率的发展与未来 [C]. //特种加工技术智能化与精密化——全国特种加工学术会议，2017.

[28] 张艳，刘志东，王振兴，等. 高速走丝电火花线切割多次切割修正量规律研究 [J]. 电加工与模具，2010 (2): 24-27.

[29] 刘志东. “中走丝”机床的过去，现在及将来 [J]. 电加工与模具，2017 (增刊1): 12-19.

[30] 李谢峰，刘志东，张旭东，等. 往复走丝电火花线切割高效低损耗切割研究 [J]. 中国机械工程，2014, 25 (1): 71-76.

[31] DENG C, LIU Z D, ZHANG M, et al. Minimizing drum-shaped inaccuracy in high-speed wire electrical discharge machining after multiple cuts [J]. The International Journal of Advanced Manufacturing Technology, 2019, 102: 241-251.

[32] 李凌铃，刘志东，岳伟栋. 随动导丝及喷水机构大锥度高速电火花线切割研究 [J]. 中国机械工程，2015, 26 (9): 1167-1172.

[33] 明五一，沈帆，何文斌，等. 绿色电火花成型加工多目标工艺参数优化 [J]. 机床与液压，2020, 48 (1): 23-28.

[34] 刘永红，李小朋，杜建华，等. 电火花加工脉冲电源电磁兼容技术研究 [J]. 电加工与模具，2006 (2): 5-7.

[35] SCHULZEA V, WEBER P. Precise ablation milling with ultra short pulsed Nd: YAG lasers by optical and acoustical process control [J]. Laser-based Micro-and Nanopackaging and Assembly IV, Proc. of SPIE, 2010, 7585: 75850J-1.

[36] 中国工程院. 中国制造业可持续发展战略研究 [M]. 北京：机械工业出版社，2010.

[37] NATSU W, MAEDA H. Realization of high-speed micro EDM for high-aspect-ratio micro hole with mist nozzle [J]. Procedia CIRP, 2018, 68: 575-577.

[38] UHLMANN E, POLTE M, YABROUDI S. Novel advances in machine tools, tool electrodes and processes for high-performance and high-precision EDM [J]. Procedia CIRP, 2022, 113: 611-635.

[39] OKADA A, YAMAGUCHI A, OTA K. Improvement of curved hole EDM drilling performance using suspended ball electrode by workpiece vibration [J]. CIRP Annals-Manufacturing Technology, 2017, 66: 189-192.

[40] YU P, XU J K, HOU Y G. Mechanism design and process control of micro-EDM for drilling deep hole of bellows [J]. The International Journal of Advanced Manufacturing Technology, 2021, 115: 2423-2432.

[41] VASUDEVAN B, NATARAJAN Y, SIVALINGAM V, et al. Insights into drilling film cooling holes on ceramic-coated nickel-based superalloys [J]. Archives of Civil and Mechanical Engineering, 2022, 22

(3): 141.

[42] KHADTARE A N, PAWADE R S, JOSHI S S. Analysis of drilling thrust for straight and inclined micro-hole in thermal barrier coated inconel 718 superalloy [C]. ASME International Mechanical Engineering Congress and Exposition, Proceedings (IMECE), 2021.

[43] 李世峰，黄康，马护生，等. 航空发动机涡轮叶片气膜冷却孔设计与制备技术研究进展 [J]. 热能动力工程，2022，37 (9): 1-11.

[44] 赵万生. 放电加工技术在航空航天制造中的应用 [J]. 航空学报，2022，43 (4): 39-53.

[45] 佟浩，李勇，李宝泉. 气膜冷却孔电加工工艺与装备技术研究 [J]. 航空制造技术，2021，64 (18): 34-45.

[46] 于冰，朱海南. 航空发动机高涡叶片气膜孔电火花加工工艺参数的优化 [C]. 第14届全国特种加工学术会议论文集. 苏州，2011: 143-148.

[47] 中国机械工程学会特种加工分会. 特种加工技术路线图 [M]. 北京：中国科学技术出版社，2016.

[48] HAYDT S, LYNCH S, LEWIS S. The effect of a meter-diffuser offset on shaped film cooling hole adiabatic effectiveness [J]. Journal of Turbomachinery, 2017, 139 (9): 091012.

[49] WANG J. Experimental and numerical investigation into material removal mechanism of fast ED-milling [J]. The International Journal of Advanced Manufacturing Technology, 2022, 121 (7-8): 4885-4904.

[50] JIAN W. Experimental study of EDM milling of 3D-shaped diffuser for film cooling holes on turbine blades [J]. Procedia CIRP, 2022, 113: 160-165.

[51] TORRES A, LUIS C J, PUERTAS I. EDM machinability and surface roughness analysis of TiB_2 using copper electrodes [J]. Journal of Alloys and Compounds, 2017, 690 (5): 337-347.

[52] MISHRA A, KUMAR K, MARUDACHALAM P, et al. Effect of pulse duration and vibration tumbling on re-cast layer thickness and surface roughness of super alloy undergoing EDM [J]. Materials Today: Proceedings, 2022, 57: 481-487.

[53] 杭雨森，徐正扬，张辰翔，等. 微小孔电火花-电解复合加工中反衬层对小孔加工质量的影响 [C]. //第17届全国特种加工学术会议论文集（上册）. 广州，2017: 452-457.

[54] 杨盼. 大深径比无重铸层小孔电火花-电解复合加工工艺研究 [D]. 淮南：安徽理工大学，2021.

[55] 刘斌，吴强. 微小孔电火花电解复合加工关键技术研究 [J]. 电加工与模具，2019 (4): 29-32.

[56] 李勇，佟浩，李宝泉. 微细电火花加工研究及应用思考 [J]. 电加工与模具，2020 (5): 1-9.

[57] MASUZAWA T, FUJINO M, KOBAYASHI K, et al. Wire electro-discharge grinding for micro-machining [J]. Annals of the CIRP, 1985, 34 (1): 431-434.

[58] YU ZY, MASUZAWA T, FUJINO M. Micro-EDM for three-dimensional cavities development of uniform wear Method [J]. CIRP Annals-Manufacturing Technology, 1998, 47 (1): 169-172.

[59] BLEYS P, KRUTH J P, LAUWERS B. Sensing and compensation of tool wear in milling EDM [J]. Journal of Materials Processing Technology, 2004, 149 (1-3): 139-146.

[60] TONG H, ZHANG L, LI Y. Algorithms and machining experiments to reduce depth errors in servo scanning 3D micro EDM [J]. Precision Engineering, 2014, 38 (3): 538-547.

[61] AJAY P MASHE, VIRWANI K, RAJURKAR K P, et al. Investigation of nanoscale electro Machining (nano-EM) in dielectric oil [J]. CIRP Annals-Manufacturing Technology, 2005, 54 (1): 175-178.

[62] ALKHALEEL A H, YU Z Y, SUNDARAM M, et al. Nanoscale features by electro- machining using atomic force microscope [C]. Transactions of the North American Manufacturing Research Institute of SME, 2006, 34: 437-444.

[63] QUAN R, TONG H, LI Y. Ns-pulsewidth pulsed power supply by regulating electrical parameters for AFM nano EDM of nm-removal-resolution [J]. Nanotechnology, 2021, 32 (34): 345302.

[64] KUNIEDA M, OVERMEYER L, KLINK A. Visualization of electro-physical and chemical machining processes [J]. CIRP Annals - Manufacturing Technology, 2019, 68 (2): 751-774.

[65] HINDUJA S, KUNIEDA M. Modelling of ECM and EDM processes [J]. CIRP Annals-Manufacturing Technology, 2013, 2: 775-797.

[66] LI Q, YANG X D. Thermo-hydraulic analysis of melt pool dynamics and material removal on anode in electrical discharge machining [J]. International Journal of Heat and Mass Transfer, 2023, 203: 123816.

[67] ZHANG L, TONG H, LI Y. Precision machining of micro tool electrodes in micro EDM for drilling array micro holes [J]. Precision Engineering, 2015, 39 (C): 100-106.

[68] YU Z Y, MA C S, AN C M, et al. Prediction of tool wear in micro USM [J]. Annals of the CIRP - Manufacturing Technology, 2012, 61 (1): 227-230.

[69] FENG Z P, SHI Z Y, TONG A, et al. A pitch deviation compensation technology for precision manufacturing of small modulus copper electrode gears [J]. International Journal of Advanced Manufacturing Technology, 2021, 114: 1031-1048.

[70] WU Z Z, WU X Y, XU B, et al. Reverse-polarity PMEDM using self-welding bundled 3D-laminated microelectrodes [J]. Journal of Materials Processing Technology, 2019, 273: 116261.

[71] LEI J G, WU X Y, ZHOU Z W, et al. Sustainable mass production of blind multi-microgrooves by EDM with a long-laminated electrode [J]. Journal of Cleaner Production, 2021, 279: 123492.

[72] JIANG K, WU X Y, LEI J G, et al. Investigation on the geometric evolution of microstructures in EDM with a composite laminated electrode [J]. Journal of Cleaner Production, 2021, 298: 126765.

[73] TANG H, TANG Y, WU X Y, et al. Fabrication and capillary characterization of multi-scale microgroove wicks for ultrathin phase-change heat transfer devices [J]. Applied Thermal Engineering, 2023, 219: 119621.

[74] TANG H, XIA L F, TANG Y, et al. Fabrication and pool boiling performance assessment of microgroove array surfaces with secondary micro-structures for high power applications [J]. Renewable Energy, 2022, 187: 790-800.

[75] WU X L, LIU Y H, QI L, et al. Research on green dielectric fluids of high-efficient electrical discharge assisted arc milling [J]. Procedia CIRP, 2022, 113: 196-201.

[76] 武鑫磊，刘永红，纪仁杰. 电弧铣削技术现状与展望 [J]. 电加工与模具，2021 (6): 1-10.

[77] ZHAO W, GU L, XU H, et al. A novel high efficiency electrical erosion process-blasting erosion arc machining [J]. Procedia CIRP, 2013, 6: 621-625.

[78] GU L, HE G, ZHAO W, et al. High performance hybrid machining of gamma-TiAl with blasting erosion arc machining and grinding [J]. CIRP Annals - Manufacturing Technology, 2020, 69 (1): 161-164.

[79] 张发旺. 基于流体动力断弧的高速电弧放电加工机理研究 [D]. 上海：上海交通大学，2017.

[80] HE G J, GU L, ZHU Y M, et al. Electrical arc contour cutting based on a compound arc breaking mechanism [J]. Advances in Manufacturing, 2022, 10 (4): 583-595.

[81] GU L, HE G J, LI K L, et al. Improving surface quality in BEAM with optimized electrode [J]. CIRP Annals-Manufacturing Technology, 2022, 71 (1): 165-168.

[82] CHEN J P, GU L, ZHAO W S, et al. Modeling of flow and debris ejection in blasting erosion arc machining in end milling mode [J]. Advances in Manufacturing, 2020, 8 (4): 508-518.

[83] WANG F, LIU Y H, ZHANG Y Z, et al. Compound machining of titanium alloy by super high speed EDM milling and arc machining [J]. Journal of Materials Processing Technology, 2014, 214 (3): 531-538.

[84] WANG F, LIU Y H, TANG Z M, et al. Ultra-high-speed combined machining of electrical discharge machining and arc machining [J]. Proceedings of the Institution of Mechanical Engineers Part B-Journal of Engi-

neering Manufacture, 2014, 28 (5): 663-672.

[85] 武鑫磊，刘永红，亓梁，等. 镍基高温合金电火花辅助电弧高效铣削技术 [J]. 航空学报，2022，43 (4): 373-382.

[86] SHEN Y, LIU Y H, ZHANG Y Z, et al. Effects of an electrode material on a novel compound machining of Inconel718 [J]. Materials and Manufacturing Processes, 2016, 31 (7): 845-851.

[87] WU X L, LIU Y H, ZHANG X X, et al. Sustainable and high-efficiency green electrical discharge machining milling method [J]. Journal of Cleaner Production, 2020, 274: 123040.

[88] ZHANG X X, LIU Y H, WU X L, et al. Intelligent pulse analysis of high-speed electrical discharge machining using different RNNs [J]. Journal of Intelligent Manufacturing, 2020, 31 (4): 937-951.

[89] SHEN Y, LIU Y H, DONG H, et al. Parameters optimization for sustainable machining of Ti6Al4V using a novel high-speed dry electrical discharge milling [J]. International Journal of Advanced Manufacturing Technology, 2017, 90 (1-4): 691-698.

[90] LIU Z D, WANG X Z, CAO Z L. Influence of discharge energy on EDM ablation [J]. The International Journal of Advanced Manufacturing Technology, 2016, 83 (1-4): 681-688.

[91] XU C, LIU Z D, ZHANG K, et al. Composition analysis of discharge and combustion during the atomization EDM ablation [J]. The International Journal of Advanced Manufacturing Technology, 2020, 106 (7-8): 3475-3483.

[92] 傅炯波，邱明波. Inconel718 多通道放电烧蚀铣削加工技术研究 [J]. 航空制造技术，2019，62 (12): 97-101.

[93] KONG L L, LEI W N, WEI Q, et al. Experimental investigations into the performance of die-sinking mixed-gas atomization discharge ablation process on titanium alloy [J]. Scientific Reports, 2022, 12 (1), 2399.

[94] ZHANG J, HAN F Z. Rotating short arc EDM milling method under composite energy field [J]. Journal of Manufacturing Processes, 2021, 64: 805-815.

[95] ZHANG J, HAN F Z. Experimental study and parameter optimization on sustainable and efficient machining GH4169 with rotating short arc milling method [J]. The International Journal of Advanced Manufacturing Technology, 2022, 119 (3-4): 2023-2042.

[96] KOU Z J, HAN F Z, WANG G S. Research on machining Ti6Al4V by high-speed electric arc milling with breaking arcs via mechanical-hydrodynamic coupling forces [J]. Journal of Materials Processing Technology, 2019, 271: 499-509.

[97] KOU Z J, HAN F Z. On sustainable manufacturing titanium alloy by high-speed EDM milling with moving electric arcs while using water-based dielectric [J]. Journal of Cleaner Production, 2018, 189: 78-87.

[98] ZHU G, ZHANG M, ZHANG Q H, et al. High-speed vibration-assisted electro-arc machining [J]. The International Journal of Advanced Manufacturing Technology, 2019, 101 (9-12): 3121-3129.

[99] ZHU G, ZHANG M, ZHANG Q H, et al. Machining behaviors of vibration-assisted electrical arc machining of W9Mo3Cr4V [J]. The International Journal of Advanced Manufacturing Technology, 2018, 96 (1-4), 1073-1080.

[100] ZGU G, ZHANG M, ZHANG Q H, et al. Investigation of a single-pulse electrical arc discharge in vacuum based on the crater morphology and discharge channel [J]. The International Journal of Advanced Manufacturing Technology, 2020, 107 (7-8): 3437-3448.

[101] 周碧胜，周碧海. 短电弧切削技术 [C]//第 12 届全国特种加工学术会议. 长沙，2007: 233-234.

[102] 卢江，梁楚华，周碧胜. 基于短电弧切削加工技术高效性特点的研究 [J]. 电加工与模具，2011 (2): 57-60.

[103] 马森雄，周碧胜，周建平等. 脉冲电源下 GH4099 的短电弧铣削加工实验研究［J］. 组合机床与自动化加工技术，2023（3）：46-49.

[104] ZHAO Y N，ZHOU J P，DAI X Y，et al. Efficient and sustainable short electric arc machining based on SKD-11 material［J］. Alexandria Engineering Journal，2023，64：173-190.

[105] DAI X Y，HU G Y，LIU K，et al. Research on milling performance of titanium alloy in a new hybrid process combining short electric arc and electrochemical machining［J］. Journal of the Brazilian Society of Mechanical Sciences and Engineering，2023，45（1）：18.

[106] LIU Z W，LIU K，DAI X Y，et al. Milling performance of Inconel 718 based on DC short electric arc machining with graphite and W-Ag electrode materials［J］. The International Journal of Advanced Manufacturing Technology，2022，122（5-6）：2253-2265.

编撰组成员

组　长　刘永红　白基成

第一节　刘永红　纪仁杰

第二节　郭建梅　何　虎　顾　琳　张　昆　丁连同　姜　浩　任连生　郭　妍

第三节　刘志东　张宝华　白基成　张永俊　奚学程　张旭东　李政凯

第四节　卢智良　吴　强　郭永丰　张文明　奚学程　翁红梅　倪敏敏

第五节　李　勇　佟　浩　余祖元　伍晓宇　杨晓冬　张勇斌

第六节　刘永红　顾　琳　刘志东　周碧胜　韩福柱　纪仁杰

第四章
Chapter 4

电化学加工

第一节　概　　论

电化学加工是利用电化学阳极溶解的原理去除工件材料或利用电化学阴极沉积的原理进行生长工件材料的特种加工工艺。根据加工原理，电化学加工可分为以下三大类：①利用电化学阳极溶解的原理去除工件材料，属于减材加工，主要包括电解加工和电解抛光；②利用电化学阴极沉积的原理增加工件材料，属于增材加工，主要包括电铸、电镀和电刷镀；③利用电化学加工与其他加工方法相结合的电化学复合加工，主要包括电解机械复合加工、电解电火花复合加工和电化学激光复合加工等。

电解加工为非接触式加工，无加工残余应力和变形，无飞边毛刺，工具电极无损耗，加工范围广，加工效率高，广泛应用于难加工材料、复杂形状、低刚度易变形等零件的加工，特别适合航空航天等领域中对表面完整性要求高的关键零部件的制造，如航空发动机压气机叶片、整体叶盘、炮管膛线等。

电铸可以看作是金属原子在阴极表面的“堆积”，所成形的零件能够非常精确地复制阴极形状及其细微结构。电铸是航空、航天、兵器以及微电子等领域的重要加工技术之一，主要用于液体火箭推力室、X 射线聚焦镜、MEMS 金属元件、破甲弹药型罩等关键零部件以及宏微复杂结构金属模具的加工成形。

从加工机理而言，电化学加工是离子级别的加工，更容易实现精密微细甚至微纳加工。电化学加工易与其他加工方法相结合形成电化学复合加工技术，优势互补、相辅相成，以满足高质量、高效率、低成本的加工要求，在高端装备关键零部件制造中具有重要的应用潜力。目前，最具应用前景的电化学加工技术为电解成形加工技术、微细电解加工技术、电铸技术和电化学复合加工技术。电解成形加工技术在航空航天、兵器、核能等国防军工领域难加工材料、复杂形状零件的批量生产中获得广泛的应用，并逐渐从常规加工领域拓展到精密加工领域，其加工过程也将从自动化、数控化发展至数字化、智能化。近年来，微细电解加工的最小加工尺度正在从微米尺度向纳米尺度发展，目前已具有制造数十纳米尺度简单结构的能力。电铸技术是一种具有极高复制精度和材料性能调控能力的增材制造技术，已经实现亚微米精度和亚纳米粗糙度金属型面以及特征尺寸小至亚微米的复杂微细金属结构的制造。由于电化学复合加工存在两种或两种以上加工作用的复合及耦合，优势互补，相辅相成，增强了加工能力、扩大了加工范围，可以实现高质量、高效率、低成本的加工要求。电化学复合加工在特种加工技术所占的比例越来越大，是电化学加工的重要发展方向。

电化学加工将致力于创新工艺、高性能机床、智能制造、绿色制造等方面的深入研究探索，努力攻克以下关键技术难题：大跨度、多时间尺度电解加工过程中多场耦合仿真优化、电解加工间隙检测与控制、电化学加工过程智能化、双极性电解加工、工具数字化设计；超短脉冲电流电源、微细电化学加工过程中多物理场建模与仿真、微细电解加工智能控制、微加工间隙场域调控、高效微纳电解加工、新型微细电解加工工作液；大型构件高质量高速电铸、微细电铸过程中成形成性一体化调控、三维复杂微结构器件电铸微增材制造；匹配多能场效应的复合脉冲电源、电化学复合加工工具、电化学复合加工装备、多能量场高效协同与精密控制、电化学复合加工的绿色化及智能化。

第二节　电解成形加工技术

一、概述

电解成形加工技术借助成形工具阴极的单方向简单运动或简单工具阴极的多维联动，利用电化学阳极溶解原理去除工件材料，实现工件的加工成形。

我国于 1958 年首先在炮管膛线加工方面开始应用电解成形加工技术。目前，一方面各种各样的难加工零件不断涌现，对电解成形加工的需求日益增多；另一方面科学技术的发展，尤其是功率电子技术和人工智能技术的飞速进步又为电解成形加工技术的发展提供了新的条件。

电解加工对以下制造过程具有重要应用价值：

1）难切削加工材料，如高硬度、高强度或高韧性材料的工件的加工。

2）复杂结构零件，如三维型面的叶片、三维型腔的锻模、机匣、整体叶盘等的加工。

3）特殊的复杂结构，如薄壁整体结构，深小孔，异型孔，空心气冷涡轮叶片的横向孔、干涉孔，炮管膛线等的加工。

电解加工为常温下发生的电化学反应过程，因而特别适合国防领域对表面完整性要求（不容许有残余应力、微裂纹和再铸层等）高的诸多关键零部件的制造。各种新型电解液、高频脉冲电流、阴极振动进给的应用，数控多轴电化学加工机床的研发等，为电化学加工的扩大应用展现了广阔前景。

目前，电解成形加工已经从常规加工领域逐渐推进到精密加工领域，电解成形加工过程也将从自动化、数控化发展至信息化、智能化。未来，电解成形加工将在航空航天、兵器、核能等国防军工领域的难加工材料、形状复杂的批量生产零件的加工中获得更广泛的应用，典型应用对象及产品为：管形工件内螺旋面加工、整体叶盘和机匣等复杂构件加工、高品质制孔加工、飞行器大尺寸框梁加工、电解成形加工装备。

大跨度多时间尺度电解加工过程中多场耦合仿真优化技术、加工间隙检测与控制技术、加工过程智能化技术、双极性加工技术、工具数字化设计技术等是促进电解加工技术发展进步的关键技术。

二、未来市场需求及产品

（一）管形工件内螺旋面电解加工

军工领域中枪炮管膛线、石油及天然气行业的螺杆钻具定子、液压行业螺杆泵定子等管形工件，其超长内螺旋面的加工一直是机械加工中的难题。

传统的枪管膛线制造工艺为挤线法，该法生产效率高，但挤线冲头制造困难，而且为了保证挤制膛线时中产生均匀一致的塑性变形，枪管外壁只能采用等径圆钢，挤线以后再按枪管外形尺寸去除多余的金属，因而毛坯材料损耗严重，且校正、电镀、回火等一系列辅助工序较多，生产周期长。

大口径枪管和炮管膛线多在专门的拉线机床上制成。根据膛线数目，往往要分几次才能制成全部膛线，生产效率低，加工质量差，表面粗糙度更难以达到要求。枪炮管膛线电化学加工具有加工表面无缺陷、矩形膛线圆角很小等优点，可提高产品的使用寿命和可靠性。目前，膛线电化学加工工艺已成为枪、炮制造中的重要工艺方法。

传统螺杆泵、螺杆钻具定子内孔的螺旋面是在钢管光滑圆柱体内壁用橡胶压注而成。由于橡胶衬套的厚度不均匀及橡胶性能的局限，工作时存在输出扭矩低、工作性能不稳定、热应力大、寿命短等问题[1]。

给橡胶加上金属骨架，即在金属定子内孔表面加工成与转子相匹配的类梅花瓣形的螺旋曲面，使橡胶衬套成为等壁厚结构，接触表面大，散热性能好，可以减缓橡胶的热老化。但采用传统的数控铣削、机械拉制、精密铸造及外圆滚压内部成形等加工方法，定子难以满足制造要求[2]。

20 世纪末，美国、德国研制成功了等壁厚金属定子内螺旋线电解加工技术。我国于 21 世纪初也研制成功了定子内螺旋曲面的电解加工技术，大幅度提升了螺杆泵、螺杆钻具的使用性能和寿命[3]。

（二）整体叶盘等复杂构件高效精密电解加工

以航空发动机整体叶盘、整流器为代表的核心部件通常都工作在高转速、高压或高温条件下，制造材料多为钛合金或高温耐热合金等难切削材料。另外，其为整体结构且叶片型面复杂，使得制造非常困难，成为生产过程中的关键。

航空发动机压气机整体叶盘等整体构件加工通常包括叶栅通道的高效电化学预加工和叶片型面的电化学精加工[4-6]。叶栅通道预加工的主要方法包括扭转套料加工[5,7]、管电极多通道加工[7]、径向旋转式加工[8]等形式。针对叶片型面精加工，近年来发展了一种新型的脉动态电解加工方法[9,10]，是将工具振动和脉冲给电加以优化耦合，在工件被加工部位接近工具时通电加工，远离时断电。阳极溶解始终发生在间隙变小时，间隙拉大时，电解液流阻减小，因而加工产物能够及时运离加工间隙。脉动态电解加工以脉动态加工和准平衡态取代常规电解加工的连续加工和平衡态，因此具有产物积累少、过渡过程短、建模精度高等有利于实现高精度加工的特点，能够实现整体叶盘复杂叶片型面的终成形加工。基于脉动态电解加工原理，目前已研制出系列脉动态精密电解加工机床，并在航空/航天发动机整体叶盘等核心部件研制中得到重要应用，显著提升了复杂型面的制造精度。

（三）机匣旋印电解加工

以航空发动机机匣为代表的大型薄壁回转体零件是典型的薄壁弱刚性零件，其直径通常在 600mm 以上，壁厚薄至 1mm，外表面分布大量凸台、栅格等复杂结构，材料多为高温合金、钛合金等难切削材料，毛坯一般采用整体锻件，从毛坯到最终零件加工成形，材料的去除率高达 80%以上。采用常规切削加工或化学铣削加工，存在加工效率低、成本高，加工易变形、壁厚精度差等问题[11]。

旋印电解加工技术采用具有镂空窗口的回转体电极作为阴极工具，通过工件与工具的精确同步对转以及工具的进给运动实现阳极工件的逐层均匀溶解，从而在工件表面一次性加工出不同形状、不同高度的复杂凹凸结构。该方法将材料逐层均匀溶解，能够精确控制加工壁厚，且材料内部残余应力得到缓慢均匀释放，能够减缓加工变形发生；此外，加工过程中无需更换电极就可实现全型面加工，加工表面光滑连续，无“出水痕”“接刀痕”，无需后续去除[12,13]。

旋印电解加工能够用于柱面、锥面以及内表面等各类具有复杂结构特征机匣零件的高效精密加工[14-16]，对于大型薄壁零件的加工变形和精度控制有着显著优势。目前已研制出高性能的旋印电解加工机床，能够满足最大直径 1.2m、高 1.2m 大型机匣的加工需求，在航空发动机外涵机匣、加力筒体机匣、燃烧室机匣等零件的研制和生产中具有较高的实用价值。

（四）电解高品质制孔加工

先进高性能航空发动机热端部件采用的复杂冷却通道结构，如复杂空心叶片结构密集气膜冷却孔，多孔层板火焰筒、冷气导管，飞机消声器、碎片护罩、燃油滤网等零件上的群孔，提出的高品质要求，已经超出了传统加工技术的能力[17,18]。

基于电化学阳极溶解的电液束加工及型管电极电化学加工表面质量好，具有无再铸层、无微裂纹、无热影响区等技术优势，保证了加工小孔表面质量，国内已在多个型号的高推比发动机单晶材料工作叶片气膜孔加工中应用[19,20]。

（五）飞行器大尺寸框梁电解加工

随着飞行性能、可靠性、服役寿命等要求的不断提高，先进航空、航天飞行器在设计中对承力零部件的强度、刚度、韧性、耐蚀性提出了苛刻要求，在承力结构上采用整体化、轻量化结构，如飞机整体框梁、整体壁板等。这类构件材料多为钛合金，具有外形尺寸大、形状复杂、加工去除比高等特点，且出现了较多的遮蔽型腔、变角度直纹面等结构，常规加工技术在材料去除效率、加工成本控制及局部加工可达性方面出现较大困难[21]。采用电解成形加工、电解铣削等技术实现具有筋、肋、腔、面复合结构的大型实体框梁构件的高效率、低成本加工，具有重大的应用价值。

（六）电解铣削加工

传统拷贝式电解加工方法已广泛应用于航空航天等领域关键零部件的制造。然而，航空航天等领域新产品的外形结构变化多样，使拷贝式电解加工工艺设计周期难以满足零部件加工的柔性化需求。

采用形状简单的工具，通过空间运动实现复杂型面制造的电解铣削加工，已成为柔性化高效电解加工技术的重要发展方向，在大型整体构件加工、3D 打印复杂支撑结构去除、沟槽加工等复杂结构柔性化高效加工领域具有重要的应用前景，成为电解加工技术研究的热点[22]。

（七）机器人电解加工

传统电解加工以电解加工机床为作业载体，广泛应用于炮管膛线、叶片、机匣等难加工零件的制造[23]。然而，随着航空航天等领域对极端制造技术需求日益旺盛，以电解加工机床为作业单元的传统电解加工技术难以满足极大、复杂构件的柔性化、低成本加工，限制了电解加工在极端制造领域的发展。

近年来，随着智能机器人技术的快速发展，具有高灵活性、高易用性和高度智能化等特点的机器人已广泛应用于焊接、打磨、装配、铣削等金属加工领域。利用电解加工在难加工材料领域独特的加工优势，结合机器人灵活、易用和智能的特点，机器人电解加工技术有望解决大尺寸、复杂、难加工材料构件的柔性化高效加工难题，并摆脱传统大尺寸、复杂零件电解加工设备庞大和昂贵的现状，应用于大型整体构件减薄加工、大型零件表面微细加工，以及难加工材料高效打磨、抛光等领域[24]。

（八）电解成形加工通用装备

随着市场对难加工材料高效率、大批量、低成本生产的不断追求，电解加工工艺受到广泛关注，市场需要多种工艺方式的电解加工机床。以往的电解加工机床，基本上以某个零件的专用生产机床形式出现，通用性相对弱，不利于多种工件电解加工工艺的实现。

现代机床装备制造技术的提高，以及数控技术的高度灵活、高度集成，使得制造具有较高通用性的电解加工机床成为可能。如：深孔加工机床、群孔加工机床、自动更换阴极工具机床、振动进给机床、射流机床、照相电解机床、螺旋线加工机床、切割加工机床[25]等。不同种类的机床，配备特有的电解工艺装置及控制系统，将降低或者免去使用者进行工艺开发的要求，利于电解加工机床的普及。

装备集成生产线，是当前自动化、高效率生产的一个特点。将电解加工机床与工件自动清洗、自动上下料、在线检测等结合起来，使得电解加工过程以标准化、规模化生产方式得以体现。

三、关键技术

（一）脉动态电解加工过程多场耦合仿真优化技术

1. 现状

电解加工过程受多种物理/化学能场耦合作用的影响，且各能场相互作用关系复杂，目前对电解加工过程物理场建模方法的研究已相对成熟。而脉动态电解加工不仅存在传统电解加工多物理场作用规律复杂的问题，还存在大跨度多时间尺度溶解特性—高频脉冲电流的通断、小间隙加工/大间隙冲刷的转换、温度和气泡等物理化学特性的演变，以及加工状态的转变，使对电解加工溶解过程的匹配控制变得困难，导致针对新材料新结构零件的制造，往往需要大量的工艺试验才能优选出加工参数，大幅增加工艺研发成本和研发周期[26,27]。

此外，脉动态电解加工具有大跨度、多时间尺度溶解特性，多时间尺度溶解过程的集成化仿真建模时间步长的确定变得困难，时间步长过长将会丢失对微时间尺度溶解过程的描述从而影响仿真精度，而时间步长过短将会导致仿真计算量巨大而难以进行。对于解决多时间尺度溶解过程仿真建模计算量大的问题，国内外学者开展了相关研究工作，并取得了一定的成果[28]，但都基于一定的简化条件，缺乏对脉动态电解加工多时间尺度溶解过程的全面精确描述，也尚未构建宏微时间尺度溶解过程的作用机制，难以有效揭示多时间尺度加工参数的匹配规律。

2. 挑战

1）脉冲电流效应对微时间尺度电化学溶解特性的改善机制。由于脉冲电流效应的作用属于微时间尺度脉动过程，应用稳恒电流场理论来对电化学溶解过程进行分析存在不足，且现有的多相流体力学理论对脉动压力波微时间尺度扰动的描述存在困难。因此，需要在可观测的科学实验与仿真分析的基础上，借助电极过程动力学、双电层理论、计算流体力学等相关理论，建立脉冲参数与电化学溶解特性的影响关系模型，阐明脉冲电流效应对微时间尺度电化学溶解特性的改善机制，实现脉动态电解加工微时间尺度电化学溶解特性的精确描述。

2）脉动态电化学溶解过程状态化建模方法。由于脉动态电解加工中脉冲电流、阴极振动以及加工时间等工艺参数具有大跨度、多时间尺度的特征，在加工中进行动态仿真求解时，需采用比最小时间尺度短的时间步长进行求解计算，这大幅增加了仿真计算量，导致运用仿真计算方法实现加工参数的匹配优化变得困难。研究大跨度、多时间尺度电化学溶解过程状态化建模方法，对电化学溶解过程进行状态化分类与求解，解决脉动态电解加工过程中宏微时间尺度的高效集成化仿真求解问题，实现对脉动态电解加工成形过程的准确预测。

3. 目标

1）预计到2030年，明确脉动态电解加工过程中各因素之间的相互作用关系，建立电场、流场、温度场以及随电流密度变化的极间电位等多场耦合作用模型[29]，以脉冲电流效应对电化学溶解特性的微时间尺度改善机理为基础，建立脉冲电流参数与电化学微时间尺度溶解特性的影响关系；耦合阴极振动过程，探究阴极振动与脉冲电流效应两种时间尺度耦合作用机理，建立脉冲电流与阴极振动参数的匹配关系。

2）预计到2035年，解决脉动态电解加工过程的高效集成化仿真求解问题，实现脉动态电解加工成形过程的仿真、阳极型面的预测和阴极的优化设计，提高电化学加工的精度，缩短准备周期节约研发成本。

（二）电解加工间隙检测与控制技术

1. 现状

电解加工的加工间隙处于电场和流场的共同作用下，是时间和空间的变化函数，且空间极小，因而在加工过程中实时测量非常困难，至今尚无实际应用。目前电解加工的间隙检测技术分为直接采样和间接采样两种。直接采样测量的方法精度高，但加工过程中需多次暂停加工以测量间隙，影响加工效率。目前间接采样多以能够反映间隙变化的参数为检测对象，如电压、电流和电导率等[30-32]。

2. 挑战

（1）加工电流与加工间隙的关系　通过对电参数的检测间接控制加工间隙，把加工电流作为研究参数，用最小二乘多变元线性拟合法，建立加工电流与加工间隙之间的关系式。

（2）极间固/液界面双电层电容脉冲电化学加工数学模型　建立基于极间固/液界面双电层电容的脉冲电化学加工数学模型，对脉冲频率、占空比、初始间隙与阳极蚀除速度及极间间隙的变化关系进行模拟和仿真。

（3）维持恒定小间隙方法　采用间隙平均电流检测法维持恒定小间隙。通过测量相邻一组平均电流及其方差这两个参数来判断间隙状态，并对进给速度、进给方向进行相应调整，从而精确地维持恒定的小间隙，实现快速稳定的加工。

3. 目标

预计到2035年，应用计算机技术、传感器技术、测试技术、信号处理技术、电源技术等现代技术，解决测控过程中存在的难题，间接实现小间隙检测及驱动控制，减少火花报警故障率，保证生产加工过程的稳定。

（三）电解加工过程智能化技术

1. 现状

目前电解加工的工艺参数大多凭经验选取再进行试验优选，缺乏大数据智能化决策，严重受限于操作者的经验水平，阻碍了电解加工技术的进一步发展。尽管目前针对不同加工场合已经采用了如恒参数控制、间接测量间隙的自适应控制等方法[33-35]，但具有很大的局限性。与此同时，由于缺乏对电解加工过程的智能感知和过程监控，加工过程难以实现自适应控制，使得加工间隙和加工过程难以控制，给加工质量带来很大影响。

2. 挑战

1）加工数据采集和监控。智能加工设备、强大有效的数据采集与控制是实现智能化加工工艺的硬件基础。在此基础上，构建电场、流场、温度场、间隙等多物理场分布实时测量体系，探索基于有限测量数据的电解加工过程中各物理场分布实时变化预测机制，建立基于多源异构数据的物理场分布重构模型，实现电化学加工过程物理场分布实时感知的智能化。

2）加工工艺数据库的建立。规范加工工艺参数标准是实现数据的准确性和普遍适用性的重要保证。据此建立电解加工工艺数据库，是构建电解加工大数据云网络计算平台、实现电化学加工过程的智能化过程控制的基础。由于电解加工是一个多场耦合加工方式，不仅涉及电化学，还与电磁学、流体力学、材料学等有关，这导致其数据量较为庞大。目前已公开的论文只涉及模糊的数据，缺乏关键实用的数据，难以应用于大数据学习。偶尔可见的少量数据，只是某个特定对象的总结。因此，构建全国范围内的电解加工数据库不仅有利于数据互联互用、节约成本，还将为深度学习提供大量数据[36]。

3）加工过程数字孪生和大数据深度学习技术。由于电解加工过程涉及多场耦合，其物理场相关数据具有多源异构特点，采用传统的数学模型，难以进行准确的学习预测。基于数字孪生技术和大数据深度学习技术[37]，可建立加工结果和加工条件之间有关精度、效率、经济性等定量化的理论模型，为电解自适应加工奠定理论基础。

3. 目标

预计到2035年，构建出多物理场分布实时测量体系，建立基于多源异构数据的物理场分布重构模型，实现电解加工过程物理场分布实时感知的智能化，并结合数字孪生和大数据深度学习技术，建立电化学加工过程虚实同步、虚实交互平台，实现电解加工质量控制、工艺参数匹配、加工过程优化等预测、预警的智能化。

（四）电解加工工具数字化设计技术

1. 现状

成形电解加工中，工件阳极的成形主要取决于工具阴极的形状，因此工具阴极型面设计与修正是决定电解加工精度的核心环节。电解加工为非接触式加工，工具阴极与工件阳极之间存在加工间隙，该间隙的大小与分布受电场、流场、电化学场等多种物理场影响，精确预测间隙极其困难，因此工程上通常采用 $\cos\theta$、反拷等方法获得工具阴极的近似形状，再通过试验修正最终获得工具阴极形状。阴极修正过程中，需要根据实际加工的试件误差来修正阴极形状，通常要经历多次试验、测量与修正才能使阴极形状趋近于理想阴极形状，加工工件满足设计要求，整个过程周期长、成本高。

2. 挑战

1）工具阴极快速精确修正方法。电解加工中，阳极型面不同区域的 θ 角、电场、流场状态不同，其金属的溶解状态、溶解速度也不同，因此对不同加工区域进行阴极修正时，加工误差的修正系数也不同。需进一步探索工具阴极修正方法，快速准确获得加工误差的修正系数，提升阴极修正效率。

2）工具阴极数字化设计软件。电解加工过程受加工材料、型面结构、流场形式等众多参数影响，其工具阴极设计过程十分复杂，设计周期长。针对叶片等复杂型面的工具阴极设计，目前尚缺乏成熟的数字化设计软件，需综合考虑电解加工多方面影响的因素，开发相应的数字化设计软件系统，能够实现复杂型面工具阴极的快速精确设计。

3. 目标

1）预计到 2030 年，形成复杂型面电解加工高效精确工具阴极数字化设计方法。

2）预计到 2035 年，建立完善的工具阴极数字化设计软件平台，缩短工具阴极设计周期，提升工具阴极设计精度，为高效精密电解加工提供理论和技术基础。

四、技术路线图

电解成形加工技术路线图如图 4-1 所示。

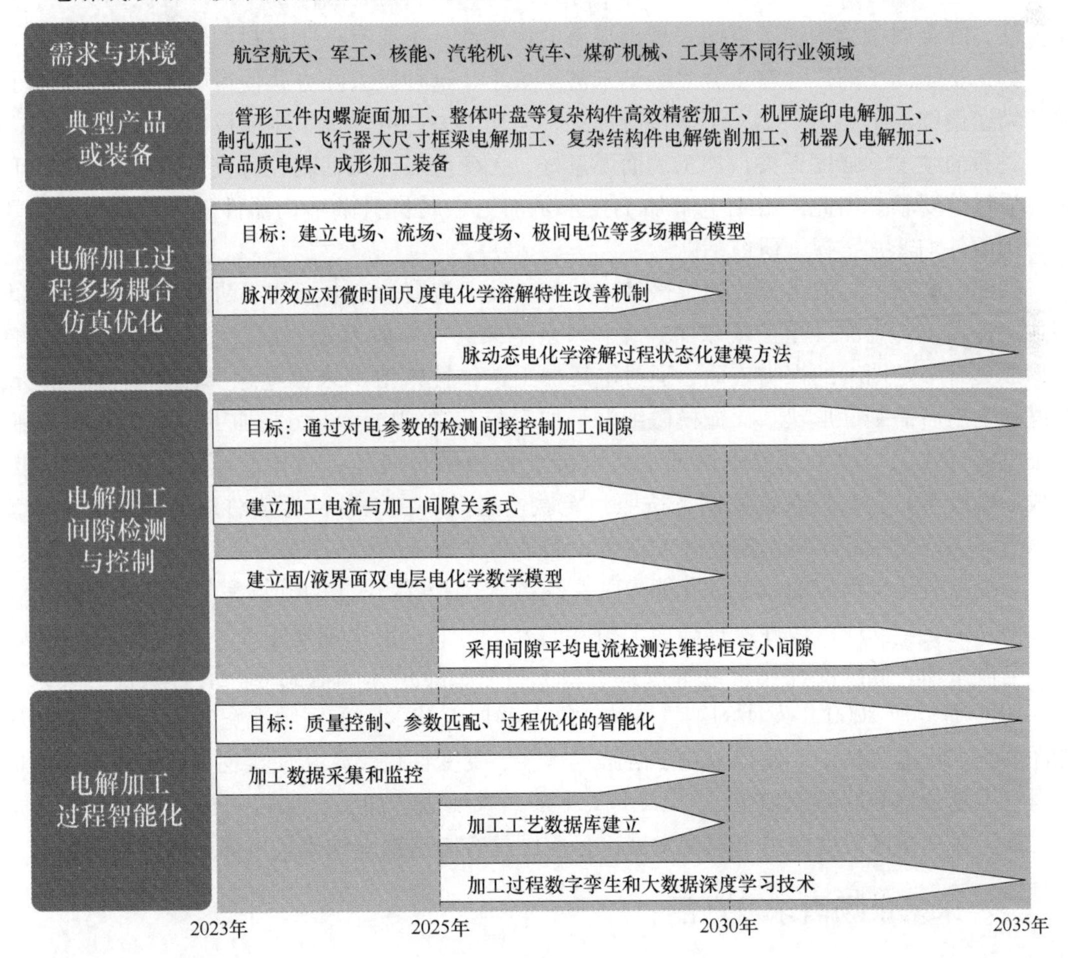

图 4-1　电解成形加工技术路线图

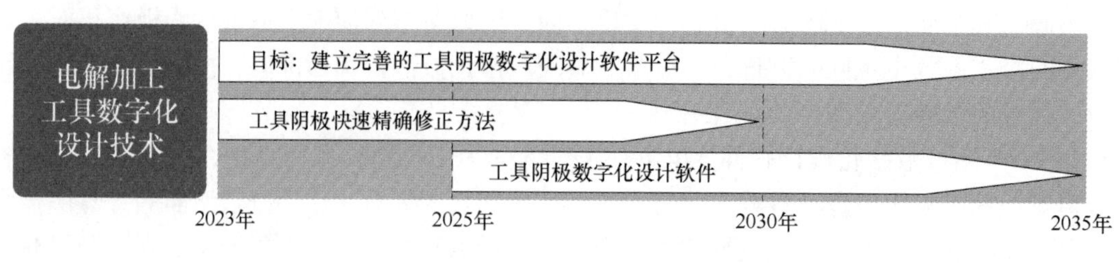

图 4-1 电解成形加工技术路线图（续）

第三节 微细电解加工技术

一、概述

微细电解加工是基于电化学阳极溶解原理对金属材料进行去除加工的一种微细电化学加工方法，在金属微结构加工方面表现出显著的优越性，主要有：①材料的转移是以离子尺度进行的，金属离子的尺寸在十分之一纳米甚至更小，这种微去除方式使得电化学加工具有很强的精密微细加工能力。②属于非接触加工，无切削力，可以加工刚度极低的微结构；③与加工材料的硬度、强度无关，加工表面质量好、无变质层、无毛刺，可直接满足零件苛刻的表面质量等要求。因此，微细电解加工技术是加工金属材料微结构器件的一种理想加工手段，国内外均非常重视，研究活跃。

微细电解加工一般可分为掩模微细电解加工及无掩模微细电解加工两大类。掩模微细电解加工是在工件表面（单面或双面）覆盖一层绝缘层（一般为光刻胶），经过刻蚀后，工件上形成具有一定图案的裸露表面，通过电解加工选择性地溶解未被绝缘层保护的裸露部分，最终加工出所需工件形状。无掩模微细电解加工包括微细电解线切割加工、微细电解铣削、微细电解打孔等，加工过程中微细工具电极（如微细金属丝、微棒状电极、微球头电极、微成形电极等）在数控系统控制下按照一定轨迹运动，在纳秒甚至皮秒级的超短脉冲电流作用下，工件发生高定域性的电化学溶解，制造出金属微纳结构件。

为提高电化学反应的定域蚀除能力，实现微米/纳米级尺寸的分辨率，研究人员提出了许多增强电化学反应定域性、提高加工精度的方法，如：电极侧壁绝缘、双极性工具电极、工具电极振动、低浓度钝化型电解液、小加工间隙、高频脉冲电流等。最为瞩目的成果是德国MPG 研究所 2000 年发明的纳秒脉冲微细电解加工技术，采用脉冲宽度为纳秒级的超短脉冲电流进行电解加工，使得电化学溶解定域性、突变性提高，从而实现了数十微米尺度的金属三维复杂型腔的微细加工[38]。二十余年来，微细电解加工已取得了长足进展，最小加工尺度正在从微米尺度向纳米尺度发展，目前已具有制造数十纳米尺度简单微结构的能力。

二、未来市场需求及产品

微纳结构制造任务有两类：①整体尺寸微小的零件；②局部具有微纳结构的零件。微细电解加工由于其独特的加工原理和特性非常适合金属微结构零件的制造。特别是航空 MEMS

产品和国防尖端武器装备中对加工表面质量有特殊要求（无变质层、无应力、无毛刺）的微结构的精密加工任务，微细电解加工技术大有用武之地。例如：磁驱动器、微马达和微型电涡流传感器中的微平面线圈、微减速器、微流量计和微齿轮泵中的关键结构部件——微齿轮、新型航空机载挠性加速度计的核心部件——金属挠性敏感元件、高端柴油发动机喷油嘴、化纤喷丝板、打印机喷墨头等零件上的微孔、光学器件、微型散热器、细胞过滤器和生物医学研究用的微结构模具，微型飞行器中的推进、传动、操纵等单元部件、微型换热器、蒸发器、微型热泵、微型反应器、微型吸收器等。

需要特别说明的是，随着航空机载设备多功能化、微型化、飞机结构智能化以及无人机、微型飞行器的发展，未来航空机载设备和武器系统将更加依赖高集成度的封装器件，并将广泛采用可以执行各种功能的微系统器件来改善其性能，实现轻量化、小型化、精确化。微系统在航空领域有潜力的代表性应用包括：微感知与微控制装置，微惯性测量装置，微型飞行器，射频 MEMS 和微光机电系统。受高温、高压、高载荷等应用条件与环境的限制，这类微系统大量采用金属微型零部件。这些金属微结构件具有鲜明的特征：①零件整体或局部特征尺寸很小，由数微米至数百微米尺度的槽、缝、孔、面等结构组成；②结构形式复杂多样，深宽比或深径比大；③加工质量要求高，极高的尺寸精度要求和苛刻的加工质量要求，有些结构件严格禁止表面产生变质层、微裂纹；④加工材料种类多，涉及耐蚀合金、钛合金、非晶合金等难加工材料。由于加工对象的复杂性、加工要求的苛刻性、材料的难加工性，这些金属微结构的制造极富挑战。

微细电解加工具有非接触、可操控性强、与材料硬度强度无关、无切削力、工具无损耗、加工表面无应力、无变质层等优点，有潜力成为此类微型器件的主要制造手段。

尽管微细电解加工技术已在金属材料微结构加工中展现了显著的优越性和广泛的应用前景，但是目前大部分微细电解加工技术还处于实验室研究阶段，技术成熟度仍在不断提升过程中，更大规模地应用于产品生产还有待时日。在微细电解加工装备方面，国内外仅有为数不多的专用装备已用于生产。例如：美国 IBM 公司开发了喷墨打印阵列微喷孔掩模电解加工专用设备，荷兰飞利浦公司开发了剃须刀网罩电解加工专用设备，南京航空航天大学研发了精密微细电解线切割机床用于航空机载挠性加速度计金属挠性敏感元件的加工。国防武器装备中，高强度、高硬度、高耐蚀性金属微型零部件的大量应用，对微细电解加工专用装备、工艺技术的需求将日益增加。

三、关键技术

（一）超短脉冲电流电源技术

1. 现状

超短脉冲电流电源技术可提高微细电解加工定域性精度和材料蚀除分辨率，是实现微纳米尺度微细电解加工的关键技术之一。可控最小脉宽是影响定域性精度的最重要的评价指标。近年来，研究人员对于超短脉冲电流电源技术开展了一系列研究工作[39-44]：降低脉冲宽度、提高脉冲输出频率；提高单脉冲能量的可控性、能量利用率；发展节能型、高效新型脉冲电源。国内研究人员研制出最短脉冲宽度 40~100ns，最大输出电流 1A，最大输出电压 4~10V 的超短脉冲电源。国外研究人员成功研制出最大输出电流 10A，最短脉冲宽度 50ns，最高频率 8MHz 的电源；还开发出电流脉冲宽度为 10~500ns、峰值为 10~120mA 的低成本且可精确调整功率的脉冲电源。近年来，采用新型开关、电路谐振、三极管雪崩导通等新原理[45-47]，国内外研究人员甚至研制出 5~20ns 量级、频率达 MHz 的超短脉冲电流电源，但脉冲可控性和稳定性有待提高。目前，超短脉冲电流电源技术距工业应用还有一定的限制，主要表现在电源输出特性不稳，能量利用率低，关键器件转换时间、功率达不到工业应用要求等。

2. 挑战

1）实现稳定可控的超短脉宽达到 10ns 量级的单脉冲，并保证输出信号的抗干扰、低阻抗、快速无失真输出，达到加工区域内单脉冲能量的精密可控化。

2）实现输出电流密度自适应匹配加工间隙及其内电解液流场，保证作用于工件表面单位面积上的能量分配准确且稳定，以达到兼顾高定域性精度和高加工效率。

3）实现超短和高频脉冲的高能量利用率作用于工件的输出特性，需针对微细电极界面的特性、产物生成及表面状态等特点，引入最新电力电子技术、自适应过程控制技术等，开发出抗干扰强且脉冲能量高效作用于工件的超短超高频脉冲电源。

3. 目标

预计到 2030 年，微细电解加工用超短脉冲电流电源将突破加工微小区域内单脉冲能量的可控化、超短高频脉冲低阻抗高速传输、微纳加工间隙自适应智能控制。

预计到 2035 年，通过新原理新方法及关键器件突破，达到纳米级分辨率去除的高精度微细加工，开发出兼顾加工精度和效率的新型智能超短高频脉冲电源。

（二）微加工间隙内多物理场建模与仿真

1. 现状

微细电解加工区别于常规电解加工的特点是加工间隙小、加工精度高，因此对加工过程中材料的去除控制提出了更高的要求。由于微细电解加工中材料去除受控于加工间隙中多能场相互耦合作用，只有充分掌握加工间隙各个能场的变化规律，才能达到对材料去除的控制。然而微细电解加工间隙小至几微米甚至亚微米，包括电解液流场、加工中沉淀物、气泡以及加工中流过电解液的电流产生的焦耳热等较难直接测量的狭小间隙内能场或介质的状态尚不清晰。计算机模拟技术的发展，为这一难题提供了解决的途径。

建立多物理场数学模型，模拟电解加工成形过程并预测加工间隙参数变化规律，有助于探索电解加工中的材料蚀除机理[48]。国内外学者对此进行了大量研究，建立直接或者间接的物理模型[49-52]，对电解加工间隙多物理场变化规律、耦合作用对加工效果的影响进行研究，如流场+电场模型、热电+热流模型、电场+流场+温度场模型等。

由于微细电解加工过程的复杂性，多场耦合建模和仿真过程中，通常对物理场进行简化，如假设电流线均从阳极等位面指向阴极等位面，液体为一维不可压缩流体，忽略沉淀产物的影响等，简化的多物理场模型与实际电解加工还存在一定的差异，造成仿真预测与实验结果的误差。

2. 挑战

1）建立微细电解加工过程中加工间隙多物理场（包括电场、流场、温度场等）耦合作用模型。研究加工过程中，微间隙内气泡、电解液流速、温度、电导率、加工产物等的分布规律，深刻理解和掌握微小间隙中多物理场作用下电解加工过程中离子迁移、双电层形成和动态演化、极间间隙的分布和演变规律。

2）结合理论分析、模拟仿真及试验验证，进一步研究各个物理场之间的相关作用机理，探索多物理场作用下的协同作用机制，探索加工过程中工件表面电流密度分布和物质输运规律，掌握材料去除与多物理场之间的关系。以提高材料去除率、工件表面加工精度为目标，有效利用多场耦合效应促进微细电解加工。

3）基于工艺数据的材料动态成形演变规律。针对加工过程的复杂性和影响因素的多样性，基于实验提取数据，充分挖掘时间/空间分布的各个物理量之间的关系和相互性规律，对加工过程的未来演化趋势进行仿真预测，掌握微细电解加工动态成形演变规律。

3. 目标

预计到2035年，建立能反映实际加工过程的微细电解加工多物理场耦合作用理论模型，为工件电解加工提供产品成形结果预测，缩短工艺研究周期，提高劳动生产率，辅助微细工具电极设计和实现加工过程数字化。

（三）微细电解加工过程智能控制技术

1. 现状

电解加工间隙决定了加工过程的稳定性和加工精度。由于高频脉冲电流作用电极-电解液界面处于瞬变状态，且界面电化学反应产生的大量电解产物极易滞留在间隙内改变电解液性质，使材料蚀除不稳定，难以达到理想的平衡间隙状态。通过在线检测加工间隙信号，快速识别间隙状态，实现间隙伺服反馈控制，是维持稳定加工间隙的有效思路。但由于微细电解加工中电信号波动大，对间隙大小不灵敏，而现有的传感器体积较大，无法布置在加工间隙内，加工区域外测量的电解液温度、电导率等参数不能反映间隙状态，目前尚无有效的加工间隙/间隙状态信号，加工间隙/间隙状态难以控制。

2. 挑战

1）制备具有绝缘性且高可靠性的薄膜侧壁绝缘新型工具电极，进而集成微传感器到微细新型工具电极端部，这样在提升加工定域性的同时，为实现微细电解加工间隙智能控制开辟了新的技术途径。

2）实现基于集成微传感单元的工具电极进行间隙状态信号在线检测技术，集成MEMS制造技术制作新型工具电极，以期检测间隙附近的电解液性质、电解液流动状态等状态信号，进而映射得到间隙状态。

3）实现加工中电信号、间隙状态信息、多信号融合的加工间隙状态控制技术，基于提取加工中的电参数与微传感器检测间隙状态信号，进而实现加工间隙的智能伺服控制。

3. 目标

预计到2035年，结合计算机技术、传感器技术、测试技术、信号处理技术、电源技术等现代技术的发展，解决微细电解加工间隙状态的检测和控制中存在的难题，并最终实现微细电解加工过程的智能控制。

（四）微加工间隙场域调控技术

1. 现状

微细电解加工的加工间隙在亚微米至数十微米尺度，是新鲜电解液输送、加工产物输运通道。普遍认为，加工间隙特征尺寸越小，空间分布越均匀，加工精度越高。然而，表面张力[53]、比表面积、黏性力等因素明显影响微间隙内传质过程，决定着极限加工能力。近年来，国内外研究人员提出超声辅助、低频振动辅助和电极复合运动等措施来调节微间隙内传质过程：通过电极或工件振动控制间隙内电解液压力的周期性变化，赋能产物快速排出；通过调控脉冲信号上升沿斜率、下降沿幅值限制电场作用范围和固液界面扩散过程，实现亚微米尺度加工间隙的高品质微细加工[54-56]。面向纷繁复杂的微细加工任务，微细电解加工稳定性及加工效率亟待进一步提高，以满足工业化生产需要。

2. 挑战

1）针对高深宽比特征微加工间隙，综合运用类仿生功能表面的固液界面润湿性、张力调控等其他自然科学领域技术成果，实现更高效率的对流传质。

2）针对大面积阵列特征微加工间隙，通过辅助能场等手段，抑制比面积效应的影响，减小加工间隙，提高极限加工特征尺寸。

3）开发工件/工具振动、电极复合运动与超短脉冲供电时空匹配的脉动态加工装置及控制系统，限制能场作用范围，提高材料定向去除能力。

3. 目标

预计到2035年，面向多种加工形式的微细电解加工任务，创新强化传质、电场调控、能场复合、脉动态加工等新方法、新技术，实现更小尺度、更大深宽比的微加工间隙场域调控，提高极限加工能力。

（五）高效微纳电解加工技术

1. 现状

受加工条件、工艺水平等制约，微纳电解加工的效率目前仍然较低。由于对微纳电解加工过程的本质和微观属性的了解还很缺乏，没有完整系统的理论模型来解释整个加工过程，导致工艺探索缺少明确的理论指导；微细电解加工的进给速度仅为每秒零点几微米至几微米[57,58]，是金属微纳结构制造的最大痛点，远不能满足金属微结构的制造效率需求，已成为金属微细结构在高端装备中的拦路虎，迫切需要解决。

2. 挑战

1）微细电解加工采用皮秒、纳秒脉冲电流，每个脉冲周期内工件阳极的电化学溶解时间仅持续数百皮秒至数十纳秒，在这种极短脉冲和极小间隙下，微细电解加工呈现出与传统平衡态电解加工完全不一样的特性，属于非平衡态加工模式，其电极过程以及电极/溶液界面如何演化仍未确定，加工过程中能量的传递、转化、分配机理与规律目前尚不完全明晰。

2）微纳电解加工过程中，加工间隙远小于常规加工的间隙，可减小至数微米甚至数十纳米尺度。微尺度间隙流场下物质的快速输运是微纳电解加工稳定性、加工效率及加工精度的决定性因素。加工间隙由加工过程中涉及的电场、流场、温度场以及反应物等决定，分布规律复杂，并且由于尺度微小、尺寸效应显现，间隙中固液气三相流体的流动状态尚未探索清楚。

3. 目标

预计到2030年，揭示极端工艺条件下材料的电化学溶解机制，建立微尺度空间内物质输运模型，创新出微尺度下合理有效强化传质措施和新型工件液，提高微细电解的加工效率

和加工稳定性。

预计到2035年，研发出不同能量辅助下的微纳电化学复合加工技术，扬长避短，优势互补，最终满足工业产品对加工质量与加工效率的需求。

四、技术路线图

微细电解加工技术路线图如图4-2所示。

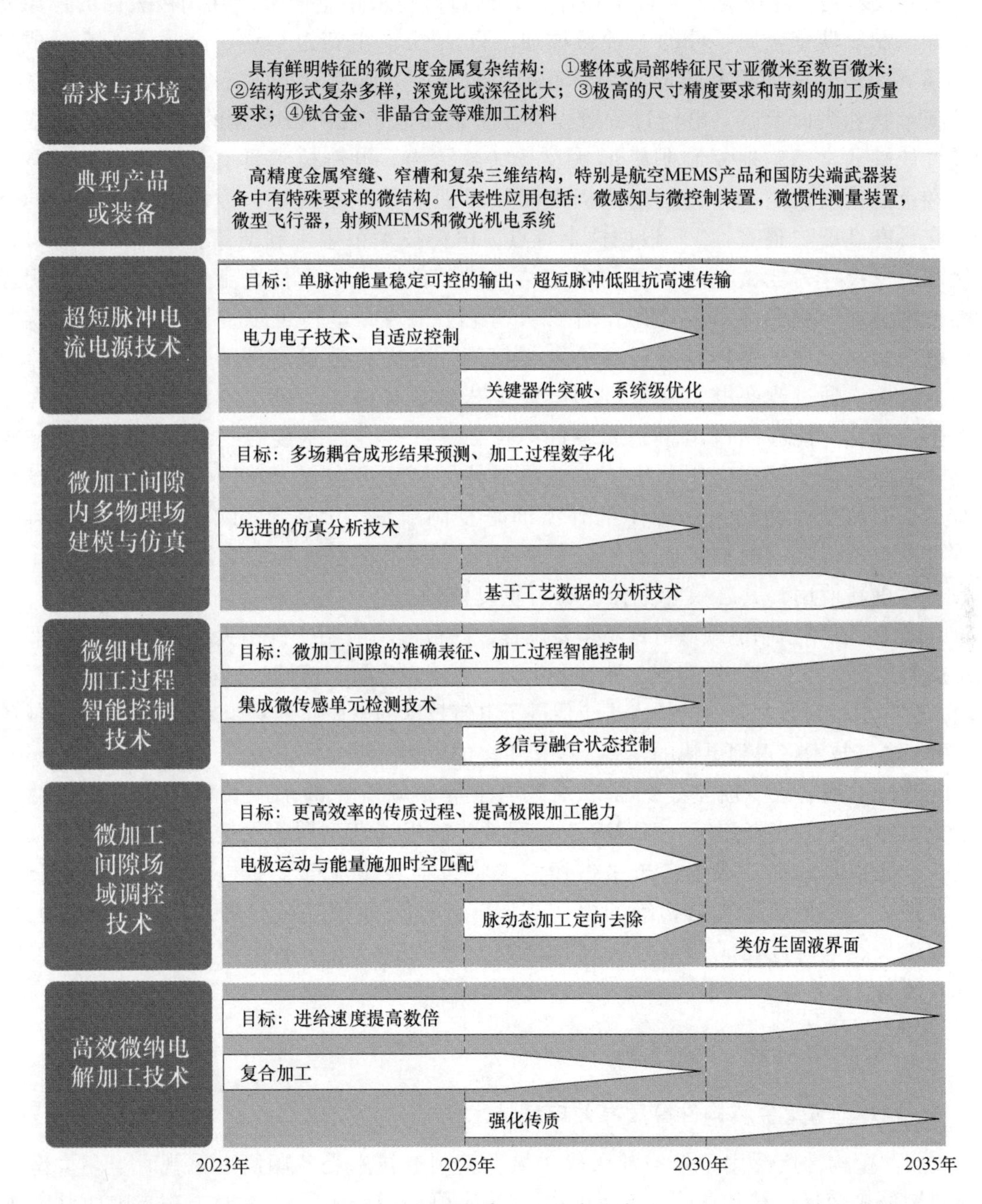

图4-2 微细电解加工技术路线图

第四节　电铸技术

一、概述

电铸技术是基于电化学阴极沉积原理，通过电铸液中金属离子在阴极表面的还原及电结晶来制取薄壁金属零件的一种特种加工方法[59]。电铸过程中，金属离子在预成形的芯模（阴极）表面不断还原沉积，逐渐生长成一定厚度金属材料的同时，复制芯模的几何形状和表面形态。电铸过程可以看作是金属原子在阴极表面的“堆积”，所成形的零件能够非常精确地复制阴极形状及其细微结构。电铸技术具有如下优点：①复制精度和重复精度极高。电铸层与阴极之间从原理上不存在间隙，因而电铸最重要的特征是它具有高度“逼真性”。根据这个特点，电铸技术可用于制造精密的零件，也可以复制和成形尺寸为亚微米及以下的微细结构或零件。大多数情况下，电铸过程对阴极不会产生破坏，阴极可重复使用，所以从理论上来说，电铸可以复制任意数量形状相同的电铸制品，加工零件具有极高的重复精度，可提高批量零件的合格率。②电铸材料性能可控。通过改变电铸液配方和电铸工艺参数等措施，可使电铸制品的性能在很大范围内变化，能够制造出单金属零件、合金零件和金属基复合材料零件，以适应不同场合的应用需求。③应用范围广。电铸制品的尺寸可在很大范围内变化，还可以将很难加工的内型面转化为易加工的外型面来复制成形。④工艺简单、成本相对较低。电铸可以节省传统切削加工时加工余量所带来的材料浪费，而且它的废品还可以作为阳极材料重新使用，其芯模和电铸液也可重复使用。

电铸技术在精密制造领域占据了重要位置，已被成功应用于许多尖端科技产品的制造。电铸技术交叉融合了多学科知识，涉及电化学、流体、化学、机械、材料、力学等多门学科领域，这些学科领域所取得的技术进步促进了电铸技术的发展。随着越来越多精密制造任务的牵引，电铸技术将得到更快的发展，获得更多的应用。

电铸技术是航天、航空、兵器以及微电子等领域重要的加工技术[59-66]，用于液体火箭推力室、X 射线聚焦镜、MEMS 金属元件、破甲弹药型罩等关键零部件以及宏微复杂结构金属模具的加工成形。未来市场需求将包括大型薄壁金属构件、超常精密微细结构器件、三维复杂金属结构等的电铸制造，涉及大面积复杂轮廓高性能电铸层的高效均匀生长、电铸过程成形成性一体化调控、微纳三维结构电化学微增材制造等关键技术与装备。

二、未来市场需求及产品

（一）大型薄壁金属构件高质高效电铸技术

大型薄壁构件广泛用于航空航天等领域，其制造技术受各国高度重视[59-62]。大型薄壁金属构件易变形、结构复杂，对材料的强度、刚性、应力等性能要求高，因而其加工成形困难。尤其当薄壁构件含有复杂内腔结构时，用传统工艺技术几乎无法制造。电铸技术具有可把内型面加工转化为外型面加工的独特优势，原理上可以实现微米级精度和亚纳米级表面粗糙度值、大面积型面的复制加工。通过调节电铸液组分配比和工艺参数，电铸技术可以在成形的同时调控材料的组织结构和性能，制备出高强度纳米晶镍、高延展性细晶铜、优异力学性能纳米孪晶铜、低应力镍钴合金等材质构件。在目前外型面超精密加工日趋成熟的背景下，电铸技术已成为加工成形具有高精度内型面的大型薄壁金属构件的理想工艺。

预计未来电铸制造的高精度内型面金属构件在航空、航天等领域具有重大应用前景。面向市场的具有代表性的产品有液氢液氧或液氧甲烷火箭发动机推力室、空间聚焦望远镜 X 射线反射镜筒、飞机复合材料构件成形模具、核废料存储铜罐、直升机旋翼前缘包片等。

（二）超常微细构件高精度电铸技术

微细尺度（数微米~数毫米）精密金属结构与零件是航空航天、微电子、MEMS、精密机械、医疗器械等领域装备与器件中的重要功能载体，它们大都成组、成阵列或大规模地应用。微细电铸在批量化加工成形微细结构与零件方面具有显著优势，是 LIGA、准 LIGA、EFAB 等微细制造技术不可或缺的工艺环节[67,68]。

随着功能器件与产品日益微型化、精细化、高性能化和集成化，未来对宏-介-微跨尺度、凹/凸阵列微结构双面分置、超大高宽/深径比、异质叠层等超常微细电铸产品的需求将更加旺盛，如 5G/6G 电子封装用植球模板、3D 印刷模板、超高灵敏度 RFMEMS 电容电极、微型机器人微谐波齿轮、医疗器械微元部件、超结构功能表面等。这些超常微细构件的批量化精密电铸除需解决几何形状一致性低的共性技术难题外，还需解决高深宽比、跨尺度、异质叠层、高精型面等具体制造需求所带来的沉积速度慢、缺陷多、界面分层、精度差等个性化技术难题。因此，亟须开展超常微细构件高精度电铸技术相关方面的研究。

预计未来超常微细构件高精度电铸技术的研究重点主要有几个方面：①高深宽比微细孔/槽空间内液相传质增效机理与方法，实现高深宽比微细构件高质高效电铸；②电-流-电化学等耦合能场宏-介-微跨尺度适配机制，实现跨尺度构件群的高厚度一致性电铸；③成形-成性一体化协同调控机理与机制；④研发电铸过程在线智能监测技术与系统，构建电铸工艺数据库专家系统，以实现超常微细构件成批智能化电铸制造。

（三）三维复杂微细构件电铸微增材制造技术与装备

在光子学、电子学、芯片、生物传感等领域，常用到具有复杂三维结构的器件，采用 LIGA、准 LIGA、EFAB 等技术加工这些三维结构难度大、成本高[69]。

电铸微增材制造技术是通过沉积金属在三维空间内的可控堆积并层层堆叠，可实现无掩模和芯模辅助下复杂微细构件的精密成形，在三维自由微细实体制造方面具有潜在优势[68-72]。电铸微增材制造技术的主要代表方法有电极诱导局域电沉积、射流电沉积、月牙形电解液约束电沉积等。不过，目前大多电铸微增材制造技术仍停留在实验室研究或应用探索阶段，还需在成形精度、表面质量、加工效率等方面开展深入研究，并研制出可靠的制造装备。

预计未来三维复杂微细构件电铸微增材制造技术与装备的发展方向主要体现在以下几个方面：①研发电铸微增材制造过程在线精确调控新方法，提高成形复杂微结构的能力；②增强电铸微增材制造过程中材料的空间定域堆叠能力，进一步提高金属微构件成形精度和质量；③发展电铸微增材制造与其他能场制造技术的复合或组合制造新方法，提高其技术实用性和适用性。

三、关键技术

（一）大型构件高质量高速电铸技术

1. 现状

大型复杂薄壁零件在航空航天以及核工业等领域具有重大需求和应用前景，但目前国内相关电铸技术尚存在成熟零件产能低、许多零件依赖进口等问题。许多在国外已经成熟应用的产品，在国内还不能自主生产，研制工作仍处于起步阶段。

对于具备沉积面积大、壁厚大、结构复杂、材料性能要求高等特征的大型复杂薄壁零件，由于加工周期长、溶液成分和物理场复杂、加工过程不易实时测控等问题，真正实现高质量高效电铸制造的难度很大，亟须探索新原理、新方法、新工艺，充分挖掘电铸技术潜在能力，拓展可应用范围，并用于实际生产。

2. 挑战

1）大壁厚零件的不停机高速电铸。大壁厚零件的电铸制造意味着更长的电铸周期，常规电铸中存在的表面结瘤、麻点和晶粒粗大等缺陷会被加速放大，表面质量更难控制，严重时导致生产终止、零件报废。因此，要实现大壁厚零件的不停机高速电铸，面临在高极限电流密度下始终保持电铸层外表面光滑无缺陷的挑战。

2）复杂轮廓零件的大面积高质量电铸。大型复杂薄壁零件一般同时具备轮廓复杂和沉积面积大的形状特征，一方面电场仿真优化结果与实际电铸层厚度的误差偏大；另一方面将激光辐照、电极运动、超声波扰动、机械摩擦等手段用于大面积电铸的难度大。因此，要实现这类零件的高质量电铸，面临电场均匀性控制和机械物理等辅助手段的均匀施加两大挑战。

3）电铸成形过程中材料性能的调控。电铸过程中，氢夹杂会降低电铸材料性能，较长时间氢吸附将降低沉积层表面质量，大面积和复杂结构特征使得析氢抑制难度更大；合金电铸可以有效拓展电铸材料种类，但需要比单金属电铸更严格的沉积条件。因此，如何在复杂轮廓上消除析氢影响和在长周期电铸中维持合金电铸液成分稳定，仍是大型复杂薄壁零件电铸工艺需要解决的难题。

3. 目标

预计到2030年，研究物理、机械方法与电铸复合技术，彻底消除表面结瘤、麻点等缺陷，提高电铸极限电流密度，并有效保证电铸零件质量和材料性能。

预计到2035年，研究电铸层生长过程的电场优化与控制方法，提高电铸零件壁厚分布均匀性；研究二元乃至多元合金电铸，解决电铸液稳定性问题，增加电铸材料种类，实现大型复杂薄壁零件的高性能、高质量、高速度电铸制造。

（二）微细电铸过程成形-成性一体化协同调控技术

1. 现状

电铸技术具有一体化成形-成性的内在优势潜能，但在实际应用中普遍无法协同兼顾两者，绝大多数微细电铸制件仍需进行减薄、磨抛、热处理等后处理操作，其主要原因在于电铸过程工艺多状态参数的在线协同调控基础理论、关键技术和实现手段等还不够完备。当前只能实现对电参数和少数电铸液特性参数进行在线监控，而电沉积速度、电铸层厚度、电铸液组分及其浓度等关键信息仍无法即时获取和在线调控，导致微细电铸制件经常出现厚度超差、厚薄不均、性能不达标、变形失效等问题。而且，相当一部分微细电铸件因受掩模限域、形状特殊、刚性极弱等因素影响，无法用后处理办法来“事后”弥补。这些都是造成微细电铸制件良率低、制造成本高的重要因素。荷兰、日本、美国、德国等国家在一些微细电铸场景中已实现了电铸过程的智能化调控和操作。当前我国仍处于手工操作或半自动化操作的阶段。所以，亟须开展电铸过程成形-成性一体化协同调控技术研究，并研发电铸过程在线监控系统，以实现微细电铸制造的高质、高效、高良率。

2. 挑战

1）电铸过程工艺状态特征参数的实时获取。实时获取电铸过程工艺状态特征参数是实现电铸过程成形-成性一体化协同控制的前提与基础。电铸过程的主要工艺状态特征参数有：金属离子与添加剂浓度、电导率、pH 值、温度、电沉积速度、金属层厚度等。由于电沉积环境受多相态、多物态和多能态的叠加作用，影响因素众多且彼此关联，实时获取电铸过程工艺状态特征参数极具挑战性，需解决在可见性不佳和可触性差的微尺度空间内准确识别与提取特征信息、即时处理数据与信息反馈等一系列难题。

2）工艺条件特征参数-组织结构-电铸制件性能间映射关系数据库的构建。电铸工艺条件特征参数、材料组织结构、电铸制件表面质量与性能等三者间有明确的对应联系。电铸过程的成形-成性一体化主动/智能调控赖于上述映射关系基础数据库的前期构建。但是，迄今为止，包括镍、铜等常用电铸金属在内，表征材-性-形-面间映射关系的基础电铸工艺数据还十分欠缺。要突破这一困境，需综合利用现代电化学分析与测试、大数据、人工智能等开展系统化研究，建成工艺数据库专家系统。

3）电铸过程智能化调控。当前，我国绝大部分电铸生产活动仍基于经验信息和人工/半自动化操作来开展，工艺过程核心信息如添加剂浓度、电沉积速度、金属层厚度等仍无法有效在线获取。未来亟须开展电铸工艺状态特征信息在线获取、工艺数据库专家系统构建、智能微细电铸装备研制等挑战性研究工作。

3. 目标

预计到 2030 年，建立电铸过程工艺条件特征参数-组织结构-电铸制件功能/性能间映射关系。

预计到 2035 年，掌握电铸过程智能化调控基础理论和关键技术，研发智能微细电铸系统，实现镍、铜、镍钴合金等常用金属微细电铸制造过程的成形-成性一体化协同调控，推进微细电铸技术提质、增速、增效和降本。

（三）三维复杂微细构件电铸微增材制造技术

1. 现状

目前电铸微增材制造技术主要是通过约束局域电场、流场等方式，实现沉积金属在三维空间的可控堆积。然而，这些技术存在工艺过程精确调控难度大、沉积定域性偏低等问题，其成形精度和表面质量还不能满足光子学、电子学、芯片、生物传感等领域中三维复杂微细构件的应用要求。此外，相比于其他微增材制造技术，电铸微增材制造技术因受限于极限电流密度而存在加工效率低的问题。因此，电铸微增材制造技术亟须探索新方法与新工艺，才能充分释放其优势潜能。

2. 挑战

1）电铸微增材制造工艺过程的精准调控。电铸微增材制造过程必须实时准确地判断沉积位置，并严格按照设定路径进行金属堆积，这是电铸微增材制造能够精密成形三维复杂结构的前提和关键。然而，目前大部分电铸微增材制造技术并不能实现成形过程的精准调控，亟须探索新原理与新方法，通过光、电等信号并利用实时测控技术手段实现制造过程的精确控制，提高精密成形复杂结构的能力。

2）电铸微增材制造中沉积定域性的提升。沉积定域性直接影响电铸微增材制造过程中金属结构的成形精度和质量。目前大多电铸微增材制造技术因电场或离子浓度场的分布不均匀，成形过程存在严重的杂散沉积，导致成形结构精度和表面质量较差。因此，电铸微增材制造技术的发展亟须创新电极形状设计方法、金属离子分布控制方式等来进一步提高沉积定域性。

3）电铸微增材制造加工效率的提高。电铸微增材制造金属沉积速度由金属离子还原沉积的速度决定，受沉积微区空间限制，低极限电流密度导致电铸微增材制造技术加工效率较低。通过增大电铸液流动速度提高极限电流密度可行性较低，亟须探索加速沉积区的金属离子迁移与电子交换速度的技术措施。

3. 目标

预计到2030年，形成电铸微增材制造技术过程精准调控方法，提高成形复杂微结构的能力；掌握电铸微增材制造过程定域性增强机制，进一步提高金属微细构件成形精度和质量。

预计到2035年，掌握电铸微增材制造多参数协同调控机制，研发液流定域定向高效供给与产物快速运离新方法，提高微细构件成形速度和质量，最终为高精度、高质量三维复杂金属微细构件的快速电铸微增材制造奠定基础。

四、技术路线图

电铸技术路线图如图4-3所示。

需求与环境	电铸技术作为一种基于阴极离子沉积原理的增材制造技术，具有成形精度高、材料性能可控等特点，在精密制造领域占据了重要位置，是航空航天、兵器以及微电子等领域中大型薄壁金属构件、超常精/微结构金属器件、空间三维金属微结构等重要的加工技术
典型产品或装备	液氢液氧或液氧甲烷火箭发动机推力室、空间聚焦望远镜X射线反射镜筒、飞机复合材料构件成形模具、核废料存储铜罐、直升机旋翼前缘包片、5G/6G电子封装用植球模板、3D印刷模板、超高灵敏度RFMEMS电容电极、微型机器人微谐波齿轮、医疗器械微元部件、超结构功能表面、光子晶体波导、波纹喇叭天线、芯片电互连、金属阵列电极等

图4-3 电铸技术路线图

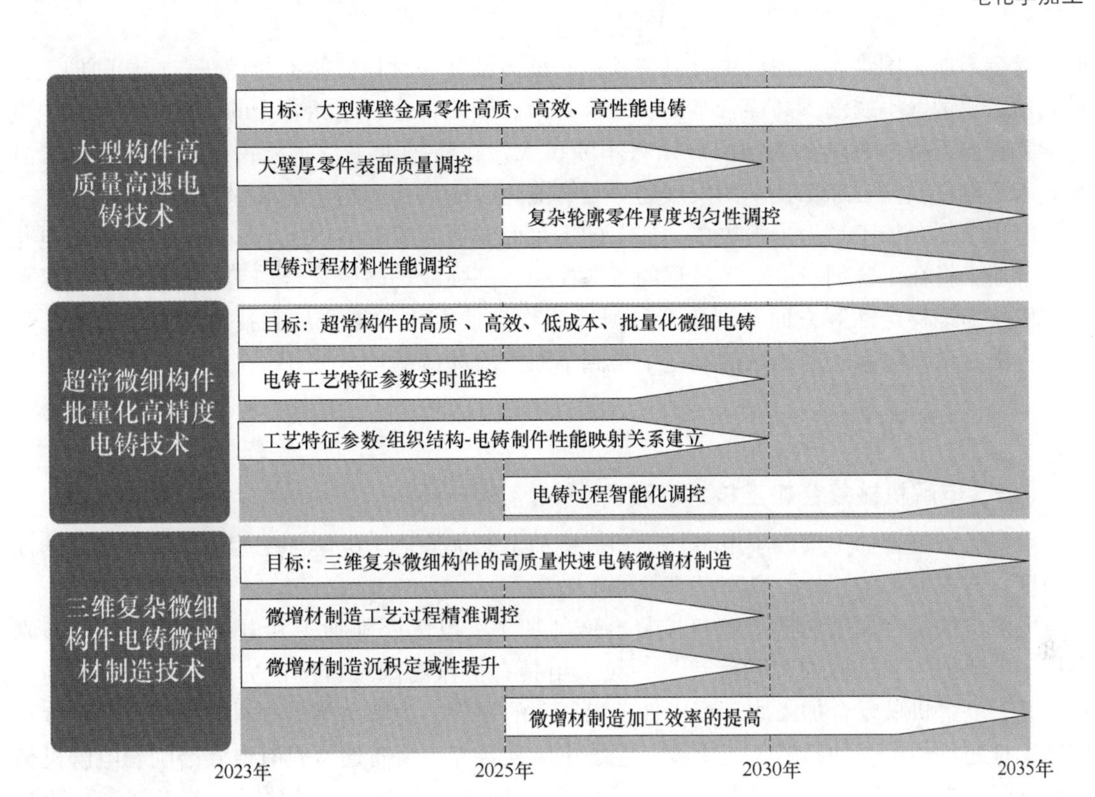

图 4-3　电铸技术路线图（续）

第五节　电化学复合加工技术

一、概述

电化学复合加工是指利用电化学与其他加工方法相结合的加工技术，如电解机械复合加工、电解电火花复合加工、电解超声复合加工、激光电化学复合加工和电化学磁粒光整加工等。电化学复合加工由于存在两种或两种以上加工作用的复合及耦合，优势互补、相辅相成，增强了加工能力，扩大了加工范围，可以实现高质量、高效率、低成本的加工要求。航空航天和兵器工业是电化学加工的主要应用领域，有理由期望电化学复合加工技术在这两个领域中的应用越来越多，地位越来越重要。

先进飞行器的发展是关系国家安全和国民经济发展的重大国家战略需求。以高超声速飞行器、重载火箭、航空航天发动机为代表的先进装备大量采用轻量化、整体化、功能化薄壁构件，如神舟轨道舱与返回舱钛合金过渡框、运载火箭铝合金整体箱底、航天发动机高温合金诱导轮、航空发动机钛铝金属间化合物高压压气机静子叶片等重要部件。以新一代登月航天器、嫦娥系列卫星与火星探测器为代表的航天器，其主体构件已经从铆接结构演化为整体薄壁结构，突显出“大尺寸、高精度、弱刚性、复杂曲面、材料去除量大”的制造特征。石油采掘行业提出用金属定子代替螺杆泵传统的橡胶定子，金属定子内螺旋线材料硬度高、形状复杂、加工困难。在现代模具制造领域，型面精度和材料性能不断提高，难切削加工材料如预脆硬钢、不锈钢、高镍合金钢、粉末合金、硬质合金、超塑合金的比重日趋加大。电化学复合加工技术在以上领域的应用将不断扩大，在特种加工技术所占的比例也会越来越大。未来电化学复合加工技术的发展趋势是智能化、高效化、精密化和绿色化。

电化学复合加工是为了解决单一加工的不足而发展起来的一门工艺技术，预计今后电化学复合加工将在工艺创新、加工过程的智能控制、高强能场高效复合加工、微精加工、绿色制造以及加工稳定性等方面开展创造性研究工作，使电化学复合加工技术在航空航天、机械、电子、微机电系统等领域的制造中得到不断发展和应用。

二、未来市场需求及产品

（一）电解机械复合加工技术及装备

电解机械复合加工集成了电解加工和机械加工的优势，与电解加工相比，具有更高的加工精度；与机械加工相比，具有更高的加工效率。

电解机械复合加工包括电解机械复合铣削加工、电解磨削加工和电解研磨等[73,74]，它集成了电解加工和机械加工的优势，一般采用具有机械磨削或铣削能力的复合阴极作为工具，基于电解机械复合加工原理可以加工出复杂的零件，为解决难切削材料加工及弱刚度结构加工难题提供了一种新的工艺手段。电解机械复合加工装备通常具有电解磨削、电解机械复合铣削、电解镗削、电解铣削和电解钻削等复合加工功能，可以对同一个工件进行粗加工、精加工和抛光加工，可以提高加工效率和加工精度。电解机械复合光整加工设备简单、成本低，吸收了机械光整加工精度可控和电解加工效率高的优点，能够有效解决难切削加工材料的高效光整加工问题。

预计未来电解机械复合加工技术发展方向主要体现在以下 3 个方面：①通过工具电极的伺服进给控制和电场流场调控，实现对复杂型面、内部型腔等的高效加工，如薄壁弱刚度结构、淬硬钢模具、难切削加工材料复杂结构等；②解决难切削加工材料的高效、高精度加工难题，如硬质合金、磁钢、钛合金及高温合金等；③充分利用智能技术，使电解机械复合加工向智能化方向发展，提高加工过程的自主决策能力和经济性。

（二）电解放电复合加工技术及装备

电解放电复合加工是在电解液中产生放电，在加工区域同时实现电化学溶解及放电蚀除的复合加工过程。它克服了传统电加工只能加工导电材料的局限性，加工对象也可以是非导电硬脆材料。相比于单一加工方法，电解放电复合加工可以在生产率、加工精度以及获得的表面粗糙度值方面取得突破和提升[75-77]。在生产效率上，电解放电复合加工比单一电火花加工高 5~8 倍，较电解加工高约 2 倍；其加工精度比电解加工精度高，与电火花加工精度接近；复合加工的表面粗糙度值明显低于电火花加工的表面粗糙度值。

预计未来电解放电复合加工技术发展方向主要体现在以下几个方面：①进一步丰富电解放电的耦合方式，优化其协同效应，开发基于电解放电复合原理的新加工技术；②揭示不同材料去除机制，解耦复合过程，实现精确区分、调控电解和放电效应所占的比例，实现加工性能的提升；③建立系统输入（材料、制造参数）与输出（性能）的映射关系，构建可精确预测、控制材料去除效率和表面粗糙度值的加工过程理论或经验模型；④开发伺服进给控制系统，实现定域定量定式加工调控；⑤借助人工智能（AI）技术，开发面向工业化和智能化的电解放电复合加工机床装备；⑥预计未来电解放电复合加工将用于硬脆非导电材料、半导体等材料的成形加工以及导电材料的深小孔、型孔、型腔、光整等加工。

（三）电解超声复合加工技术及装备

电解超声复合加工将超声频振动与电解加工技术有机复合，加工中，超声频振动产生空化作用，加快材料钝化膜的破碎蚀除和磨料悬浮液的循环更新，促进阳极溶解，提高了加工速度和加工质量，且电解超声复合加工工具阴极的损耗较单一，超声加工的工具损耗要低得多。电解超声复合加工将用于加工各种难加工导电（或半导体）材料，如超硬合金、高温合金、颗粒增强导电陶瓷等特殊材料，在机械、电子及军工产品中具有较大的应用价值和推广应用前景。

电解超声复合加工是在电解加工的同时，阴极（或工件）附加超声频振动，超声振动频率大于16000Hz（或20000Hz），并使加工系统始终处于超声共振状态，通过变幅杆（振幅扩大棒）的振幅放大作用，阴极（或工件）端面的超声振幅，可在几微米到几百微米之间连续调节，利用超声的冲击、涡流、空化等效应，改善与加强电解加工电极间的电化学作用环境。电解超声复合加工由于间隙的超声频变化及磨粒的接触阻碍作用，加工稳定性大为提高，同时利于消除钝化并减小电极的极化，促进电解产物排除及电解液的循环更新，均匀极间流场，提高电解加工过程的稳定性及产物去除的非线性，因此电解超声复合加工可采用更小的加工间隙、更高的进给速度、更低的电参数，减小或消除单一超声和单一电解加工方式的局限性，提高加工复制精度和加工效率，并降低表面粗糙度值。

预计未来电解超声复合加工技术的发展方向主要体现在以下几个方面：①在原电解超声加工技术方案基础上增加旋转超声、多维超声技术，增强加工间隙中超声及电解作用效应，提高加工效率和加工精度；②通过工具电极的运动，实现复杂曲面的电解超声复合加工；③超声加工及高频脉动电解加工有效耦合，减小加工间隙，进一步提高加工精度和加工质量。

（四）电化学激光复合加工技术及装备

电化学激光复合加工通过在电化学加工体系中引入激光能量场，利用激光所具有的高能量密度、高空间分辨率改变辐照区域的材料电化学溶解特性，提升电解液局部温度，强化电极反应界面的物质输运效率，提高电化学反应速度和定域性，从而提高电化学加工的速率和精度[78]。

激光辅助/诱导电沉积是将微米尺度激光束作用于电沉积区域，在微米尺寸上进行无掩膜三维电化学增材制造，在电路沉积、电路修复、微电子器件连接、柔性电路沉积、表面局部金属沉积、功能器件制造等方面具有很好的应用价值[79,80]。激光辅助/诱导电解加工是电化学加工与激光掩膜技术的结合，利用激光改性技术在工件材料表面形成掩膜层（改性层），在电化学加工过程中对材料基体起保护作用[81]。有掩膜保护层的工件表面金属溶解缓慢或不溶解，而没有掩膜保护层区域快速发生电化学腐蚀，从而提高加工定域性，降低杂散腐蚀，规避电化学加工中微细电极制作，无须利用光刻等工艺制作掩膜，降低加工成本，提高加工效率和质量。该技术在电子、机械、航空领域小尺寸元件制作，以及高硬脆性材料蚀刻加工方面发挥了重要作用。

激光电解复合加工是把激光能场作用于阳极，通过激光加工和电解加工高效定域去除材料，利用激光诱导热、力、电化学效应加速电解加工效率，同时电解加工可去除激光加工表面热损伤，实现难加工材料的高表面质量、高效率精密加工[82]。该技术在航空航天、军工、高端装备等领域难切削材料的高效高质加工方面具有独特优势。需针对实际工程应用需求，研发专用/通用电化学激光复合加工工艺装备，提升工艺的可靠性及技术成熟度，进一步促进电化学激光复合制造技术创新和理论深入研究。

预计未来电化学激光复合加工技术发展主要体现在以下几个方面：①研发激光与电化学能量场高效稳定耦合模式，提高材料去除的定域调控能力，形成新型电化学激光复合加工技术；②揭示不同材料的去除机制，在宏观和微观层面解释激光辐照对电极反应过程的影响机理，实现对材料加工方式的预测和调控；③利用人工智能、机器学习、数字孪生等方法，优化工艺参数，实现加工过程的自适应精密控制；④与激光增材制造技术相结合，实现对成形复杂金属构件的定域处理；⑤预计未来电化学激光复合加工将应用于难加工材料的深小孔、表面微细三维结构、抛光等的加工。

三、关键技术

（一）匹配多能场效应的复合脉冲电源技术

1. 现状

试验研究及工程应用表明，电解加工采用高频窄脉冲电流，可在其间隙中产生特殊的物理化学作用，其加工比一般直流电解加工及低频脉冲电流电解加工，在复制精度、重复精度、表面质量、加工效率、加工过程的稳定性等方面都有显著提高。高频窄脉冲电源也可应用到各种电化学复合加工机床，对于提高加工精度、表面质量和生产效率都有显著效果。

另一方面，电化学复合加工为实现多能场效果的匹配，对电源提出了更高的要求。电解放电复合加工需要可同时实现放电与精密电解作用的复合脉冲电源。一些加工中需设计特殊电源，使电化学作用与其他加工能量场复合同步，以提高复合加工的技术经济指标，满足工程应用的需要。

2. 挑战

随着电化学复合加工技术的发展，对电源的复合性能指标及智能化要求越来越高。传统电化学加工电源多针对电化学加工研制，很难充分发挥多能场耦合/复合效应。因此，电化学复合加工电源的研制须与时俱进，利用新一代智能控制、电力电子和信息技术，将能够发挥不同能场效应的各种电源功能复合于一体，开发面向复合加工的各种特殊及复合功能电源。

3. 目标

预计到2035年，利用最新的控制、电子、信息及智能技术，研制具有可编程和加工过程自适应性、可匹配各种能场效应的复合型脉冲电源，以满足电化学复合加工的要求。

（二）电化学复合加工工具技术

1. 现状

电化学加工中，工具不会产生损耗。但在电化学复合加工过程中，为了实现各种能量场的协同配合，提高加工质量和效率，工具电极通常会出现损耗，因此复合加工的工具技术是电化学复合加工的关键技术之一。

电化学机械复合加工是在数控加工的基础上融入电化学加工的复合加工方式，可以实现难切削加工材料的高效加工，其加工过程会出现工具损耗，影响加工精度和表面质量。电化学超声复合加工主要以电化学作用蚀除材料，超声振动破坏工件表面的钝化膜及促进电解液更新，加工过程中同样会产生工具阴极的局部磨损。为降低工具损耗，合理选取加工参数，创新阴极结构非常重要。

电解电火花复合加工中，电解作用使得阴极产生氢气并形成阻隔电流的气泡层，当电场强度超过气泡层耐电压强度时，气泡层被击穿，使间隙局部的液相物质气化并击穿放电。电解电火花复合加工在不同部位同时发生电火花熔蚀、电化学溶解，一般在小间隙区发生火花击穿放电，在大间隙区发生电化学阳极溶解。由于放电作用的存在，工具电极会产生损耗，这会引发一系列的加工精度、过程控制等问题。

电化学与激光复合加工中，利用激光-材料相互作用、电化学加工及其耦合效应去除材料。随着电化学与激光耦合时空协同调控方法的不断演进和发展，新型电化学与激光复合加工方法不断涌现。通过有效的工具技术，可以进一步提高工艺稳定性、精度一致性，提升综合加工效率，降低加工成本。

2. 挑战

1）电化学复合加工工装中多能量引导、传输及协同控制的实现。电化学复合加工中存在多种能量，其形式、衰变等特性各异。工具及工装需满足不同能量引导、传输及协同控制的要求，才能实现高效、高质量加工，提升技术成熟度和应用面。

2）电化学复合加工工具及工装模块化设计。针对不同加工需求和材料特点，电化学复合加工技术具有能量场形式及组合方式多样性的特点。目前的复合加工工具及工装大都只适应于单种复合加工技术，这就导致电化学复合加工极大的受限于工装设计，无法大规模推广。因此，实现电化学复合加工工具工装的模块化设计，对于提高其通用性具有重要意义。

3）电化学复合加工工具的检测和控制。电化学复合加工过程中的工具位姿对加工结果具有重要影响，由于装夹误差、工具形变及损耗等会导致工具位姿的变化，需要加工过程中对工具进行检测和调整，以实现工具的自适应控制，满足加工需求。

3. 目标

1）预计到 2030 年，掌握电化学复合加工各种能量物理特性、能量传输及其衰减机制、能量载体变化规律。

2）预计到 2035 年，实现复合加工过程中多种能量的引导、传输及工具的自适应控制，为高效、高质量电化学复合加工提供技术基础。

（三）电化学复合加工装备技术

1. 现状

电解加工机床、电火花加工机床、超声加工机床、激光加工机床等商品化装备比较完备、成熟，但针对特种能场复合加工技术所开发的商品化装备还很少，特别是电化学复合加工装备，一般是基于具体应用对象而研究与开发少量的专用复合机床，目前比较成熟的装备是电解磨削复合加工机床，且是针对具体加工对象开发的专用加工装备。今后应加强电化学复合加工机理研究，研发针对一般性零件的通用电化学复合加工装备，结合自动化、自适应控制等技术开发通用的零件加工系统，促进电化学复合加工技术的推广，尽快实现该复合加工装备的系列化和标准化。

2. 挑战

1）电化学复合装备的结构设计。电化学加工有特殊的工作液、电源、电极及电流引入线，复合加工设备还需要做防腐、绝缘等处理，且需要将电化学作用模块和与其复合的其他加工模块有机融合在机床的加工区域，这些给机床的结构设计带来很大的挑战。

2）电极损耗补偿与加工参数的在线检测与控制。尽管电解加工电极无损耗，但引入其他加工后，比如火花放电、超声振动、机械加工等，会导致工具阴极出现损耗，这将影响复合加工的加工精度。为保证加工精度，必须研制具有电极补偿功能的系统模块。为实现复合加工中多能量的优化匹配，需在线、实时进行加工参数的优化调节，保证获得最优加工结果。电极损耗补偿策略及加工参数的调控是复合加工装备研制面临的重要挑战。

3）新型复合加工工作液的研发。电化学复合加工中，尽管电化学作用很大，但如果一直沿用电化学加工使用的溶液配方未必取得最优加工结果，因此新型复合加工工作液的研发也是复合加工装备研制面临的新挑战。如在电解电火花复合加工中，工作液的影响很大，如何配制工作液，达到既能进行阳极溶解又有利于创造放电条件，对提升电解电火花加工效果非常必要。新型复合加工工作液的研制也是机床自身保护、环境保护及绿色制造的需要。

3. 目标

1）预计到2030年，完成多种类型、规格电化学复合加工装备的研发，消除单一技术的工艺局限性，实现复合加工技术的优势互补。

2）预计到2035年，制定电化学复合加工装备的标准，助力电化学复合加工技术的推广应用。

（四）多能场高效协同与精密控制技术

1. 现状

电化学复合加工包含两种或两种以上加工能场的有机复合，各个加工能场相互促进、取长补短，增强了加工能力。电化学能场与其他能场的匹配和协同控制，是实现电化学复合加工的先决条件。电化学复合加工不仅是电化学加工和其他加工方法简单的叠加，需协同调控多种加工效应的时空能量关系和作用范围，调控材料去除过程，充分利用电化学与其他能场的相互耦合效应，达到“1+1>2”综合效果，实现高质量、高效率、低成本加工。

2. 挑战

1）多能场的解耦与控制。复合加工过程是在多能量场耦合作用下进行的，多场耦合关系复杂，单一能场的作用随机且受其他能场影响。当前电化学与其他能场耦合模式较为简单，耦合方法可控性、稳定性、协同性有待提高，如何通过工艺设计与优化，揭示多场耦合作用机理，使多个能场的耦合精确可控有待进一步研究。

2）加工过程参数的自主调控。电化学复合加工是电化学加工与机械加工、电火花、激光、超声等加工技术的结合，其加工过程受到多因素、多参数的影响，加工更为复杂，因此加工过程的控制、加工参数的优选，是提升电化学复合加工技术经济指标的必要保证。

3）产品质量与加工过程影响因素之间的关系。电化学复合加工技术发展较晚，很多研究仅针对某一种材料开展了简单的试验验证，没有形成完整的数据库，针对复合加工质量与加工过程中各影响因素之间的关系还没有完全掌握。

3. 目标

1）预计到2030年，创新电化学复合加工新原理和新方法，建立完善的多场耦合机理与控制理论，构建完整的工艺参数数据库，实现多能量场协同的高效加工技术。

2）预计到2035年，掌握电化学复合加工的多参数匹配和控制方法，开发专用/通用工艺系统，建立加工过程的自动控制方法，实现基于多参数匹配的装备性能调控。

（五）电化学复合加工的绿色化及智能化技术

1. 现状

电化学复合加工中，通常采用中性盐水溶液电解液，对加工环境、加工零件和机床可能会产生腐蚀作用。这对机床装备的设计及关键部件的材料选择要求很高，需采用密闭加工空间和不锈钢等高耐蚀材料作为密闭空间零部件使用材料，增加了设备制造及使用成本，绿色电解液是解决上述问题的核心要素。电化学复合加工过程复杂，加工间隙变化及稳定性受多参数影响，参数调控过程非常复杂，加工稳定性亟待提高，发展电化学复合加工的智能化技术，可有效提高电化学复合加工性能和稳定性。

2. 挑战

（1）新型工作液研发及工作液在线处理方法　基于电化学复合加工新原理，开发新型绿色工作液，研究电解液处理方法。避免或减少化学试剂使用量，避免使用强腐蚀性电解液，防止电解液对环境、零件及机床的污染和腐蚀。对电解液进行在线处理，保证电化学加工过程中不产生或很少产生有害物质，或在电化学加工过程中就已经在线将这些有害物质化解。

（2）电化学复合加工碳排放估算方法　在保证电化学复合加工性能的基础上，研究加工过程和加工产物、废弃电解液处理等过程碳排放量化方法，提升能量利用率，减小加工成本。

（3）电化学复合加工智能化技术　电化学复合加工间隙受大量相互耦合参数的影响，电化学加工过程一般处于非平衡状态。探索对加工间隙进行实时监测和预测，利用深度学习、神经网络、模糊算法等方法实现对加工间隙的智能自适应控制，形成电化学复合加工智能化技术。

3. 目标

1）预计到2030年，减小工作液及其他产物对环境的影响，控制电化学复合加工过程中的碳排放量。

2）预计到2035年，实现电化学复合加工智能化技术，提高加工性能和加工稳定性。

四、技术路线图

电化学复合加工技术路线图如图4-4所示。

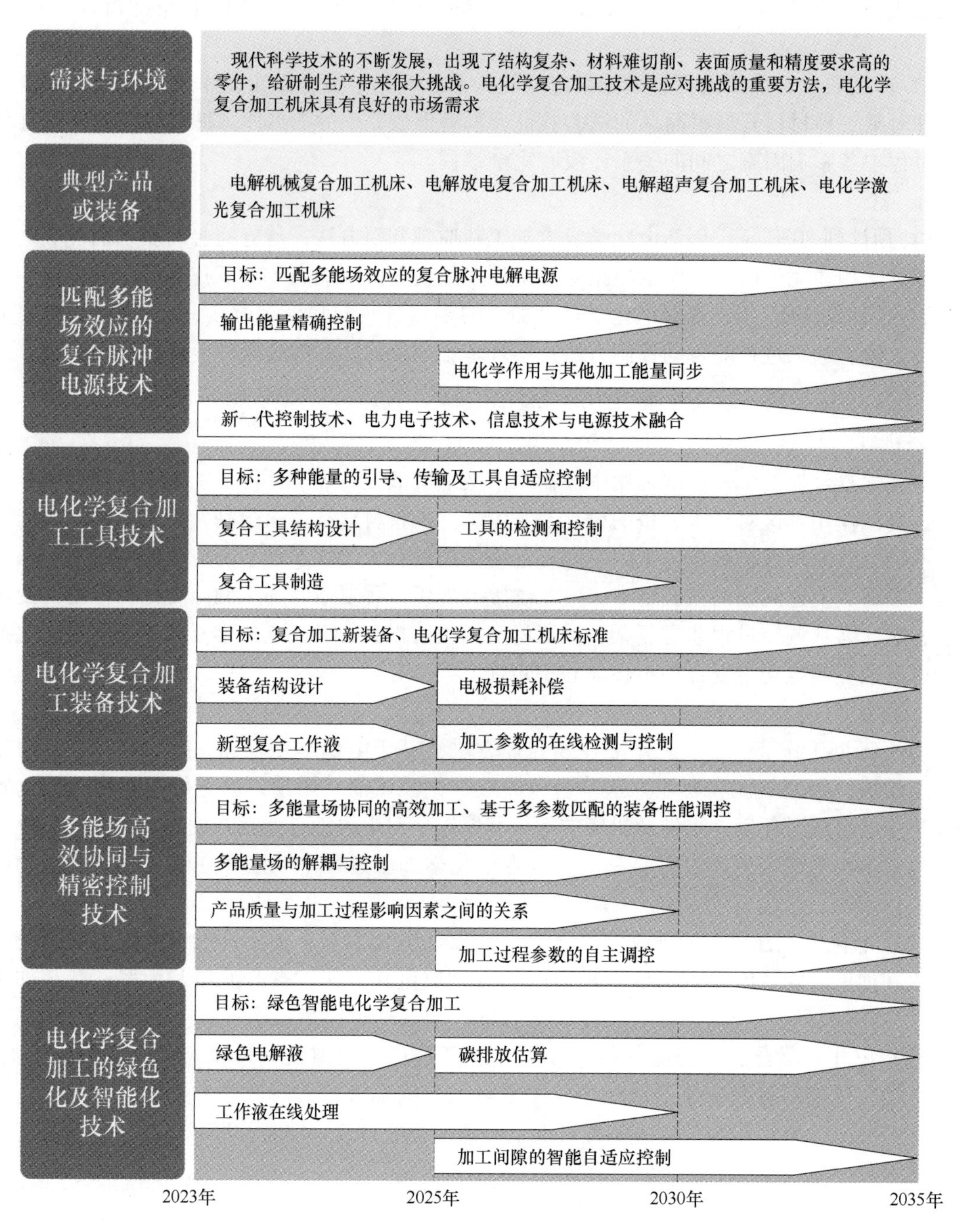

图 4-4　电化学复合加工技术路线图

参考文献

[1] 张明岐，程小元，潘志福. 螺杆钻具等壁厚定子的电解加工技术［J］. 电加工与模具，2011（6）：25-28.

[2] 刘璐，王瑜，王镇全，等. 全金属螺杆钻具研究现状与关键技术［J］. 探矿工程（岩土钻掘工程），

2020，47（4）：24-30.
[3] 温钢柱，靳坚，李欧，等. 等壁厚螺杆钻具定子电解加工技术研究［J］. 石油矿场机械，2013，42（4）：33-39.
[4] KLOCKE F，KLINK A，VESELOVAC D，et al. Turbomachinery component manufacture by application of electrochemical，electro-physical and photonic processes［J］. CIRP Annals，2014，63（2）：703-726.
[5] 张明岐，张志金，黄明涛. 航空发动机压气机整体叶盘电解加工技术［J］. 航空制造技术，2016（21）：86-92.
[6] ZHANG J C，SONG S S，ZHANG J S，et al. Multi-physics coupling modeling and experimental investigation of vibration-assisted blisk channel ECM［J］. Micromachines，2021，13（1）：50.
[7] LEI G P，ZHU D，ZHU D. Feeding strategy optimization for a blisk with twisted blades in electrochemical trepanning［J］. Journal of Manufacturing Processes，2021，62：591-599.
[8] XU Z Y，XU Q，ZHU D，et al. A high effificiency electrochemical machining method of blisk channels［J］. CIRP Annals，2013，62（1）：187-190.
[9] ZHANG J C，XU Z Y，ZHU D，et al. Study of tool trajectory in blisk channel ECM with spiral feeding［J］. Materials and Manufacturing Processes，2017，32（3）：333-338.
[10] 朱荻，刘嘉，王登勇，等. 脉动态电解加工［J］. 航空学报，2022，43（4）：8-21.
[11] 李红英，张明岐，张志金，等. 航空发动机整体薄壁结构复杂表面电解加工技术［J］. 航空制造技术，2018，61（3）：41-45+59.
[12] 朱荻，王登勇，朱增伟. 旋印电解加工［J］. 南京航空航天大学学报，2022，54（5）：743-750.
[13] WANG D Y，ZHU Z W，WANG H R，et al. Convex shaping process simulation during counter-rotating electrochemical machining by using the finite element method［J］. Chinese Journal of Aeronautics，2016，29（2）：534-541.
[14] WANG D Y，WANG Q Q，ZHANG J，et al. Counter-rotating electrochemical machining of intensive cylindrical pillar array using an additive manufactured cathode tool［J］. International Journal of Mechanical Sciences，2021，211：106653.
[15] WANG D Y，ZHU Z W，HE B，et al. Counter-rotating electrochemical machining of a combustor casing part using a frustum cone-like cathode tool［J］. Journal of Manufacturing Processes，2018，35：614-623.
[16] ZHOU S F，WANG D Y，CAO W J，et al. Investigation of anode shaping process during co-rotating electrochemical machining of convex structure on inner surface［OL］. Chinese Journal of Aeronautics，2022. https：//doi. org/10. 1016/j. cja. 2022. 08. 008.
[17] 何英，朱红钢，韩野. 航空发动机小孔特种加工技术［J］. 航空制造技术，2011（4）：56-60.
[18] 李红英，张明岐，冯健，等. 照相电解加工技术的发展与应用［J］. 航空制造技术，2015（增刊2）：57-60.
[19] 张明岐，潘志福，傅军英，等. 多工位电液束加工技术［J］. 航空制造技术，2021，64（9）：22-29.
[20] 潘志福，张明岐，傅军英. 金属型管电液束加工技术研究［J］. 电加工与模具，2019（2）：52-54，58.
[21] 谢大叶，李伟兴，王巍. 飞机钛合金整体框加工制造技术［J］. 工具技术，2014，48（10）：42-45.
[22] 曲宁松，刘洋，张峻中，等. 电解铣削加工技术研究进展及展望［J］. 电加工与模具，2021（2）：1-14.
[23] HUANG L，CAO Y，ZHANG X Y，et al. Research on the multi-physics field coupling simulation of aero-rotor blade electrochemical machining［J］. Scientific Reports，2021，11（1）：1-13.
[24] JIANG L J，FANG M，CHEN Y L，et al. Influence of industrial robot trajectory on electrochemical machining quality［J］. International Journal of Electrochemical Science，2022，17（2）：220746.
[25] YUAN C J，BAKARA，ROSLAN M N，et al. Electrochemical machining（ECM）and its recent develop-

ment [J]. Journal of Tribology, 2021, 28: 20-31.

[26] LI Z L, LI W W, CAO B R, et al. Simulation and experiment of ECM accuracy of cooling holes considering the influence of temperature field [J]. Case Studies in Thermal Engineering, 2022, 35: 102112.

[27] CHEN Y L, FANG M, JIANG L J. Multiphysics simulation of the material removal process in pulse electrochemical machining (PECM) [J]. The International Journal of Advanced Manufacturing Technology, 2017, 91: 2455-2464.

[28] WANG F, YAO J, KANG M. Electrochemical machining of a rhombus hole with synchronization of pulse current and low-frequency oscillations [J]. Journal of Manufacturing Processes, 2020, 57: 91-104.

[29] 陆永华，赵东标，云乃彰，等. 基于电流信号的电解加工间隙在线检测试验研究 [J]. 中国机械工程，2008，19 (24)：2999-3002.

[30] 孔全存，李勇，朱效谷，等. 基于双电层电容的微细电解加工间隙的在线检测 [J]. 纳米技术与精密工程，2013，11 (6)：529-534.

[31] 陆永华，赵东标，云乃彰，等. 基于信息融合的叶片加工间隙在线检测方法 [J]. 东南大学学报 (自然科学版)，2009，39 (1)：146-150.

[32] WANG J T, XU Z Y, LIU J, et al. Real-time vision-assisted electrochemical machining with constant inter-electrode gap [J]. Journal of Manufacturing Processes, 2021, 71: 384-397.

[33] 孙宇博，周可人，马锦晖，等. 工艺参数对 TC4 钛合金电解加工速率及加工质量的影响 [J]. 表面技术，2018，47 (12)：307-313.

[34] ZHOU F F, DUAN W Q, LI X J, et al. High precision in-situ monitoring of electrochemical machining process using an optical fiber Fabry-Pérot interferometer sensor [J]. Journal of Manufacturing Processes, 2021, 68: 180-188.

[35] 陈远龙，朱树敏. 模具电解加工工艺参数表和数据库的研究 [J]. 电加工与模具，2001 (2)：18-22.

[36] LU Y, WANG Z, XIE R, et al. Bayesian optimized deep convolutional network for electrochemical drilling process [J]. Journal of Manufacturing and Materials Processing, 2019, 3 (3): 57.

[37] 李红英，程小元，张明岐. 双极性脉冲精密振动电解加工技术 [C]//第 14 届全国特种加工学术会议论文集. 苏州，2011：402-406.

[38] SCHUSTER R. Electrochemical microstructuring with short voltage pulses [J]. Chemphyschem, 2007, 8 (1): 34-39.

[39] 张朝阳. 纳秒脉冲电流微细电解加工技术研究 [D]. 南京：南京航空航天大学，2006.

[40] 李小海，王振龙，赵万生. 高频窄脉冲电流微细电解加工 [J]. 机械工程学报，2006，42 (1)：162-167.

[41] SCHULZE H, BORKENHAGEN D, BURKERT S. Demands on process and process energy sources for the electro-erosive and electrochemical micro machining [J]. International Journal of Material Forming, 2008, 1 (1): 1383-1386.

[42] SPIESER A, IVANOV A. Design of a pulse power supply unit for micro-ECM [J]. International Journal of Advanced Manufacturing Technology, 2015, 78 (1): 537-547.

[43] 罗红平，张清荣，刘桂贤，等. 电解加工电源研究现状及发展趋势 [J]. 机械工程学报，2021，57 (13)：13.

[44] GIANDOMENICO N, MEYLAN O. Development of a new generator for electrochemical micro-machining [J]. Procedia CIRP, 2016, 42: 804-808.

[45] MOLE T, MCDONALD B, MULLERY S, et al. The development of a pulsed power supply for μecm [J]. Procedia CIRP, 2016, 42: 809-814.

[46] WANG F, ZHANG Y B, LIU G M, et al. Improvement of processing quality based on VHF resonant micro-

EDM pulse generator [J]. International Journal of Advanced Manufacturing Technology, 2019, 104: 3663-3677.

[47] QUAN R, TONG H, LI Y. Ns-pulsewidth pulsed power supply by regulating electrical parameters for AFM nano EDM of nm-removal-resolution [J]. Nanotechnology, 2021, 32 (34): 345302.

[48] HINDUJA S, KUNIEDA M. Modelling of ECM and EDM processes [J]. CIRP Annals, 2013, 62 (2): 775-797.

[49] FUJISAWA T, INABA K, YAMAMOTO M, et al. Multiphysics simulation of electrochemical machining process for three-dimensional compressor blade [J]. Journal of Fluids Engineering, 2008, 130 (8): 081602.

[50] DECONINCK D, DAMME S V, ALBU C. Study of the effects of heat removal on the copying accuracy of the electrochemical machining process [J]. Electrochimica Acta, 2011, 56 (16): 5642-5649.

[51] ZHU D, XUE T Y, HU X Y, et al. Electrochemical trepanning with uniform electrolyte flow around the entire blade profile [J]. Chinese Journal of Aeronautics, 2018, 32 (7): 1748-1755.

[52] WANG M H, SHANG Y C, LIU C S, et al. 3D multiphysic simulations of energy field and material process in radial ultrasonic rolling electrochemical micromachining [J]. Chinese Journal of Aeronautics, 2022, 35 (2): 494-508.

[53] MENG L C, ZENG Y B, ZHU D. Dynamic liquid membrane electrochemical modification of carbon nanotube fiber for electrochemical microfabrication [J]. ACS Aapplied Materials and Interfaces, 2020, 12 (5): 6183-6192.

[54] MENG L C, ZENG Y B, ZHU D. Wire electrochemical micromachining of Ni-based metallic glass using bipolar nanosecond pulses [J]. International Journal of Machine Tools and Manufacture, 2019, 146: 103439.

[55] GAO C P, QU N S, HE H D, et al. Double-pulsed wire electrochemical micro-machining of type-304 stainless steel [J]. Journal of Materials Processing Technology, 2019, 266: 381-387.

[56] PATEL D S, SHARMA V, JAIN V K, et al. Reducing overcut in electrochemical micromachining process by altering the energy of voltage pulse using sinusoidal and triangular waveform [J]. International Journal of Machine Tools and Manufacture, 2020, 151: 103526.

[57] WANG Y W, ZENG Y B, QU N S, et al. Electrochemical micromachining of small tapered microstructures with sub-micro spherical tool [J]. International Journal of Advançed Manufacturing Technology, 2016, 84: 851-859.

[58] MAITY S, DEBNSTH S, BHSTTSCHSRYYA B. Modeling and investigation on multi-wire electrochemical machining (MWECM) assisted with different flushing strategies [J]. Journal of Manufacturing Processes, 2020, 57 (9): 857-870.

[59] ROY S, ANDREOU E. Electroforming in the Industry 4.0 Era [J]. Current Opinion in Electrochemistry, 2020, 20: 108-115.

[60] KUME T, TAKEI Y, EGAWA S, et al. Development of electroforming process for soft x-ray ellipsoidal mirror [J]. Review of Scientific Instruments, 2019, 90 (2): 021718.

[61] 丁兆波，刘倩，王天泰，等. 220 t 级补燃循环氢氧发动机推力室研制 [J]. 火箭推进，2021，47 (4)：13-21.

[62] 朱增伟，刘亚鹏，胡军臣，等. 航天制造中的电铸技术 [J]. 电加工与模具，2019 (1)：1-7.

[63] MA Y L, LIU W K, LIU C. Research on the process of fabricating a multi-layer metal micro-structure based on UV-LIGA overlay technology [J]. Nanotechnology and Precision Engineering, 2019, 2 (2): 83-88.

[64] 周波，吴有智，苏博，等. 采用 PDMS 芯模微电铸成形镍微齿轮 [J]. 中国科学：技术科学，2019，

49（2）：182-188.

[65] ELSHENAWY T，SOLIMAN S，HAWWAS A. Influence of electric current intensity on the performance of electroformed copper liner for shaped charge application［J］. Defence Technology，2017，13（6）：439-442.

[66] ZHANG H G，ZHANG N，FANG F Z. Investigation of mass transfer inside micro structures and its effect on replication accuracy in precision micro electroforming［J］. International Journal of Machine Tools and Manufacture，2021，165：103717.

[67] MCGEOUGH J A，LEU M C，RAJURKAR K P，et al. Electroforming process and application to micro/macro manufacturing［J］. CIRP Annals，2001，50（2）：499-514.

[68] LI X C，MING P M，AO S S，et al. Review of additive electrochemical micro-manufacturing technology［J］. International Journal of Machine Tools and Manufacture，2022，173：103848.

[69] HIRT L，REISER A，SPOLENAK R，et al. Additive Manufacturing of Metal Structures at the Micrometer Scale［J］. Advanced Materials，2017，29（17）：1604211.

[70] LIN Y P，ZHANG Y，YU M F. Parallel process 3D metal microprinting［J］. Advanced Materials Technologies，2019，4（1）：1800393.

[71] WANG F L，BIAN H L，WANG F，et al. Fabrication of micro copper walls by localized electrochemical deposition through the layer by layer movement of a micro anode［J］. Journal of The Electrochemical Society，2017，164（12）：758-763.

[72] ERCOLANO G，VAN NISSELAOY C，MERLE T，et al. Additive manufacturing of sub-Micron to sub-mm metal structures with hollow AFM cantilevers［J］. Micromachines，2020，11（1）：6.

[73] VAN CAMP D，QIAN J，VLEUHELS J，et al. Experimental investigation of the process behaviour in Mechano-Electrochemical Milling［J］. CIRP Annals，2018，67（1）：217-220.

[74] NIU S，QU N S，YUE X K，et al. Combined rough and finish machining of Ti-6Al-4V alloy by electrochemical mill-grinding［J］. Machining Science and Technology，2020，24（4）：621-637.

[75] LU J J，ZHAN S D，LIU B W，et al. Plasma-enabled electrochemical jet micromachining of chemically inert and passivating material［J］. International Journal of Extreme Manufacturing，2022，4（4）：045101.

[76] ZOU Z X，GUO Z N，ZHANG K，et al. Electrochemical discharge machining of microchannels in glass using a non-Newtonian fluid electrolyte［J］. Journal of Materials Processing Technology，2022，305：117594.

[77] AHMED S，SPEIDEL A，MURRAY J W，et al. Electrolytic-dielectrics：A route to zero recast electrical discharge machining［J］. International Journal of Machine Tools and Manufacture，2022，181：103941.

[78] 王玉峰，杨勇，张文武. 激光与电解复合加工技术研究现状及展望［J］. 电加工与模具，2022（4）：1-13.

[79] LIU N，WEI F F，LIU L Q，et al. Optically-controlled digital electrodeposition of thin-film metals for fabrication of nano-devices［J］. Optical Materials Express，2016，5（4）：838-848.

[80] LIU Z K，WANG Y F，LIAO Y L，et al. Direction-tunable nanotwins in copper nanowires by laser-assisted electrochemical deposition［J］. Nanotechnology，2012，23（12）：125602.

[81] KIKUCHI T，WACH Y，TAKAHASHI T，et al. Fabrication of a meniscus microlens array made of anodic alumina by laser irradiation and electrochemical techniques［J］. Electrochimica Acta，2013，94（1）：269-276.

[82] WANG Y F，YANG Y，LI Y L，et al. Profile Characteristics and Evolution in Combined Laser and Electrochemical Machining［J］. Journal of The Electrochemical Society，2022，169（9）：093505.

编撰组成员

组　长	曲宁松　陈远龙
第一节	曲宁松　陈远龙
第二节	陈远龙　张明岐　李廷波　方　明　王登勇
第三节	曾永彬　李　勇　房晓龙　王明环
第四节	明平美　朱增伟　曲宁松　江　伟　沈春健
第五节	曲宁松　陈远龙　赵永华　王玉峰　朱永伟

第五章
Chapter 5

激光加工

第一节　概　　论

激光加工是指以激光为主要工具，通过光与物质的相互作用，改变材料的物态、成分、组织、应力等，从而实现零件或构件成形与成性的加工方法的总称。

激光是由大量原子（或分子）受激辐射形成的可以精密控制的光波能量，具有高亮度、高方向性、高单色性、高相干性等特点，可获得各种宽度的脉冲，包括纳秒（ns）、皮秒（ps）、飞秒（fs）、阿秒（as）等。具有极高单色性和空间相干性的激光束有着良好的可聚焦性，已经能获得 $10^7 \sim 10^{23}$ W/cm^2 的能量密度，可应用于各种材料的加工。激光在波长、能量、时间等方面可选择的范围宽，与物质相互作用产生丰富的效应，引发材料不同的响应，衍生出种类繁多的激光加工工艺，可以满足宏观和微纳尺度的加工要求。激光可在极短的时间内非接触、选择性、多尺度地改变或控制材料的物态和性质，获得极端性能，制造复杂结构[1,2]。

激光加工技术综合集成了当代科学与技术的一些最新成果，是先进制造技术极为重要的组成部分。经过数十年的发展，激光已广泛应用于国民经济的各个领域，其在工业中所占比例已成为衡量一个国家制造业水平的重要指标[3]。

激光加工技术在航空航天、汽车、船舶、列车、冶金、电子、机械、医疗器械、新能源装备等制造业中的产业应用表明，激光加工技术既是传统制造业转型升级不可或缺的重要技术，也是战略性新兴产业发展不可替代的重要手段。激光的精密可控性、材料加工的普适性、与智能技术的良好融合性以及激光能量成本的持续下降性，使激光加工具有成为高度智能化、综合型先进制造技术的巨大潜力，未来有望成为主导性、革命性的制造技术[3-6]。

按照光与物质的相互作用机理，激光加工包括基于光热效应的“热加工”和基于光化学效应的“冷加工”[1]。红外波段的激光加工主要以热的形式体现，即材料吸收激光能量引起温度升高、熔化或汽化，从而实现对材料的加工。紫外波段的激光，当光子能量高到和一些高分子聚合物的分子结合能相当时，依靠光化学效应即可实现对该类材料的剥蚀或聚合，是典型的激光冷加工。皮秒和飞秒激光加工时，由于激光脉冲持续时间远小于电子与晶格碰撞的热弛豫时间，加工过程以材料升华为主，浅层材料的加工区热效应很小，因此也有“冷加工”的特点，但冷热加工的界限并不明显。

按照加工尺度划分，激光加工可分为激光宏观加工和激光微纳加工，通常以 0.1mm 为界限区分宏观加工和微纳加工。激光宏观加工包括切割、制孔、焊接、熔覆与合金化、淬火与退火、冲击强化等系列工艺方法。激光微纳加工包括激光微纳刻蚀、微纳连接、微纳熔覆等。

近年来，激光与其他能场融合不断催生新的复合加工技术，极大地拓宽了激光加工技术的应用领域。皮秒和飞秒激光与物质相互作用时呈现出强烈的非线性效应，可以获得纳米精度的加工效果，已在三维微纳机械、光子和光电等元器件及其集成系统制备、生物制造等领域取得重要进展，将在未来产生更为深远的影响[2,7,8]。

本章就激光加工领域主要典型工艺技术的最新进展进行总结和分析，并提出未来发展路线，主要包括激光材料去除、激光连接、激光熔覆与再制造、激光表面处理、激光微纳加工、激光复合制造等技术。

第二节　激光材料去除技术

一、概述

激光材料去除技术是指通过激光与材料的相互作用实现材料去除的非接触式工艺，代表性的激光切割、激光制孔和激光刻蚀等技术在工业领域已得到广泛的应用。

激光切割是利用高能量密度的激光束照射工件，使辐照处材料瞬时熔化、汽化、蒸发或直接电离化，并随着光束与工件的相对运动实现材料的切割。激光切割技术具有切缝窄、高精度、高效率、无机械应力的特点，可克服传统切割技术中加工材料物理性能局限、切割尺寸限制、工序繁杂以及加工周期长等缺点，更易于实现远程切割、柔性切割、超微细化切割、隔物选择性切割等[9]。激光切割是发展最为成熟、应用最为广泛的激光制造技术，可用于数十米的大型机械零部件到数十微米集成电路的高精加工。随着激光器功率的提高、光束传输与整形技术与数控技术的发展，激光切割在加工速度、效率、切缝质量和切割精度方面均有大幅提高，应用范围不断扩展。2022 年，全球激光切割机市场规模约 237 亿元，我国约占 25%的市场份额。从发展趋势看，国产激光切割机的市场份额及关键核心零部件的国产化率正在快速提升。高功率激光器的广泛应用、超快激光非线性效应及其机理的深入研究、切割系统智能化的提升将进一步提高激光切割精度和效率，实现大厚度金属零部件的激光切割成形、复杂型面构件的激光精细制造、小批量、多品种产品激光智能制造一体化产线等相关技术与装备的快速发展。与此同时，随着以信息、能源、材料为代表的科技革命和产业革命的推进发展，更多难加工材料（如特软、特硬、特脆、高温、透明、超薄、热敏感等材料）将被广泛应用，激光切割对材料的广泛适应性和可控的热效应，将使其成为难加工材料切割的重要手段，也必将在精密仪器、人工智能、生物工程等领域不断拓展应用范围[10,11]。

激光制孔工艺是利用高功率密度激光束去除材料，在光学传输和运动系统配合下，实现构件的型孔加工。激光制孔工艺材料适应性强、分辨率高，是实现高深径比微孔和复杂异形孔加工的有效手段，广泛应用于航空航天、集成电路、微机械系统等领域。激光制孔质量直接决定构件的服役性能和寿命。激光制孔的质量通常用尺寸精度、深径比、锥度、轮廓精度、重铸层、热影响区、微裂纹、表面粗糙度、孔口堆积及飞溅等进行表征，主要受激光光束特性、制孔方式、加工环境三个方面影响。激光光束特性包括波长、脉宽、重频、偏振、时空能量分布等[12-14]。激光制孔方式分为复制法和轮廓迂回法，复制法指激光束重复照射到材料上且与材料没有相对位移，主要包括单脉冲制孔和多脉冲制孔；轮廓迂回法中激光束与工件发生相对位移，主要包括环切制孔和螺旋制孔（旋光制孔）。不同的制孔方式适用于不同场景，如单脉冲制孔适合加工深度小的浅孔，多脉冲制孔适合加工直径小的深孔，环切制孔可以加工直径大、圆度好的微孔。螺旋制孔是利用道威棱镜或楔形棱镜组等光学元件使光束高速旋转螺旋的制孔工艺，通过调整光学元件实现对孔锥度和直径的调控，且制孔过程中高速旋转的光斑可以抑制光斑形状和光束偏振对孔形的影响，是一种先进的超快激光微孔加工技术。然而，螺旋制孔须借助复杂的光学系统，制造和装配精度要求较高、设备昂贵，尚未在工业界普及应用。加工环境方面，激光制孔可采用吹气、加热、加电压、超声振动、水或真空等辅助方式来实现真空、辅助气体、液体等环境需求。随着航空航天航海、新能源、精密机械、医疗器械等领域难加工材料与结构的不断出现，对制孔技术的要求越来越高。面向高深径比和复杂异形微孔的精密高效加工需求，需进一步发展激光-外场复合加工技术，突破脉冲光场时-空-频多维协同整形技术，研发复杂型面的微孔阵列激光智能加工装备。

激光刻蚀是以激光作为直接或辅助工具，对材料进行刻蚀的工艺方法。当激光作用在材料表面，近表层物质快速从固态分解成悬浮态的团簇、颗粒、蒸汽或气态的分子和原子，并产生等离子体，从表面逸出或脱附，进而实现材料结构成形。近年来，激光刻蚀技术的研究在先进制造业尤其是微细加工领域引起了较多关注。目前，激光刻蚀结合需求发展了数种应用工艺，包括紫外与超短脉冲激光直接或复合刻蚀、激光直接铣削成形等。紫外与超短脉冲激光直接刻蚀是利用紫外或超短脉冲高能量激光光束沿预设轨迹对材料进行烧蚀去除，获得具有微纳米级精度的微结构[15]。激光直接铣削成形是利用激光束按规定的图案，逐层扫描烧蚀材料而达到成形的目的[16]。由于利用单一激光进行刻蚀存在不能兼顾高去蚀率和无裂损的弊端，今后复合刻蚀技术，如将激光诱导等离子体背部刻蚀、化学刻蚀、激光诱导化学刻蚀、双光束或多光束加工等两种或多种方式复合进行加工是激光超精密刻蚀技术的必然趋势[17]。此外，刻蚀光斑整形与控制也是支撑激光超精密刻蚀技术发展的重点。未来，激光刻蚀技术的发展目标是厘清激光与材料间的作用机理，完善激光复合刻蚀工艺方法及其质量控制技术。

二、未来市场需求及产品

（一）跨尺度激光切割

跨尺度切割技术近年来逐渐发展成熟并迅速拓展至更多的应用领域，广泛应用于汽车、船舶、交通、能源、航空航天等领域中大厚度管材、超厚板、异形结构等大型构件的跨尺度高质高效切割，特别是随着我国汽车、造船、电力工业的发展进入提质增效阶段，激光切割技术以其优越的可控制性和非接触特点，在特高压输电铁塔、大型船舶、工程结构型钢制造以及核设施退役设备拆解中具有巨大的市场需求。如特高压输电铁塔中的大厚度（>120mm）安装板的高效切割与Q420连板高强韧性螺栓孔的高质量切割（孔壁热影响区<200μm、表面粗糙度值 Ra<64μm）；航母甲板上的大幅面厚板（尺寸>6000mm×30000mm×100mm）高效切割与异形坡口（K、Y、V、U）的高质量切割；高铁轨道H型钢清根锁口（留根高度<500μm）的高质量切割与核设施容器（厚度>20mm）的高效智能切割等，这些在加工中同时涵盖宏-介-微观尺度的切割（即跨尺度切割）需求，为激光切割技术的发展提供了强劲的市场内生动力，也为跨尺度激光切割发挥其技术优势提供了广阔的应用平台。与此同时，工业制品质量与加工效率的提升推动着跨尺度激光切割技术及成套设备的产业化需求持续增加，自动控制与智能化激光切割装备应用前景越来越广阔；近年来，在智能化、核心器件和三维切割能力方面，国内激光切割设备相关技术与国外的差距不断缩小。激光跨尺度切割技术及其成套设备的成功应用，极大地促进了工业大型构件制造精细化、高效化，为精密制造、快速制造创造了技术条件和平台支撑，同时还在实现工业品减量化、轻量化、再制造、降低成本、减少工时以及节能环保等方面发挥重要作用。

（二）难加工材料激光切割

难加工材料激光精密切割技术将成为研究与应用的热点。近年来，由于人工智能、集成电路、微机电系统、太阳能电池、生物智能仿生器件等高端、新兴产业领域的飞速发展，对诸如以硬质合金、陶瓷、蓝宝石、半导体材料及各种纤维复合材料等为主体结构的新型器件的传统制造能力提出挑战，常规切割技术及原理往往难以满足这些难加工材料复杂结构和高性能的制造要求。随着脉冲激光技术的发展和进步，激光精密加工技术将在难加工材料的高精细、高效率切割中占有越来越重要的地位，尤其是皮秒、飞秒等超快激光的快速发展与应用，凭借其超越衍射极限的加工精度、短流程的工艺方法和可三维加工等特点已成为难加工材料微纳器件的主要加工方式。在非金属材料切割及微纳加工领域，超快激光器（皮秒、飞秒激光器）已经广泛应用，如手机 LCD 屏异形切割、手机摄像头蓝宝石盖板切割、手机摄像头玻璃盖板切割，特殊材料标记、防伪炫彩打标、可追溯玻璃隐形二维码打标、热敏感薄膜材料加工、高性能 FPC 切割、OLED 材料切割打孔，太阳能 PERC 电池加工等应用。在未来一段时间内，在硬脆类材料复杂构件的高效切割、晶圆和新型晶体的精密切割以及碳纤维复合材料、陶瓷基复合材料、生物组织等浑浊介质的激光智能高效切割领域，激光切割技术及其装备依然是研究和应用热点。

（三）高深径比激光制孔

高深径比激光制孔技术在电子、信息、医疗等领域应用非常广泛，如以集成电路硅通孔、射频电路玻璃通孔等为代表的高功率半导体器件。常见材料包括硅、碳化硅等半导体和光纤等玻璃材料，均为硬脆难加工材料。而微孔加工质量与效率显著影响器件的性能和成本。传统制孔等方法受加工效率、材料适用性和精度限制无法满足要求。预计到 2025 年，随着激光孔制备技术的不断发展，高效率、高质量激光孔制备技术与智能技术结合，实现半导体材料深径比 30：1 的高效、高质量低成本加工，在医疗、电子、机械等领域获得广泛应用，出现适合各类材料高深径比微孔加工的激光制孔设备和市场。预计到 2035 年，激光高速孔制备技术将成为高深径比微孔加工的主流技术，研究将主要集中在各类新型难加工材料的孔制备工艺上，热影响、深度、加工效率等技术瓶颈将获得全面突破，加工设备将高度智能化，并可能与其他能量场融合。

（四）异形孔激光高效加工

异形孔激光高效加工技术越来越被关注，如航空发动机叶片气膜孔的冷却作用使得叶片基体与高温气流分离，从而保护燃烧室及关键部件，是提升发动机工作温度的重要手段。复杂异型气膜孔的冷却效率远高于直圆孔，而异型孔的制备一直是我国发动机产业中的一大难题。新型发动机的异型孔不仅需突破 50μm 的加工分辨率，还需穿越热障陶瓷涂层等多层结构，航空航天发动机异型孔的激光加工技术一旦突破，将有力支撑相关产业发展。预计到 2025 年，将突破穿越热障涂层等多层结构的气膜冷却孔制备关键技术，完成高温合金材料、单晶和定向晶材料、陶瓷基复合材料的精密低损伤冷却孔制备，实现深度大于 50mm 的激光制孔技术。预计到 2035 年，可实现复杂形状、任意材料的高速精密异型气膜冷却孔制备，

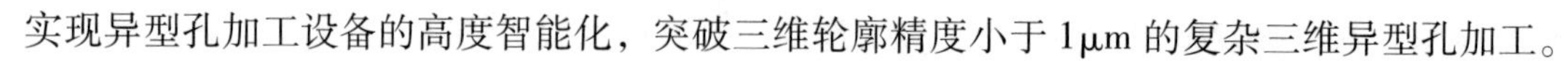

实现异型孔加工设备的高度智能化，突破三维轮廓精度小于 1μm 的复杂三维异型孔加工。

（五）激光刻蚀

激光刻蚀技术作为一种高精度且满足高效加工的微制造工艺，适用于不同材料型面或结构的制造。随着航空航天、通信、精密仪器仪表、生物医学、微纳光学等领域的制成品越来越朝着微型化、小型化、微观等方向发展，预期未来，激光刻蚀技术将不断拓展更多更新的应用范围，例如：在 MEMS 领域的硅微悬臂梁、探针微电极；在通信终端器件的图形化制造，如 ITO 玻璃透明电极的图形刻蚀；在生物医学领域的典型器件，如微流控芯片、微量移液器以及在光学功能器件上的大面积表面微结构等。目前，激光刻蚀加工应用产品系统还主要针对平面二维图形工艺生产线。预计未来 10 年，激光刻蚀技术和系统将涌现满足更复杂结构加工要求的三维刻蚀、选择性刻蚀、便捷高效短流程等典型应用的成套装备产品。

（六）激光铣削制造

激光直接铣削技术作为一种逐步成熟的直写刻蚀工艺，正快速面向产业化，国外多家激光加工设备厂商如比利时 OPTEC、英国 Exitech 等公司都积极开发了紫外与超短脉冲激光直写成套装备。德国 Heidelberg 仪器有限公司，其 DWL 系列产品可以直写加工 600nm 的微结构，边缘粗糙度控制在 50nm，其最新产品具有三维加工能力。而国内致力于激光直写刻蚀系统研发的科研单位和厂商目前所用。激光器包括紫外准分子激光器、紫外三倍频 YAG 激光器、红外 Nd：YAG 激光器、皮秒激光器等，铣削材料范围包括陶瓷、难加工金属、单晶硅等，样型件包括微透镜、微光学元件、微驱动器、微流控芯片等。尽管激光铣削系统已有样机报道，但仍未形成大规模市场应用。当前，发展迅速的高性能激光器为激光铣削加工系统的突破发展提供了充分的技术前提，越来越多的精密制件寄望于激光铣削制造的发展，未来对激光铣削加工设备的需求将十分旺盛。

三、关键技术

（一）跨尺度激光切割技术

1. 现状

国内高功率激光切割技术与装备研究经验不断积累。激光可切割板厚快速攀升，以不锈钢为例，3kW 激光可切割板厚 9mm，6kW 激光可切割板厚 40mm，而 50kW 激光可切割板厚已达 220mm，60kW 激光可切割板厚达 300mm。与此同时，随着数控机床及运动控制技术的进步，光束传输及动态聚焦技术的突破，激光切割工件的幅面尺寸和切割精度也在不断提高，当前大幅面激光切割机切割幅面可达 3m×50m，搭配高精度的移动平台，可使切割定位精度小于 60μm，切割表面粗糙度值 Ra<64μm。激光可切割尺度向宏观和微观两个方向不断拓展，零件的切割缺陷（如尖角处的烧融和灼烧缺陷）却始终制约着跨尺度激光精确切割的质量，提高切割品质的挑战也在不断增大。

另一方面，跨尺度激光切割技术的实现和发展离不开高功率激光器技术的支撑。当下国内激光产业蓬勃发展，光纤激光器技术和与之相适应的光学元器件不断取得突破，极大地提升了激光切割机的装机功率。近年来，20kW、30kW、40kW 国产高功率激光切割成套装备相继推出，在厚板切割领域形成了与等离子、火焰切割设备相互竞争并逐步替代的趋势。2023 年，国内发布了 60kW 激光切割机床并交付使用，这是当前国际上用于激光切割的最高功率成套设备。该设备切割30mm厚度碳钢板可达5m/min，远高于等离子、火焰等切割方式，且随着60kW激光切割的极限厚度超过300mm，有望实现对等离子和火焰切割的全面替代。随着大功率光纤激光器与半导体激光器技术的快速发展，激光切割技术作为工业制品跨尺度加工主力军，成为当下激光制造技术的主要发展方向。

2. 挑战

1）在切割机理方面，复杂结构激光切割技术前沿领域研究投入较少，质量控制技术的关注不足，跟踪性研究较多，原理性、原创性研究较少，不利于后续新技术开发和工程化应用。

2）在切割工艺方面，大尺度厚板/管材（如特高压输电铁塔安装板、航母甲板、核设施退役设备）与大厚度异形构件（如高铁H型钢轨）高效切割需更高功率的激光设备以及对切割速度、激光功率、光斑大小、波长及波形等更为精确地控制和调节；而复杂型面结构件的激光高质量切割（如30mm以上管材相贯线坡口切割）也对几何精度与断面粗糙度控制技术，对切割路径中拐角控制技术、加减速控制技术、材料表面状态监视、切割板材温度监控以及光学部件的热影响及焦点变动监控等提出了更高的挑战。

3）在切割应用方面，面临着如何解决大幅面超厚板激光切割中大跨度龙门动横梁滑动挂载加工头的运动精度、超重承载床身交换工作台的动态响应特性、光源/光路随动稳定性等难题，以及大尺寸异形构件三维随形切割中的快速定位与精准套料、三维激光切割轨迹的自动规划与多轴运动碰撞检测、变厚度自适应切割等问题。

3. 目标

1）预计到2025年，完善高功率激光作用下大厚度材料的去除机制，建立跨尺度激光精确切割和极限尺度切割的基本技术路径，揭示激光与材料相互作用的多尺度表达与分析、材料瞬时性质变化及相变机制、复杂结构切割的尺度效应等深层次物质与能量交互作用规律。

2）预计到2030年，从多尺度演变的角度获得零件高精度激光切割调控技术及工艺方法，实现大范围、多维度、高精确激光切割空间定位、加工轨迹与加工质量在线反馈技术，从而推进线聚焦切割和多光束并行加工这类兼顾切割速度与切割质量的光束整形技术的系统开发，加快高质、高效跨尺度激光切割先进工艺技术的应用。

3）预计到2035年，实现并完善机器学习、激光切割相结合的工艺优化与运动控制协同技术，将功能复合、系统开放式的激光跨尺度切割技术及装备（复合功能激光加工中心和三维激光切割的机器人）实现智能化、集成化与产业化。

（二）难加工材料激光精密切割技术

1. 现状

硬质合金、陶瓷、玻璃、单晶、陶瓷基复合材料、纤维增强材料及生物组织等难加工材料的激光切割技术，除了在光能吸收、作用及导热机制等方面各不相同，在显微结构相组成、吸收光子能量的热扩散均匀性等方面也存在显著差异。针对不同类型难加工材料的切割要求，随着激光与材料相互作用机理的深入研究和切割工艺经验的不断积累，建立了工艺-材料相适应的加工策略。如短脉冲激光在硬脆类非金属屏幕材料的高精高效的切割应用中发展迅速，皮秒激光已成为显示面板加工主流技术，飞秒激光凭借其超越衍射极限的加工精度、工艺方法简单和可三维加工等特点已成为难加工材料微纳器件的主要加工方式。随着超快激光器制造和运

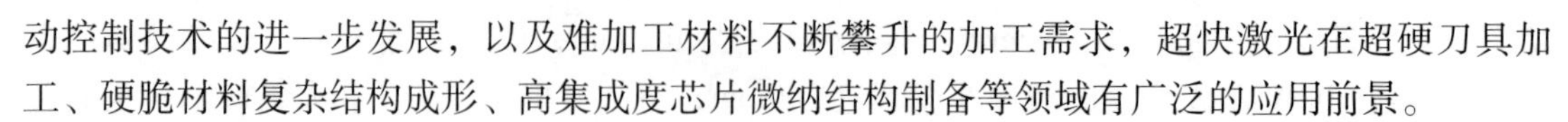

动控制技术的进一步发展，以及难加工材料不断攀升的加工需求，超快激光在超硬刀具加工、硬脆材料复杂结构成形、高集成度芯片微纳结构制备等领域有广泛的应用前景。

2. 挑战

1）在加工过程中硬脆材料的裂纹产生及扩展行为复杂，对该类材料的激光切割亟须在无裂纹损伤、窄缝宽、大切深、（近）零锥度、高切割速率和工艺重复性上实现突破。

2）纤维增强类复合材料和浑浊介质类生物组织由于成分复杂、物理性能差异大，激光切割过程中的层裂、碳化、烧痕等问题亟须更为合理的激光切割工艺和更优的切割策略。

3）对于复杂结构件，激光加工工艺面临聚焦光束自适应随动和智能控制水平提升的挑战，如船壳、机身蒙皮的复杂曲面工件坡口切割及工程机械车辆差厚板的自适应激光切割，要求三维五轴切割装备具备全自动随形聚焦能力。

4）对于极端服役环境，激光加工技术如水下激光切割、太空激光切割，还面临光束在不同介质中的传输以及其与材料相互作用机制分析的挑战。

3. 目标

1）预计到2025年，探索加工工艺与切割质量动态关联的复合材料激光切割技术，实现硬脆透明类材料的高质、高效切割，同时建立异种材料激光切割基础数据库，利用激光非接触、精确定位与控制、易于自动或智能控制的优势，结合激光钻切术在口腔科、骨科等领域开展的应用探索，实现对浑浊介质类的生物组织低损伤、高效率激光切割，促进激光切割在新领域的突破与发展。

2）预计到2030年，推进多维度运动控制及自适应随动聚焦技术的发展与应用，突破复杂结构零件切割材质、切割厚度及切割路径制约，实现自由路径激光切割，推进高功率激光切割、高精密激光加工智能装备的产业化。

3）预计到2035年，完善不同能场环境下的激光与物质相互作用的研究，构建激光-能场-材料相互作用的动态演化过程，开发出在不同能场辅助下或极端环境下激光精密切割技术的新工艺，实现多自由度脉冲/超快激光微纳加工装备产业化。

（三）高深径比激光制孔技术

1. 现状

高深径比微孔在半导体功率器件、高灵敏度光纤传感器等领域应用广泛，但传统制孔等方法受加工效率、材料适用性和精度限制无法满足微孔阵列加工要求。超快激光脉冲的超短持续时间和超高峰值功率使其在加工微孔时具有阈值效应显著、重铸层和热影响区小、精度高等优势，适用于金属、非金属材料微孔加工，已实现聚合物材料400：1深径比和玻璃材料40：1深径比的微孔加工。

随着孔深的增加，激光在孔壁的多次反射和孔内等离子体的吸收将影响其能量传输的稳定性，导致孔壁的重铸层厚度和微裂纹的数量增加，表面粗糙度值变小，还影响制孔的形状、圆度、锥度和深径比。因此，保证孔内激光能量传输稳定性是提升高深径比微孔加工精度的根本，但目前此问题仍未得到彻底解决。此外，孔深增加导致加工碎屑黏附在孔壁上，降低表面质量和制孔效率。外场辅助能够增强孔内排屑，提高加工表面质量，但外场的引入会影响激光光束质量，如导致光束发散，降低能量吸收等。非均质材料的应用日益广泛，其与激光相互作用过程更为复杂，实现非均质材料高质量微孔制备，是激光制孔技术应用的重点发展方向之一。

2. 挑战

1）阐明脉冲整形的电子状态调控机理，保障孔内激光能量传输稳定性，提升微孔高深径比和加工精度。

2）建立外场辅助与激光光束耦合关系，实现外场辅助的激光制孔复合加工，解决加工效率随孔深度剧烈下降的难题。

3）发展非均质材料、复杂型面激光制孔工艺，突破各向异性材料激光均匀去除技术。

3. 目标

1）预计到2025年，建立激光与材料相互作用理论模型，通过脉冲整形实现加工损伤、表面粗糙度和孔形精准调控，将常用金属、玻璃、半导体材料的加工质量达到损伤层厚度≤1μm，孔壁表面粗糙度值 Ra≤0.5μm，孔形相对误差≤1%，深径比≥100∶1，从而实现高质量激光制孔技术。

2）预计到2030年，揭示激光在不同能量场下的传输机制，研发并完善难加工材料外场辅助制孔工艺、微米/亚微米直径微孔制备工艺。

3）预计到2035年，揭示激光工艺参数对材料去除行为的影响机制，建立并完善涵盖各类型材料的工艺数据库，研发面向工业应用的脉冲激光时空频多维协同整形器件，完成复杂曲面与结构的高深径比微孔高速精密制备工艺与装备的开发。

（四）异形孔激光高效加工技术

1. 现状

以气膜冷却孔为代表的三维异形孔制备技术在航空航天发动机、重载燃气轮机热端部件、多类高技术部件的喷嘴制造上至关重要，是国际竞争的前沿技术。随着脉冲激光器的发展，连续激光、毫米激光、纳秒、皮秒、飞秒激光等先后被用于异形孔加工。长脉冲激光加工时，激光功率密度一般为 10^7W/cm^2 左右，材料以熔化溅射为主，孔加工速度很快，但是热影响区较大，容易带来背面损伤、表面黏接、重铸层、微裂纹等问题。皮秒、飞秒等超快激光（脉宽≤10ps）加工时，其脉冲短，热影响区小，可以控制在5μm以内。

目前的突出问题是，超快激光孔加工效率较低，而长脉冲激光孔加工热损伤大，因而难以兼顾异形孔的高效低损伤加工。另外，激光孔加工是材料多脉冲累积去除过程，加工形貌历史关联性强，异形孔三维形貌精确控制难。国际上正积极探索将超快激光与其他能场结合以实现三维异形冷却孔的高速、高质量孔加工，但这样的系统相对复杂。如何将在线智能检测技术与激光制孔工艺相结合，构建三维异形孔加工闭环数据链，是实现孔形精确控制的关键，也是目前的国际竞争热点。

2. 挑战

1）拓展超快激光-外场复合孔加工工艺，解决目前孔加工效率与热损伤难以兼顾的问题，提高制孔的效率与精度。

2）打通异形孔“加工-测量-规划”一体化制备技术链条，实现叶片、燃烧室等部件的各类三维孔一站式智能化激光加工。

3）进一步降低光束旋切模块的成本，融合高效精密在线测量方法，实现异形孔制备的智能化加工设备集成。

3. 目标

1）预计到 2025 年，揭示外能场对超快激光与材料相互作用的影响规律，形成超快激光-外能场复合加工新工艺方法，实现异形孔高效高质量加工。

2）预计到 2030 年，开发异形孔“加工-测量-规划”一体化激光制造技术，完善多材料异形孔激光低损伤一致性去除工艺，实现三维异形孔轮廓形貌的精密加工。

3）预计到 2035 年，研发三维异形孔在线精密高效测量方案，建立并完善曲面上异形孔激光精密加工技术规范，实现复杂异形孔“加工-测量-规划”一体化激光制孔装备的开发。

（五）紫外与超短脉冲激光刻蚀技术

1. 现状

紫外激光刻蚀主要采用固体倍频激光和准分子激光，紫外固体激光是通过晶体二/三/四倍频、直接倍频等技术，获得从紫外到真空紫外的激光输出，相对于准分子激光器，其具有较高的光束质量、更多的波长选择，在传播距离、束能利用效率、能量稳定度上也具有较高的指标。近年来，超短脉冲激光微加工发展非常迅速，超短脉冲激光与材料作用时，由于脉冲持续时间远小于材料内部受激电子的弛豫时间，可从根本上抑制热扩散，大大提高加工精度，并且极短的脉宽会产生超高光强，可诱导电介质材料多光子非线性吸收，增强空间分辨的同时突破衍射极限，在材料结构刻蚀成形上具备独特优势。

激光刻蚀的光束空间整形包括微透镜复眼整形、轴锥透镜、折衍混合光学技术等，近年来，在整形得到平顶光束的应用上取得了显著的突破，在微细光束的研究上，采用衍射光学的切（截）趾法得到分束丝、贝塞尔光束、艾里光束的研究也取得了一定的进展。在激光束长焦深技术的研究上，采用折衍混合元件，可在光斑直径 100μm 时实现 1. 5mm 焦深长度。然而，在激光直接刻蚀过程中，材料在高功率激光束的轰击作用下，会出现物相变化，造成变质层不断累积、熔渣飞溅物在材料表面重新沉积，基底材料因热应力造成机械损伤等现象。针对这些问题，国内外学者们纷纷提出激光复合刻蚀方法，以提高加工质量。此外，激光内刻微加工作为一种 3D 减材制造方式，在集成微光学器件、微流控芯片等领域有广泛的应用前景。

2. 挑战

紫外固体激光刻蚀的难点在于脉冲峰值功率密度较高，因此对紫外光学元件的膜层提出了较高的要求。高功率、高重频商品化飞秒激光系统在工业加工中的推广应用，以及加工对象的多样化、加工结构的复杂化，新的物理现象不断呈现，为飞秒激光刻蚀提出了更多的挑战，主要包括：

1）飞秒激光与难加工材料相互作用机制以及实际加工中受工艺影响出现的“冷加工”向热效应的转变机制尚不明确。

2）随着高功率、高重复频率飞秒激光的问世，激光脉冲与等离子体之间的相互作用及其对刻蚀质量和效率的影响将越来越显著。

3）激光复合刻蚀过程中不仅包括激光刻蚀和辅助刻蚀两种作用，同时还存在两者的耦合作用，刻蚀机理复杂，当前研究主要集中于根据试验现象结合材料特性进行的定性分析，且多集中在如何利用该方法制备一定形貌的微流体器件，同时复合刻蚀技术的加工效率和可控性不高。

3. 目标

1）预计到 2025 年，进一步设计优化微米量级聚焦光斑与焦深光学变换技术，揭示难加工材料超精密激光复合刻蚀过程的加工机理。

2）预计到2030年，取得激光光源稳定性、光束控制与变换、微米级聚焦光斑与焦深变换等关键技术上的突破，达到持续提升难加工材料紫外激光大面积、高精密、高效制备技术水平的目标。

3）预计到2035年，建立微纳结构加工可靠性测试方法与评价技术，研发紫外及超短脉冲激光超精密复合刻蚀装备，将加工辅助设备实现集成化应用，实现飞秒超短脉冲高重复率刻蚀技术及装备研制。

（六）激光铣削成形技术

1. 现状

目前国内外学者基于激光铣削过程中工艺参数的变化和工件材质的不同，提出了几种激光铣削加工机理，包括：①激光烧蚀机理：激光铣削过程中被激光辐照区域的固体物质直接汽化导致物质转移的过程；②激光导致熔体喷射机理：激光束的热作用使被辐照区域的固体物质在短时间内熔融，并部分汽化，在辅助气体和反喷物质所产生压力的作用下，以液体方式从固体表面喷射出来，完成物质去除过程；③激光引导裂纹致材料块状脱落机理：利用激光束将铣削区域的固体材料划分成一定深度的细小尺寸单元网格，然后用离焦的激光束加热划分的单元，使其在热应力作用下块状脱落，完成物质去除。在激光铣削过程中，上述几种机理并不是孤立存在，而是随着激光铣削工艺参数的不同，铣削机理有所偏重。

2. 挑战

1）激光铣削是一个复杂的光-热交互过程，近年来，随着复合材料的不断发展，其在先进制造业中发挥着日益重要的作用，需进一步深入研究激光与复合材料相互作用机理及工艺。

2）针对复杂曲面和结构的激光铣削成形工艺还不够成熟，铣削出的零件表面还存在熔渣、裂纹，从而导致产品尺寸精度比较低，表面质量差，铣削效率不高。

3）现有温度测量系统大都针对较低或者中等温度的温度场，对于高温下温度场的测量还存在较大的困难。因此亟须开发激光铣削温度场实时测试系统，依据温度场的实时变化定量分析激光铣削成形过程；在激光铣削过程中会有应力场，需在后续的研究中考虑铣削过程中因温度变化引起的应力场变化，以及应力消除的措施等。

3. 目标

1）预计到2025年，揭示激光与复合材料铣削成形过程中的相互作用机理，完善激光铣削成形工艺。

2）预计到2030年，实现对硬脆材料激光直接铣削加工过程中裂纹等损伤的有效控制，通过激光刻蚀工艺实现复合材料、复杂曲面与结构的超精密铣削成形，获得亚微米级的铣削面平面度。

3）预计到2035年，研制出具有激光铣削温度场、应力场测量和反馈系统的“加工-测量-反馈”一体化高效率激光铣削成套装备。

四、技术路线图

激光材料去除技术路线图如图5-1所示。

	2023年 — 2025年 — 2030年 — 2035年
需求与环境	激光材料去除技术在航空航天、国防、生物医学等领域具有巨大的市场需求，高效、智能、绿色激光切割技术的应用领域不断扩大，高深径比、无锥度、无裂纹激光制孔技术需求与日俱增，大面积、高分辨率激光刻蚀技术及其装备研制不断发展，逐渐成为先进材料与零件高端制造的重要方法
典型产品或装备	十万瓦级智能化数控激光切割装备 数控脉冲/超快激光精密切割装备 外能场复合激光制孔装备 超快激光微孔制备装备 紫外/深紫外超短脉冲激光刻蚀装备 激光精密铣削加工中心
跨尺度激光切割技术	目标：跨尺度激光切割技术应用拓展及智能装备产业化（2023—2035年） 建立三维大型/复杂结构及跨尺度兼顾的高效高质激光精确切割多尺度模型及工艺数据库（2023—2030年） 大范围、多维度、高精确激光切割空间定位、加工轨迹与加工质量在线反馈技术（2025—2035年） 机器学习、激光切割相结合的工艺优化与运动控制协同技术，智能化激光加工平台的集成与产业化（2025—2035年）
难加工材料激光精密切割技术	目标：难加工材料激光精密切割技术的突破及装备开发（2023—2035年） 并行切割、隐形切割、多焦点切割、介质辅助切割等新型激光切割技术（2023—2035年） 各类难加工材料低损伤、低热效应的激光切割，突破切割材质、切割厚度及切割路径的制约（2025—2035年） 多自由度脉冲/超快激光微纳加工装备产业化（2025—2035年）
高深径比激光制孔技术	目标：孔内激光能量稳定传输技术的突破与智能制孔装备开发（2023—2035年） 脉冲光场时空频多维协同整形与外场辅助精密高效加工技术（2023—2030年） 难加工材料外场辅助制孔工艺、微米/亚微米直径微孔制备工艺（2023—2035年） 复杂曲面与结构的高深径比微孔的高速精密制备工艺与装备开发（2025—2035年）
异形孔激光高效加工技术	目标：多材料异形孔高效低损伤加工工艺及装备研制（2023—2035年） 多材料异形孔激光低损伤一致性去除工艺（2023—2030年） 智能原位检测与反馈技术（2025—2035年） 复杂异形孔“加工-测量-规划”一体化激光制孔装备（2025—2035年）

图 5-1　激光材料去除技术路线图

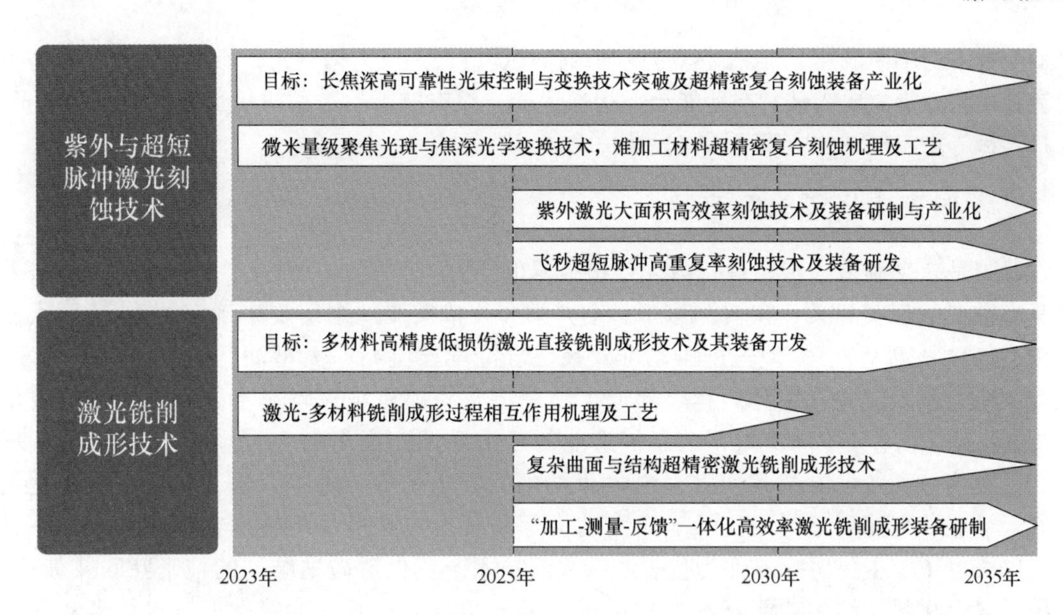

图 5-1　激光材料去除技术路线图（续）

第三节　激光连接技术

一、概述

激光连接是指以激光作为唯一或主要能量源，通过激光与物质相互作用，实现两种及两种以上部件或结构单元的永久结合或互连的工艺方法。激光在波长、能量、时间、光斑大小等可选择性和可调控性方面具有显著优势，同时兼具高的柔性和材料适应性，可满足宏观、微观以及纳米尺度的连接要求，成为最具发展潜力的连接技术手段之一。

激光连接技术伴随着工业激光器、机器人、人工智能等技术的发展以及对光与物质相互作用机制的不断深入理解而快速发展，已在航空航天、轨道交通、汽车、船舶、工程机械、电子等工业领域逐步取代传统的焊接方法，获得越来越广泛的应用[18]。当前，国家重大工程和高端装备制造的发展对轻量化及结构功能一体化制造提出了更高的要求，高性能钛合金、铝合金、高强钢、高温合金、复合材料等新材料的广泛应用以及复杂整体结构、异种材料复合结构、一体化功能结构的不断出现对激光连接技术提出了迫切需求。

激光-电弧复合热源焊接既可以发挥两种热源各自的优势，又能弥补各自的不足，已在船舶、汽车、轨道交通等领域获得应用。激光与电场、磁场、机械能等多种能场的复合连接技术具有独特的技术优势，展现出巨大的应用前景。

激光微连接可实现微小结构件的连接，在微电子及微光机电系统中具有广阔的应用前景。以连续或普通脉冲激光为手段的微连接，焊缝尺寸可控制在微米量级；超短脉冲激光技术的出现则为微纳连接带来了新的机遇。

未来 20 年，随着新型超高功率激光器、短波长激光器、模式可调激光器、超短脉冲激

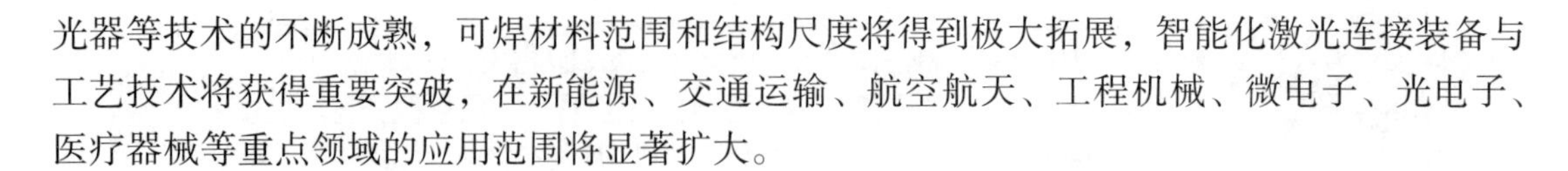

光器等技术的不断成熟，可焊材料范围和结构尺度将得到极大拓展，智能化激光连接装备与工艺技术将获得重要突破，在新能源、交通运输、航空航天、工程机械、微电子、光电子、医疗器械等重点领域的应用范围将显著扩大。

二、未来市场需求及产品

我国是一个制造大国，现代激光连接技术的研究、开发、应用及产业化对国民经济发展具有重要的现实意义。在《国家中长期科学和技术发展规划纲要》确定的16项重大专项中，如“核高基”、大型先进压水堆及高温气冷堆核电站、大型油气田及煤层气开发、大型飞机、载人航天与探月工程、集成电路制造及高超专项等均离不开高性能连接技术的支撑。《国务院关于加快振兴装备制造业的若干意见》提出的16个重大技术装备领域中，大型清洁高效发电装备、大型乙烯和煤化工成套设备、海洋石油工程装备及液化天然气运输船、高速列车、飞机及航空发动机等领域也与先进焊接技术密切相关。另一方面，以微电子、生物医疗器件为代表的新兴高技术产业也对微纳结构的精密互联及玻璃、陶瓷及复合材料等结构功能材料的连接提出了迫切需求。通过发展先进连接技术实现复杂构件的整体化制造是满足极端服役条件，解决国家重大工程需求的重要基础。因此，激光连接技术在制造业所起的作用越来越重要。通过交通运输与航空航天装备轻量化结构制造、微电子工业核心器件及生物医疗器件等新兴产业需求为例，展示激光连接技术的市场现状和应用前景。

（一）轻量化大型整体结构的激光焊接需求

以先进材料和复杂整体结构为特征的大型高性能构件对装备整体服役性能的提升起到重要作用。当前，航空航天、轨道交通、船舶、新能源汽车等领域的战略发展对轻量化、高性能、高精度大型复杂整体结构提出了迫切需求[18]。依据部位及功能要求采用不同性能的材料，以实现材料与零部件功能的最佳匹配成为未来的主要发展方向之一。铝合金、镁合金、钛合金、先进高强钢、复合材料等高性能轻质材料在实现结构轻量化及结构功能一体化的同时，对同质/异质材料高性能连接技术提出了新挑战。例如，超高强度钢对热敏感，焊接时不仅对热输入控制要求精确，而且对焊接加热时序要求严格，电弧焊接时的裂纹敏感性及接头软化行为难以克服。作为高速列车主要的轻量化结构材料，铝及铝合金材料的电阻比钢小，而热导率却远高于钢，对电阻点焊提出了极大的挑战。另外，如何解决冶金特性差异较大的钢/铝、铝/铜及其他难熔金属异种金属连接问题也是一个难题。传统的电阻焊及弧焊工艺越来越不能满足装备高性能、高可靠、长寿命和低成本发展的要求。作为一种先进高效连接方法，激光焊接及激光复合焊接技术的发展成为实现轻量化复杂构件制造的重要手段。

在航空航天领域，大功率光纤激光焊接及复合焊接技术在钛合金、铝合金薄壁结构的制造中发挥了关键作用。激光电弧复合焊接技术、双光束激光焊接技术已应用于先进飞机机翼铝合金套筒以及后机身钛合金整体壁板的制造，相应的自动化激光焊接生产线也已建成并批量化生产。该项技术及其成套装备也在多个航天器部件的制造中得到应用，例如激光-MIG电弧复合焊接的高强钢储气罐。此外，新一代飞机、运载火箭等重点工程面向更苛刻的服役环境，对焊接结构的质量、寿命及效率提出了更高的要求，迫切需要焊接工艺与装备的升级换代。针对高性能钛合金、高强铝合金、树脂基复合材料等三维空间结构的整体化制造需求，需加强光场调控激光焊接、激光-电弧复合焊接、双光束激光焊接、真空激光焊接、异种材料激光焊接等技术的工艺适用性和工程化应用开发力度。同时，为了实现复杂结构的高效、低成本制造，与机器人、工艺数据库、专家管理系统有机结合的大功率激光智能焊接技术也成为研究热点。

（二）微光、机、电集成器件的激光连接需求

激光焊接聚焦光斑小，加热集中迅速、热影响可控，在集成电路和半导体器件壳体的封装中显示出独特的优越性。在电子工业，特别是微电子工业中有非常广泛的应用前景[19]。在真空器件研制中，激光焊接也得到了应用，如钼聚焦极与不锈钢支持环、快热阴极灯丝组件等。传感器或温控器中的弹性薄壁波纹片厚度为0.05~0.1mm，采用传统焊接方法难以解决，激光焊接具有独特的优势。

超大型规模集成电路核心器件的封装已成为制约其发展瓶颈。封装是MEMS设计的一个关键要素，封装内的环境对MEMS器件应用的效能至关重要，对以玻璃、陶瓷、复合材料等功能材料封装的电子芯片应用于感测旋转速度、加速度和压力等各种参数的MEMS传感器来说尤其如此，超短脉冲激光器具有高精度和无热影响的优点，对周边区域产生的损害非常轻微，这让其非常适用于上述生产过程，且具有完美的性能，为高性能MEMS系统制造带来了新的机遇。

此外，随着纳米技术发展，需进行纳米尺度的连接形成纳米器件和系统，然后将它们集成到微米或宏观尺度的器件或系统，微纳连接成为未来必须突破的挑战。激光微纳连接也将是进行纳米器件制造必不可少的关键技术。

（三）高性能生物医疗器件的激光连接需求

近年来，生物相容性非常好、长寿命特征的玻璃、生物陶瓷及聚合物等生物非金属材料的应用不断扩大，其同质及异质材料的连接和密封对这些产品是一个非常重要的问题。激光连接以其快速、精确、柔性、非接触、热影响区极小的局部连接和封装工艺，在诸如大脑植入物、视网膜损坏的视觉移植、心脏起搏器移植、耳蜗移植、药物传递器移植、整形外科的移植及人工关节与假肢移植等生物医学领域具有良好的应用前景[20]。采用激光连接技术，高度集中的激光光束将各种组件密封起来使它们保持在室温状态，同时由于不包含任何黏合剂，避免了化学物质缓慢蒸发之后会逐渐脆化问题。随着对新的激光密封技术认识的逐渐加深，未来激光连接技术可望在生物非金属材料植入式芯片和传感器等微器件的局部精确连接与密封方面大显身手。与此同时，激光连接技术成为一种快速且极具成本效益的解决方案，可以协助生产新型的体外诊断设备，实现各种疾病、生理状况和人体生物和疾病特征的快速、低成本检测。

三、关键技术

（一）光场调控激光焊接技术

1. 现状

近年来，为解决铝合金、镁合金、铜合金、高温合金等材料的激光焊接工艺适应性与焊缝质量提升等问题，采用焦点摆动、模式可调激光等方式的光场调控激光焊接技

术成为研究热点[21]。调控光场能量分布可影响匙孔行为、熔池流场、温度场、应力场，进而改善焊接过程的稳定性和焊缝成形，减少焊接缺陷，提升焊接工艺适应性与接头力学性能。焦点摆动和模式可调激光焊接已应用于锂电池铝合金、铜合金薄壁组件的焊接。

2. 挑战

1）激光焊接物理过程复杂，聚焦光场时空特性对焊接匙孔、羽辉、熔池动态行为和焊缝成形质量的影响规律及其物理机制尚不明确。

2）针对不同材料和结构特点，开发光场多维度调控技术，实现焊缝成形质量和接头性能的主动调控。

3. 目标

1）预计到2030年，探明聚焦光场的影响规律，揭示激光焊接内在物理机制，建立普适的激光焊接热源模型。

2）预计到2035年，建立光场调控激光焊接技术体系，在航空航天等领域高温合金、高强铝合金、铝锂合金等构件整体化精密制造方面实现工业应用。

（二）激光复合焊接技术

1. 现状

为适应新材料、新结构的连接需求，将激光与电弧、电场、磁场、超声等其他能场结合的复合焊接技术得到了越来越广泛的关注[22]。通过不同能场的协同耦合作用，提高焊接效率，改善焊接过程稳定性，调控焊接热循环，抑制焊接缺陷，调控接头组织性能等。在众多激光复合焊接工艺方法中，激光-电弧复合焊既可以发挥两种焊接热源各自的优势，又能弥补各自的不足，获得单一热源难以达到的焊接效果，是目前焊接领域的研究热点，在汽车、船舶、轨道交通、输油管道等工业领域获得成功应用。

2. 挑战

1）各种激光复合焊接工艺不断出现，并有工业应用探索，但是不同能场的协同耦合作用机制及优化匹配原则尚不清晰。

2）针对不同材料和结构激光复合焊接工艺方法选择原则、焊接过程传热与传质规律、焊接缺陷产生机理及控制策略、工艺参数在线实时调控等也是面临的重要挑战。

3. 目标

1）预计到2030年，建立激光复合焊接技术体系，激光-电弧复合焊接、激光-电磁感应加热复合焊接、激光-电场/磁场/超声复合焊接等复合焊接技术逐步成熟。

2）预计到2035年，激光复合焊接技术在航空航天、轨道交通、船舶与海洋工程、工程机械等领域广泛应用，推动高端装备制造的技术变革。

（三）异种材料激光连接技术

1. 现状

为了满足现代装备轻量化、高性能化、结构功能一体和低成本制造的需求，将不同特性材料组成各种复合结构得到越来越广泛的应用，如航空发动机和航天推进系统中大量采用了异种金属连接结构，高温燃气轮机叶片期望采用陶瓷和金属的复合结构等。近年来，异种材料激光连接方法与技术不断发展[23]，实现了铜/钢、铝/铜、铝/钛、树脂基复合材料/金属的优质连接，而金属与陶瓷、玻璃、半导体等材料的激光连接成为新的研究热点。

2. 挑战

1）不同材料的物理、化学、冶金性能差异大，厘清不同材料体系的界面结合条件与机理、控制界面结构及界面反应、调控界面产物、消除连接缺陷等是实现异种材料激光连接的关键难点。

2）不同使用环境下异种材料激光连接接头服役性能及安全性评价等方面还需要深入研究。

3. 目标

1）预计到2030年，针对航空航天、轨道交通、新能源等战略性新兴产业需求，厘清典型异种金属、金属/非金属材料激光连接界面结合条件与机理。

2）预计到2035年，建立典型异种金属、金属/非金属材料激光连接技术体系，并实现工业化应用。

（四）大厚度构件激光焊接技术

1. 现状

随着工业技术的迅猛发展，核电设备、航空航天及海洋工程等极端条件下高质量、高精度制造领域对厚板结构需求越来越迫切，厚度也越来越大。窄间隙激光焊接方法集中了窄间隙焊接和激光焊接两者的优势，被认为是最具潜力的大厚板优质、高效焊接方法之一，近年来成为研究热点，已实现厚度超过100mm不锈钢板的窄间隙激光焊接。50~100kW超高功率光纤激光器的商品化为大厚度板激光焊接提供了全新手段[24]。

2. 挑战

1）大厚板超高功率光纤激光深熔焊接匙孔深径比大，过程稳定性及焊缝成形质量与缺陷控制难度大。

2）窄间隙激光焊接需解决填充材料/光场与间隙的优化匹配及自适应调节、焊接过程监控及层间缺陷和应力变形控制等难题。

3. 目标

1）预计到2030年，攻克大厚板超高功率光纤激光焊接过程稳定性控制技术，实现厚度不超过100mm的大厚板结构的单道焊接。

2）预计到2035年，建立窄间隙激光焊接技术体系，实现300~500mm超厚结构的精密焊接。

（五）真空激光焊接技术

1. 现状

真空激光焊接技术提升了对焊接过程的保护效果并抑制了羽辉，焊接过程的稳定性与焊缝成形质量得到改善，焊缝熔深增加[25]。采用局部真空法可摆脱真空仓对焊接零件尺寸的限制，提升了焊接工艺的柔性，是中厚板三维结构焊接的研究热点之一。国内外对不锈钢、铝合金、高温合金等材料在真空激光焊接过程中的羽辉特征、熔池行为、焊缝成形特性等进行了研究，初步揭示了真空激光焊接羽辉和缺陷抑制及焊缝熔深增加的机理。

2. 挑战

1）真空环境进行激光焊接时，合金元素的蒸发、熔池液态金属的流动行为发生改变，真空条件下激光与材料的相互作用及其对凝固特性的影响规律尚不清晰，焊接接头性能的稳定性与一致性有待进一步验证。

2）实际应用中，大型复杂构件的真空激光焊及真空激光焊缝“窄而深”的特点对待焊零件装配间隙的适应性要求也面临挑战。

3. 目标

1）预计到2030年，研发高适应性及高度集成化的局部真空装置，发展真空激光填丝焊接、真空激光复合焊接等技术。

2）预计到2035年，开发钛合金、铝合金、高温合金大尺寸复杂结构的真空激光焊接工艺，在航空航天、船舶、核电、压力容器等领域实现工业化应用。

（六）远程激光焊接技术

1. 现状

远程激光焊接技术借助于扫描光学器件/机器人，以飞快运动方式把长焦距激光焦点快速定位在工件上，实现加工区域内任何焊接形状的高速扫描焊接[26]。该技术近几年获得了较大发展，已广泛应用于汽车座椅（倾斜器、框架、导轨、面板）、白车身（行李箱、后面板、车门/悬挂部件）以及内部件（仪表板梁、后部支架/帽架）的焊接，逐渐替代传统电阻点焊。

2. 挑战

由于远程焊接保护气体不能随激光束沿焊缝同步运动，当前，激光远程焊接不使用保护气体，应用还限于车用钢非主承力薄壁件的焊接，其最大的挑战在于如何对大型构件焊接区域进行有效的局部保护，使其适用于其他金属材料和结构的低成本焊接制造。此外，大型构件远程焊接时的实时动态监控焦点位置也是需要突破的瓶颈之一。

3. 目标

1）预计到2030年，自主研制出远程焊接高功率、大幅面、可编程、自监控动态聚焦光学系统与成套装备。

2）预计到2035年，实现高温合金、铝合金等高性能金属构件的远程焊接。

（七）激光微纳连接技术

1. 现状

激光微连接的应用从激光技术发展初期就有报道，如金属箔、金属丝、金属箔与金属丝、晶体管与互连线的连接等。当前，激光微连接除广泛应用于微电子、微小器械等领域，也开始应用于跨尺度光电器件（如深空探测X射线栅格准直器）的精密焊接制造[27]。近年来，随着超快激光技术的发展，超快激光微连接拓展了被连接材料的范围[28]。

2. 挑战

激光微纳连接对接头间隙极为敏感，如玻璃的超快激光微焊接通常要求两块玻璃之间达到光学接触，发展具有高冗余度的激光微连接工艺方法，同时控制焊接温度场和焊接应力是精密微小/跨尺度器件激光微纳连接面临的挑战。此外，激光微纳连接还存在效率低、可控性弱和重复性较差等问题。

3. 目标

预计到2035年，开发激光微纳连接新方法、新工艺，并与其他微纳器件制造技术有机融合，实现微纳器件及由微纳结构构成的跨尺度构件/系统的高效制造，使一些全新的光、机、电一体化系统构想成为可能。

（八）智能激光焊接技术

1. 现状

激光具有高度柔性、可控性、可选择性、可复合性等优势，是未来智能制造系统不可或缺的重要工具。智能激光焊接技术涉及传感技术、数据采集、无线通信、机器视觉、人工智能等多个技术方向。目前，基于机器视觉的焊缝自动寻位技术已经较为成熟，且开始得到工业应用，大幅提升了激光焊接自动化程度。激光焊接过程实时监控尚处于研发阶段，研究主要集中在采用各种传感器获取焊接熔池、等离子体/羽辉、匙孔的相关特征信息，以建立焊接过程稳定性和焊接缺陷与特征信号之间的关系。人工智能在激光焊接领域的应用研究刚开始，主要是基于试验数据驱动的机器学习，对焊缝成形质量和焊接缺陷做出预判[29]。

2. 挑战

1）智能激光焊接技术包括激光焊接装备技术的智能化和激光焊接工艺技术的智能化两个方面，涉及设备的健康状态、焊接环境、工件和接头状态、焊缝轨迹、匙孔和熔池等特征信息的感知、分析、推理、决策、管控等。由于激光焊接是一个多参数相互耦合的复杂时变非线性过程，影响焊缝质量的不确定因素复杂、多元，基于试验数据驱动的机器学习需大量试验数据作为支撑，难以取得理想效果。

2）建立真实反映激光焊接过程的数学物理模型，揭示多参数对焊接过程和焊缝质量的耦合影响规律，是智能激光焊接技术面临的重大挑战。

3. 目标

1）预计到2030年，建立基于仿真模型与试验数据融合驱动的机器学习智能激光焊接技术架构。

2）预计到2035年，开发具有设备状态自感知和预测性维护等功能的智能激光焊接装备，推动智能激光焊接技术的工业化应用。

四、技术路线图

激光连接技术路线图如图5-2所示。

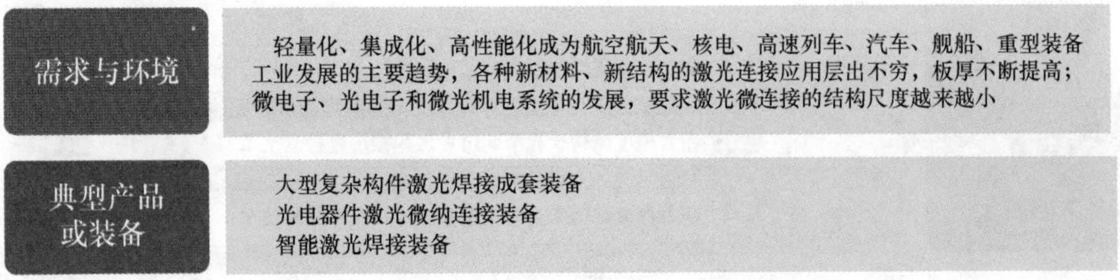

需求与环境	轻量化、集成化、高性能化成为航空航天、核电、高速列车、汽车、舰船、重型装备工业发展的主要趋势，各种新材料、新结构的激光连接应用层出不穷，板厚不断提高；微电子、光电子和微光机电系统的发展，要求激光微连接的结构尺度越来越小
典型产品或装备	大型复杂构件激光焊接成套装备 光电器件激光微纳连接装备 智能激光焊接装备

图5-2 激光连接技术路线图

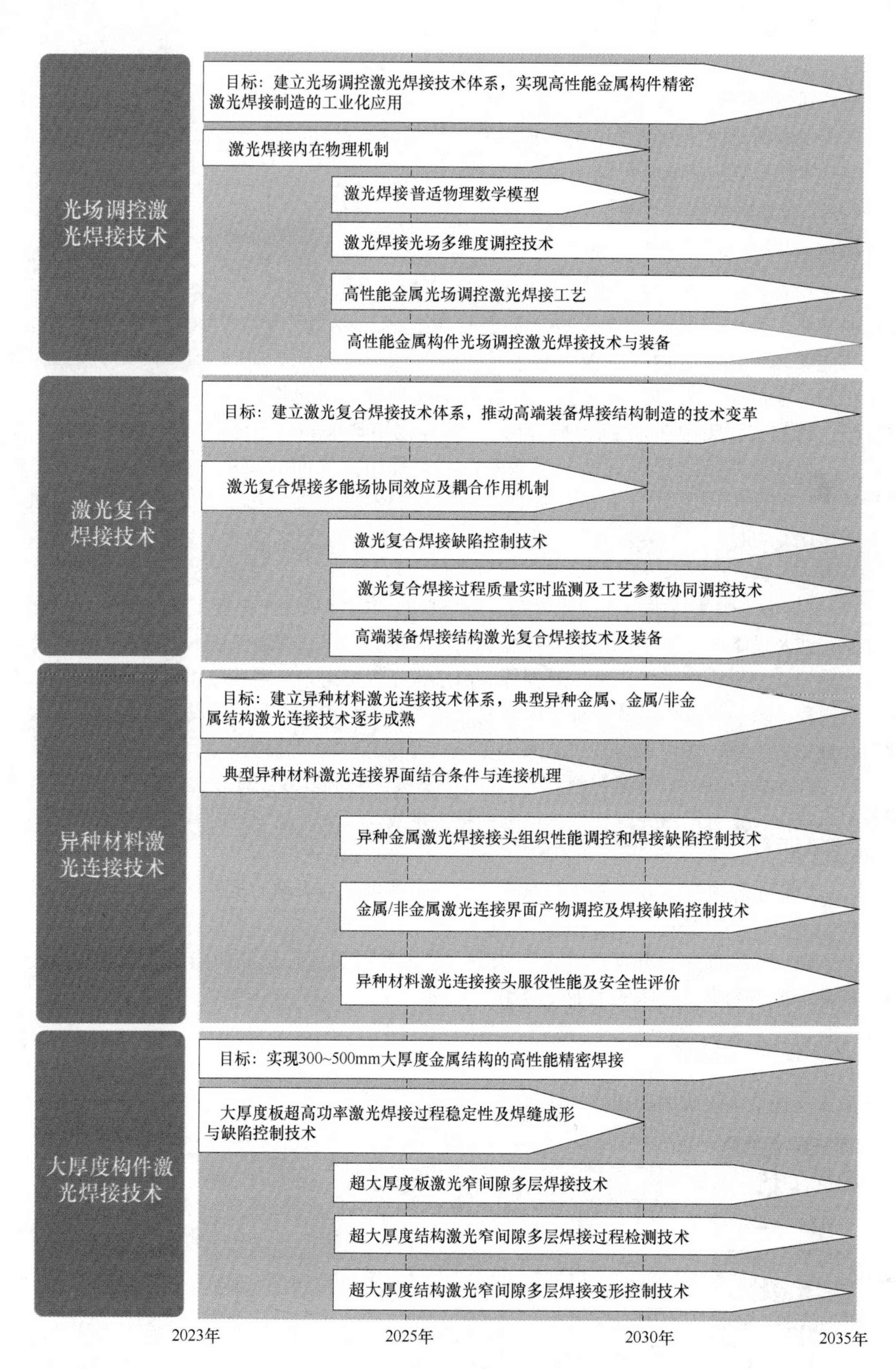

图 5-2　激光连接技术路线图（续）

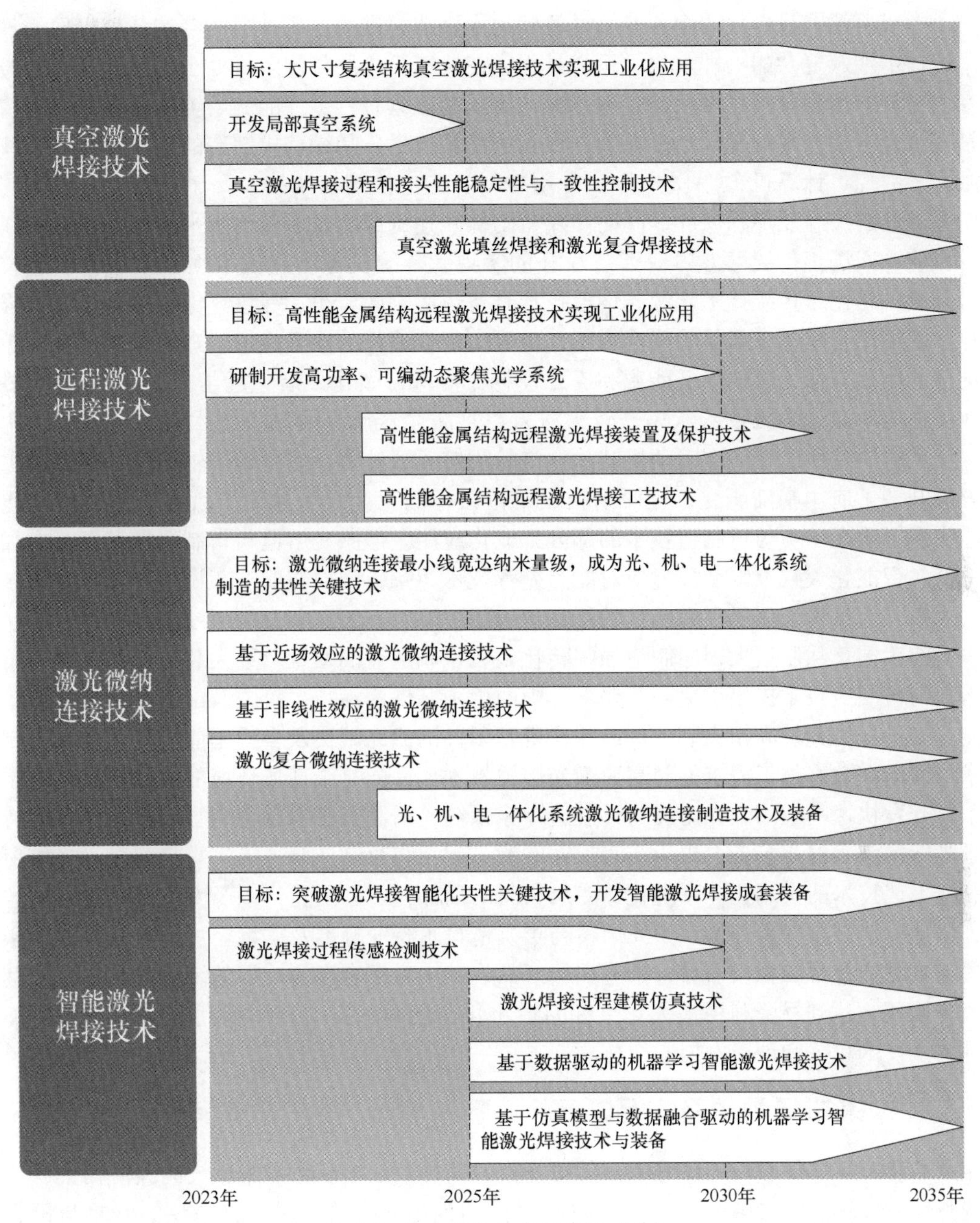

图 5-2　激光连接技术路线图（续）

第四节　激光熔覆与再制造技术

一、概述

激光熔覆技术是采用非接触激光束同步作用于基材与熔覆专用材料（粉末或丝材），在基材上形成熔池，且熔化的熔覆专用材料被送入熔池，进而形成冶金结合的一种表面处理技术。该技术涉及复杂的物理及化学冶金过程，在快速熔化及凝固阶段处于远平衡态，通过熔覆专用材料的选型及工艺参数的合理匹配，可以制备具有特定性能的熔覆层。激光再制造技术是在激光熔覆技术的基础上提出的一种先进修复技术，是绿色再制造的重要支撑。该技术集激光、数控、计算机、CAD/CAM、专用材料、光电检测控制技术等于一体，不仅能实现损伤零部件的尺寸及形状恢复，同时修复后的性能达到或超过原基材水平。

目前，我国正持续助力“双碳”目标的实现，传统机械制造技术逐步向绿色制造技术转型升级。相比于传统技术，激光熔覆技术具备热影响区域小、绿色环保及冶金结合力强等优势，既可用于零部件新品的改性加工，也可实现损伤件的修复成形，进而大幅度提升关键零部件的服役寿命，有效降低能源和资源损耗，促进低碳化发展。近年来，我国科研院所、企业单位等对激光熔覆技术认识已较为深入，且激光器研发及制备技术水平得到了大幅提升。相关科研院所已在航空发动机叶片、汽轮机转子、轧辊、燃机转子轴、模具等关键零部件方面开展了应用基础研究，且协助企业单位在不同工业领域建立了激光再制造智能化工厂，实现了激光熔覆与再制造技术的部分工业化应用。但激光熔覆与再制造技术仍存在加工效率低、智能化欠缺及复杂环境应对能力差等技术瓶颈，因而在航空、海洋及风电等领域实现大规模、大批量应用仍存在较大的不足。

当前我国正从制造大国向制造强国转化，装备制造业的发展及重大装备的寿命提升给激光熔覆与再制造技术提出了更高的要求，因而亟须开展前沿技术攻关及配套高新技术装备的研制。如进一步开发高精尖装备制造业关键基础件的激光熔覆及多物理能场复合激光再制造技术、面向高效率加工需求的超高速激光熔覆技术、面向复杂现场环境的激光熔覆与再制造技术；开发快速响应的激光熔覆与再制造专家系统，研制具有自动化、智能化、信息化特点的激光熔覆头等核心装备，提供实时反馈的激光熔覆与再制造服务等。重点解决激光熔覆与再制造工艺技术的实用化、系统化，专用材料的商品化、系列化，以及专用成套设备的智能化、信息化，健全完善并推广激光熔覆与再制造技术行业标准及体系。加强战略层面对激光熔覆与再制造技术的积极引导，推进在新产品设计中考虑全寿命周期的绿色再制造，使其形成闭合循环，达到物资利用最大化、废品最小化，同时夯实“产学研用”协同创新，加快关键共性技术攻关和创新发展。

二、未来市场需求及产品

高端装备零部件服役环境恶劣，其损伤失效而导致的换新将带来巨大的经济损失、资源浪费与环境破坏。随着国家“双碳”战略目标的提出，亟须发展一种绿色的修复与再制造技术。激光熔覆与再制造技术具有高质高效、资源节约、环境友好等特色，高度契合国家绿色发展与构建循环经济的战略需求。《工业领域碳达峰实施方案》面向装备制造绿色低碳，将激光制造作为推进先进近净成形工艺技术实现产业化应用的方向之一；《“十四五”智能制造发展规划》将激光制造技术作为通用智能制造装备和专用智能制造装备的主要研发方向之一。在国家政策支持下，激光熔覆与再制造技术在航空装备、动力装备、海洋装备、冶金与矿山装备等领域具有长期向好的应用前景和市场需求。

（一）航空装备关键部件激光熔覆与再制造

航空发动机热端部件是航空装备的关键部件，在恶劣的工作环境下易发生结构或表面损伤而导致停机或报废。将激光熔覆与再制造技术应用于叶片、整体叶盘等部件的修复与再制造，将显著提高修复件的使用寿命且成本会大幅降低。航空发动机热障涂层具有高熔点、低热导率、耐蚀性等严苛要求，激光熔覆与再制造技术制备的热障涂层在满足上述需求的基础上，能显著提升涂层的耐蚀性能。在航空装备结构件制备与修复方面，采用激光熔覆技术在起落架上熔覆 AerMet-100 合金涂层，可使起落架抗拉能力由 1240MPa 增至 1752MPa。此外，整体式蒙皮取代组装式蒙皮成为近年来飞机蒙皮的一种发展趋势，但由于铆钉的缺乏，整体式蒙皮一旦产生裂纹，就很难抑制裂纹的扩展，采用激光熔覆技术制备的蒙皮具有较基体更好的抗裂性能，疲劳寿命是基体的近 3 倍。

面向航空装备部件现场无拆卸快速修复需求，围绕我国激光熔覆优势适用技术面临的关键核心技术瓶颈问题，未来应着力加强高速响应的超高速激光熔覆与再制造基础研究与核心技术攻关，重点开展移动式激光熔覆与再制造关键模块与集成装备专项研究。

（二）动力装备关键部件激光熔覆与再制造

以透平机械为代表的动力装备是工业生产生活的心脏，由于服役环境恶劣，其叶片易产生诸如变形、凹坑、裂纹、腐蚀等缺陷，采用激光熔覆技术修复后的叶片寿命可以提高 2~4 倍，且修复一次的费用仅为新部件价格的 30%，按两次修复算，比起更换新部件，修复要节约 40%左右的费用。汽轮机叶片长期受到水汽的冲击，其叶片边缘受到侵蚀，可采用激光熔覆技术对侵蚀的叶尖进行再制造，修复层与基体形成良好的冶金结合，保证了涂层与基体之间的结合强度，涂层显微硬度值比基体提高了近 3 倍且从修复层到基体显微硬度过渡平稳。水轮机转轮室、机组桨叶在长期运行过程中，同时受水流冲蚀、泥沙磨蚀和化学腐蚀的共同作用，采用激光熔覆技术所制备的 Co 基抗汽蚀熔覆层具有良好的耐磨、耐蚀性能，其显微硬度是基材的 1.5 倍，相同试验工况下，汽蚀失重量仅为基材的 1/3。

目前动力装备关键部件不断向尺寸大型化、型面复杂化、结构轻量化和制造精密化等方向发展，针对以叶片为代表的复杂部件结构/损伤/材料复杂等修复难点，未来应研发基于高强度、高温耐热合金等新型材料的激光精密熔覆与再制造方法，重点研发基于能场复合的激光熔覆与再制造原理与技术，以适应不断发展的动力装备关键部件修复市场需求。

（三）海洋装备关键部件激光熔覆与再制造

海洋装备关键零部件易发生腐蚀、磨损与疲劳开裂等失效行为。针对船舶叶轮常规修理过程中周期长、结合力差、变形量大等诸多难题，采用激光熔覆再制造技术，修复层和基体之间的结合属冶金结合，结合强度高，不易出现脱落、起皮现象，修复变形量可控制在 0.01~0.02mm。采用激光熔覆技术对船板破损点进行修复，相较常规方法，修复区结合强度提高约 5 倍，为特殊或恶劣条件下的水下船体修复提供了技术支撑。沿海地区的海洋平台泵表面易发生腐蚀和磨损，选用镍基合金对损伤件表面进行激光熔覆，修复件服役寿命延长 5 倍以上，节约购置费用上千万元。为提高沿海水闸活塞杆的抗磨耐蚀性，通过同轴激光熔覆技术在材质为 45 钢活塞杆表面制备 NiCrBSi 涂层，熔覆层整体硬度是基体的 2.5 倍左右。针对某核电站循环海水泵叶轮磨损、腐蚀等缺陷，利用激光熔覆技术在叶轮材料试样表面进行 Fe 基粉末熔覆，熔覆层硬度达到 625.7HV，屈服强度达到 641MPa。

针对海洋装备核心部件耐蚀耐磨的关键需求，未来应重点研发专用于各种海洋装备易损

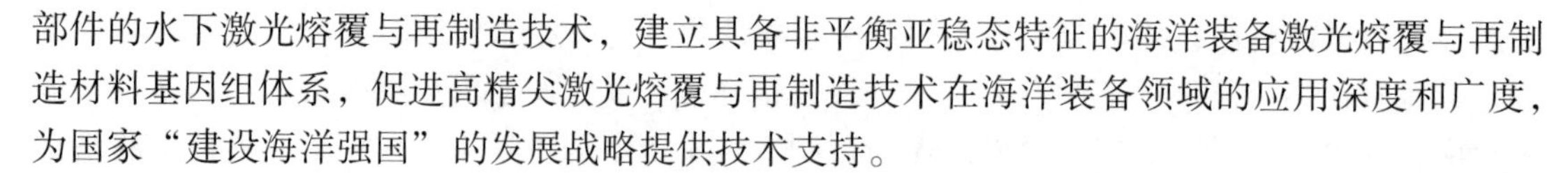

部件的水下激光熔覆与再制造技术，建立具备非平衡亚稳态特征的海洋装备激光熔覆与再制造材料基因组体系，促进高精尖激光熔覆与再制造技术在海洋装备领域的应用深度和广度，为国家“建设海洋强国”的发展战略提供技术支持。

（四）冶金、矿山装备关键部件激光熔覆与再制造

矿山机械工作环境恶劣，使用强度大。相关统计显示，2020 年我国矿山机械达到百万吨的平均报废量。采矿设备中，液压支架腐蚀对矿井生产带来安全隐患和经济损失，激光熔覆后液压支架表面熔覆层的防腐等级达到 580h，耐蚀性能达到 9 级以上，熔覆层显微硬度比基体提高近 1 倍。AISI-1040 钢制煤矿刮板溜槽板磨损失效会导致维护成本较高，用激光熔覆沉积一层高耐磨合金，使溜槽板基板可以重复使用，降低了使用成本。截齿是采煤机实现截煤破岩功能的关键零部件，工作环境掺杂其他坚硬岩石和酸碱物质，需不间断作业，磨损失效的截齿占 50%以上。通过激光熔覆技术在截齿上制备晶粒细致、组织均匀的镍基涂层，新生成的 Mo_2Ni_3Si 三相化合物使涂层硬度相比基体提高了 20%，截齿使用寿命明显延长。冶金轧机牌坊长期在酸性、水、油氛围下使用，窗口和凹槽面均会出现较严重的磨损、腐蚀问题。采用激光熔覆再制造加工技术在衬板配合面表面熔覆一层 0.4~0.5mm 厚的金属功能层，可以提高牌坊本体表面耐磨损、耐蚀性能，提升轧机牌坊使用寿命。将激光再制造技术应用到冶金矿山机械行业中对废旧零部件进行再制造，可以减少能源和资源浪费，对社会经济可持续发展起积极作用。

针对冶金、矿山部件耐磨蚀的关键需求，未来应重点研发专用于各种冶金、矿山机械的激光熔覆高硬度耐磨蚀合金粉末并大批量生产。在如今碳中和的大背景下，激光再制造技术在冶金矿山机械上的应用将迎来前所未有的发展。在该产品的研发过程中，要重视自动控制、机器手臂、互联网等智能化、信息化技术与激光熔覆与再制造技术的有机结合。重点研发面向现场的模块化激光熔覆与再制造技术以迎合冶金矿山行业的现场修复需求。

（五）制造业关键基础件激光熔覆与再制造

我国是世界制造大国，制造业关键基础件决定了机械的精良程度。为响应“双碳”政策，风电行业发展迅猛，风电轴承是风电设备核心部件之一，恶劣的工作环境对表面耐磨性、耐蚀性提出了严苛要求。采用激光熔覆技术在大型风电轴承滚道表面制备高硬度无裂纹马氏体不锈钢涂层，显微硬度可达 800HV，是 42CrMo 基体硬度的 2.4 倍。齿轮作为机械传动系统中的基础传动零部件，在高载荷或高速条件下连续工作会使齿轮发生疲劳损伤，影响运作精度，但直接更换会造成较大的经济损失。工业中齿轮损伤主要集中在轮齿部分，由于其结构特性，加工热变形将使精度难以保证，激光熔覆与再制造技术有能量集中、低热影响、绿色的特点，能有效解决齿轮磨损的修复问题。

机械传动系统中的轴类零部件作为基础件大量应用，恶劣工作环境会导致表面失效，激光熔覆与再制造技术可以在轴上沉积磷青铜涂层，生成致密的冶金结合涂层，提高其磨损性能，延长轴的使用寿命。虽然我国制造业日益发达，但模具消耗问题也相对突出，我国模具工业总体水平落后于国际先进水平，模具产出满足不了模具市场需求。采用激光熔覆与再制造技术在 H13 模具钢表面制备铬镍铁合金多层熔覆层，具有更好的高温磨损性能，零件平均表面硬度为 547.5HV，明显高于基材（248.7HV）。

针对制造业关键基础件的表面强化与再制造需求，未来应重点研发专用于各类制造业基础零件的激光熔覆涂层材料，重点提升再制造后现场加工设备的便利性、有效性以及现场快速检验和热处理技术，促进高端激光熔覆与再制造技术在制造业关键基础件中的应用。同时重点实现互联网技术与加工制造系统的有机结合，促进激光熔覆与再制造技术向智能化、自动化方向前进。

三、关键技术

（一）超高速激光熔覆技术

1. 现状

超高速激光熔覆技术自提出后在国内外受到了广泛研究关注，相比传统激光熔覆，超高速激光器通过对熔覆头的精巧设计，可调整激光束焦平面与粉末焦平面的相对位置以实现激光与粉末的高效耦合，使得在一定线能量输入下，大部分激光能量作用于粉末，粉末温度高于熔点，能够以液态形式注入熔池，熔覆涂层表面光洁度好，粉末利用率可高达 85%；仅少部分激光能量透过粉末束流作用于高速运动的基体表面，基体表面仅形成微熔池，快速凝固后得到与基体呈冶金结合的薄涂层，稀释率一般可低于 5%。同时，通过基体的高速运动与激光束运动的配合，熔覆速率可达 25～200m/min，突破了传统熔覆的效率瓶颈[30]。在超高速激光熔覆装备引起广泛关注与跟踪仿制的同时，超高速激光熔覆与传统激光熔覆的沉积行为差异，尤其是超高速激光熔覆准二维熔池的非平衡凝固行为尚不明确。在熔覆涂层制备方面，超高速激光熔覆的激光与粉末相互作用位置与传统激光熔覆存在本质区别，由于超高速激光熔覆快速熔覆的技术特点，使得超高速激光熔覆涂层比传统激光熔覆涂层拥有更加细小的晶粒组织，而更细小的晶粒组织通常能带来更优异的性能[31]。在熔覆材料方面，由于超高速激光具有极快的加热和冷却速度，可以以极低的稀释率将熔覆层与基体材料进行冶金结合，同时超高速的冷却速度能够满足非晶合金形成的临界条件，故比传统激光熔覆拥有更宽的材料选择范围，在航空航天、海洋工程、轨道交通等领域具有广阔的应用前景。

2. 挑战

1）超高速激光熔覆涉及的工艺参数众多，在超高速激光熔覆下需跨越的温度范围大，从室温到数千摄氏度，由于巨大的温度梯度以及极快的冷却速度，涂层存在一定的残余应力以及元素偏析，并导致热裂、夹粉、气孔等缺陷。

2）超高速激光熔覆采用的粉末多是沿用传统激光熔覆或热喷涂用粉末，不同性质的材料由于熔点、比热容等热物理性能参数的差异，在超高速激光熔覆下并不一定适用。

3）超高速激光由于其具有极快扫描速度的特性，目前大多数研究及应用都集中在轴类零件，亟须研发实现复杂曲面及平面的超高速激光熔覆设备来拓宽超高速激光熔覆的应用场合。

3. 目标

1）预计到 2030 年，优化超高速激光熔覆的工艺参数，揭示超高速熔覆层微观组织演变机理，实现超高速激光熔覆涂层裂纹等缺陷抑制，构建不同合金体系熔覆层形性调控机制并结合关键物理变量进行全流程分析。同时研发与超高速激光熔覆技术特点相匹配的新型超高速激光熔覆专用粉末体系，扩展超高速激光熔覆对熔覆材料选择的范围。

2）预计到 2035 年，设计研制适用于平面及复杂曲面的超高速激光熔覆设备与系统，开

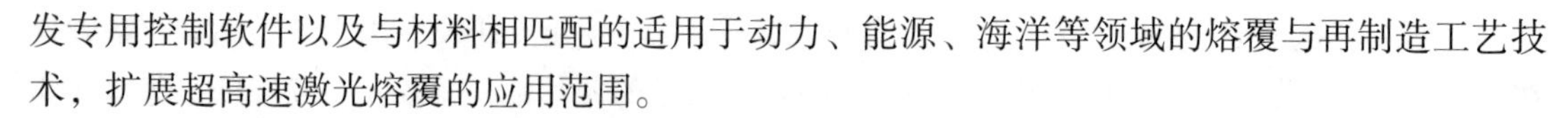

发专用控制软件以及与材料相匹配的适用于动力、能源、海洋等领域的熔覆与再制造工艺技术，扩展超高速激光熔覆的应用范围。

（二）智能化多功能激光熔覆头技术

1. 现状

激光熔覆头是激光熔覆成形设备的关键部件之一，根据不同光粉耦合方式，目前已研究设计了光外侧向送粉、光外侧向同轴送粉以及光内同轴送粉的熔覆头[32]。在熔覆头光粉耦合方式的改进下，熔覆层整体宏观形貌改善，熔覆层表面粗糙度值降低，金属粉末利用率提升。在此基础上，开展智能化多功能激光熔覆头的研发，可进一步满足日益扩大的高端和社会应用面的需求。如送丝熔覆具有无喷洒污染、涂层不易氧化、丝材价格低且利用率高等优势，国产低价位大沉积率同轴送丝激光熔覆头具有广泛需求；随着大功率激光器的应用，10~20kW 大功率熔覆头，在大型结构大面积修复强化中具有市场，其中大功率宽带熔覆头可高效熔覆多种功能涂层或表面高效镀膜从而替代传统电镀膜；回转型深孔熔覆头，可专用于机械臂不能伸入的非回转型深孔内腔的强化修复，如定子、机壳机座的内腔壁修复等；活性材料熔覆头，可在无惰气腔室情况下直接进行强化或修复；手持式激光熔覆头，对于不便应用机器人作业的特殊环境或部位，可人工操作进行多自由度熔覆修补等。已有研究设计了熔覆成形过程检测控制系统与熔覆头自身保护系统，并有效提升了熔覆成形质量、材料利用率以及熔覆头使用寿命[33]。这些智能化控制系统通过熔覆过程中的温度检测、送粉量检测、碰撞检测，有效控制冷却温度使熔覆头内光学仪器不因温度过高而损毁，准确控制送粉量防止熔覆头因积粉而堵塞并提高熔覆层表面质量，及时检测碰撞发生，保护激光熔覆头不因碰撞而损坏。

2. 挑战

1）不同功能熔覆头的光路设计、镜组镜片设计制造是调制出不同熔覆光束光斑的重要保障。熔覆头的各种光、粉/丝、气、水路、喷嘴结构的优化优配及其耦合，精度、效率、功能、寿命、成本和维护、智能化水平将是各种激光熔覆头的创新升级内容与主要挑战。

2）智能熔覆头高精度、高稳定性运行过程中检测精度的提升以及智能算法的建立。检测位置、布置方案、传感器自身性能均会影响智能熔覆头运行工况检测的精度，其智能算法需具有较强的稳定性与抗干扰能力，能够及时处理信息并输出准确补偿。

3）面向量大面广的民用市场需求的多功能/特殊用途激光熔覆头机构设计。例如：可准确稳定送丝的预热式送丝熔覆头结构；具有热平衡冷却系统与防氧化系统的万瓦级大功率加工头；结构紧凑、可操控性强、安全性高的手持熔覆头；回转型内腔熔覆头的光路变换、粉气水路、工况测控系统研发。

3. 目标

1）预计到 2030 年，设计研制适应各种不同用途的光路，并开发各种规格型面的配套镜片，提升熔覆头的适应性。研制不可回转机座、定子深内孔内腔修复用的 360° 回转杆式送粉熔覆头及光路、粉路、气路、水路及监测控制系统及其配套工艺，研制配套集成的各种专用设备、器件和工装，不断扩展其应用领域。

2）预计到 2035 年，实现多功能/特殊用途激光熔覆头批量化。研制具有新型光路/丝路、结构简单、体积小、成本低的熔覆头。研制小占空比、大光斑的光路镜组，大功率熔覆头实现长时使用；研制可变双线斑宽带光夹粉光路镜组及加工头，实现高平整度宽带熔覆。

研制安全、灵活、轻便、可对任意方向方位作业的手持式熔覆头。

（三）能场复合激光再制造技术

1. 现状

激光再制造技术应用高功率激光束对零部件进行修复与再制造，是新一代绿色再制造技术中的关键技术。近年来，随着激光器、激光应用技术的不断发展，激光再制造技术已初步应用于航空航天、电力能源、矿山机械、船舶轮机等工业领域，如航空发动机涡轮盘、煤矿液压支架、燃气轮机叶片、船舶内燃机等机械设备的修复与再制造[34]。由于激光束热源能量集中的固有特点，激光再制造技术易导致气孔、微观缺陷、残余应力、宏观变形、能量利用率低等问题。随着高端装备制造业对关键零部件高质量修复需求的进一步提高，仅通过激光工艺调整已无法满足先进再制造技术的高品质再制造需求，激光再制造技术的发展遇到了瓶颈。

能场复合激光再制造技术是通过外加能场与激光工艺的高效耦合，从而实现比单一激光再制造更精确、更复杂、更优性能、更高效率的产品修复与再制造。能场复合激光再制造技术主要包括电磁场复合激光再制造、超声振动复合激光再制造、感应热场复合激光再制造等新型再制造技术。电磁场复合激光再制造是通过外加电磁场改变熔池金属颗粒的运动状态，实现气孔的抑制、表面波纹的调控及缺陷的修复；超声振动复合激光再制造将超声振动作用于激光再制造的过程中，超声振动的声空化、声流、机械效应等共同作用于熔池，实现凝固组织的晶粒细化、气孔抑制和组织调控；感应热场复合激光再制造面向易开裂的部位或脆性材料，引入热场对修复件进行预热，从而降低修复区的裂纹率、温度梯度和残余应力。能场复合激光再制造是通过复合多种能场，实现高端装备关键零部件的高质量高性能修复与再制造，目前已获得了广泛关注，但若要满足工业化的应用需求，仍需克服能场复合激光再制造在机理、工艺、设备等方面的诸多挑战。

2. 挑战

1）能场复合激光再制造技术需要在多个能场相互协同作用下进行，不同能场间的交互机理、作用机制十分复杂，亟须揭示多能场间的相互作用机制，为能场复合激光再制造的工业化应用提供理论支撑。

2）能场复合激光再制造技术涉及多学科交叉，研究难度较大，对于工艺参数的优选，仅靠试验手段，效率过低。因此需进行能场复合激光再制造的数值建模和模拟研究，通过试验结合模拟，从而高效实现工艺的优化。

3）能场复合激光再制造不是简单地将不同能场的设备进行组合，而是要研制高耦合率、高集成度、高智能化的专用设备。因此需开展能场复合集成设备的研发，为实现规模化应用建立基础。

3. 目标

1）预计到2030年，阐明能场复合激光再制造多能场作用机制与交互机理，探明不同外加能场对修复件宏观形貌与显微组织的影响规律，构建能场复合激光再制造理论模型，揭示不同外加能场与激光束在再制造过程中的内在耦合关系。

2）预计到2035年，构建能场复合激光再制造不同能场与工艺间的匹配机制，揭示外加能场、激光工艺和再制造性能之间的对应关系。开发高集成度的能场复合激光再制造专用设备，实现外加能场与激光工艺的高效耦合，满足高端装备关键零部件的高质量修复与再制造需求，实现成套专用设备工业化的大批量生产。

（四）复杂现场环境激光再制造技术

1. 现状

大型机械装备运行过程中局部区域受到长期磨损、腐蚀、疲劳损伤或事故造成的破坏，导致结构或零件失效，少数零件失效问题可通过以旧换新的方式更替原件解决，大型部件往往需返厂维修，零部件的拆卸、搬运及维修将耗费大量的时间和金钱。在一些复杂工况下，大型失效零部件难修复、难拆卸、难运输，只能面临装备整体报废的选择，带来巨大的经济损失。

激光再制造技术为不易拆卸或搬运困难的机械零部件的现场再制造提供解决方案，能够使损坏部件恢复原始功能和尺寸，修复后的性能可达到或超过原部件水平，并使激光再制造后的部件具有耐磨、耐蚀、抗高温等性能。然而复杂的工况与现场环境为激光再制造作业带来困难，对激光再制造技术带来新的挑战。面向复杂现场环境，已发展了光内送粉激光熔覆、移动式高功率激光再制造系统、复杂形面激光增材制造及现场快速维修装备等关键技术。例如：光-粉同路一体式喷嘴，可实现空间约束下360°全角度修复以及钛合金等易氧化金属在开放环境下的直接修复[35]；手持式万向激光熔覆头，可针对现场在线、大型不便拆卸搬运的破损机件，进行灵活的多方位原位修复或抢修；宽带熔覆技术和工艺，可熔覆和强化修复现场大型结构表面[36]；带有局部直喷保护惰气的激光内送粉加工头，可对现场活性材料零构件进行在线直接修复[37]；同轴送丝熔覆头可在有风沙、摇晃和不允许污染的环境下完成修复作业[38]。

2. 挑战

1）难以实现复杂极端环境下的现场修复。例如战场武器装备的快速抢修，沙尘会影响送粉激光熔覆的修复质量，油气工况下激光修复安全系数低，高空位激光修复风电发电塔装备及塔顶上已进入维修期的大型叶轮难度过大，水下激光现场修复操作不稳定，辐射污染、低温环境下的激光再制造等。

2）现场再制造设备及检验技术亟待优化。单一设备尚不支持不同工况环境条件下的现场再制造，难以满足工件畸变复原、缺损增材修复、缺陷抑制修复等多种修复目标。由于再制造过程受环境空间的束缚，现场快速检验和热处理受环境限制，对于修复部位再制造后的性能不易检测。

3）现场再制造工艺的拓展及精度保证。面向现场的再制造工艺不及行业内专业激光制造设备全面，激光冲击强化、淬火、熔覆后再制造层的精度难以保证，大面积激光强化的质量一致性、后续机加工是否便捷等因素，都对激光再制造技术的现场服务带来挑战。

3. 目标

1）预计到2030年，突破高功率、宽光斑、高稳定性的大面积连续激光再制造工艺技术，拓宽激光再制造工艺窗口。通过过程控制缩短再制造时间，进一步提高激光再制造层的沉积精度来降低表面粗糙度值，减少后续加工量。

2）预计到2035年，推进激光现场再制造设备向小型化、集成化、便捷化的方向发展，实现激光设备功能齐全、便于运输、修复目标多样化，完善激光修复后检测技术，实现修复层性能达到或超过原部件。研制满足复杂工况和现场在线需求的各种熔覆装备及修复工艺，研制可实现高质量修复的移动式激光再制造成套装备，同时融合能场辅助等形性调控技术，避免复杂环境中多干扰因素的影响。

四、技术路线图

激光熔覆与再制造技术路线图如图5-3所示。

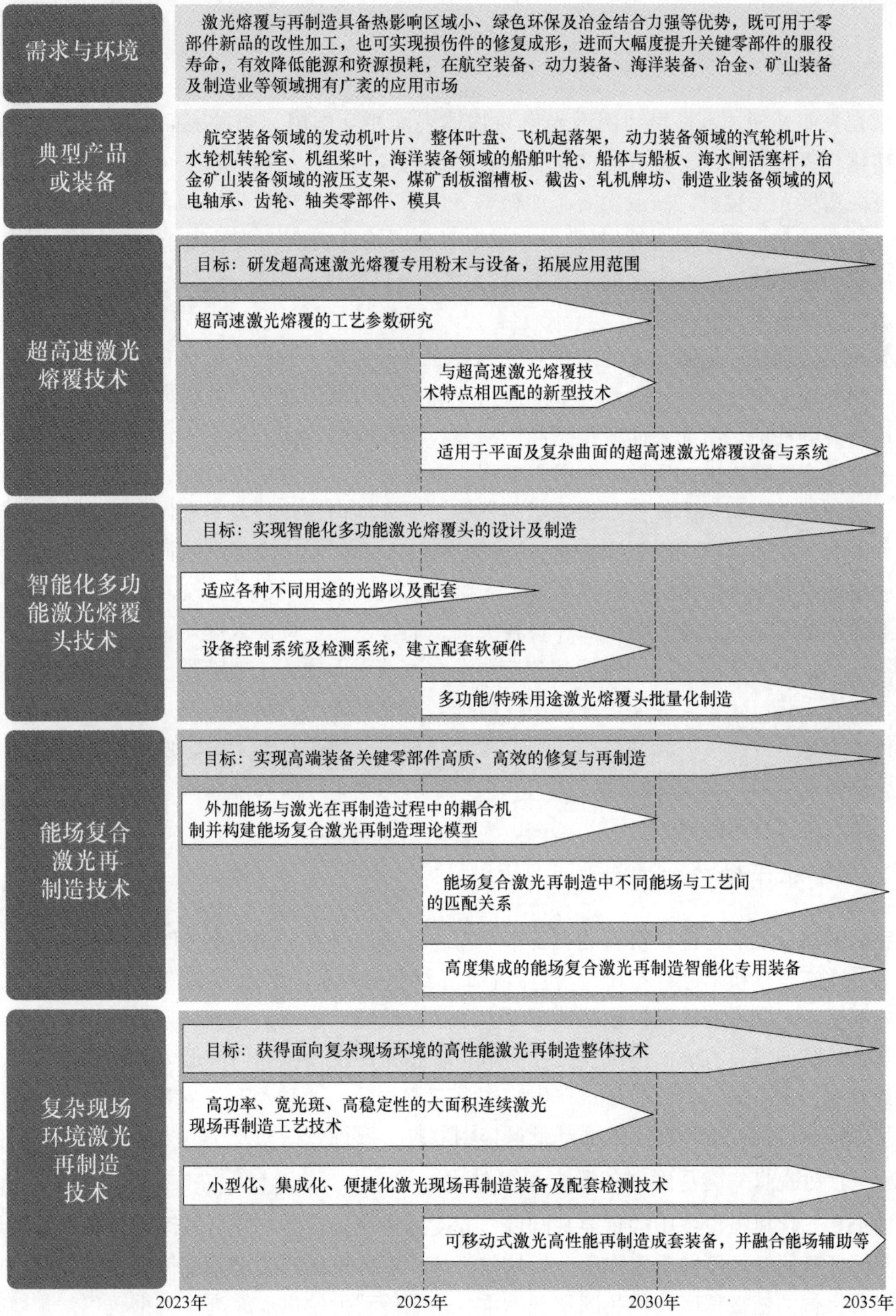

需求与环境

激光熔覆与再制造具备热影响区域小、绿色环保及冶金结合力强等优势，既可用于零部件新品的改性加工，也可实现损伤件的修复成形，进而大幅度提升关键零部件的服役寿命，有效降低能源和资源损耗，在航空装备、动力装备、海洋装备、冶金、矿山装备及制造业等领域拥有广袤的应用市场

典型产品或装备

航空装备领域的发动机叶片、整体叶盘、飞机起落架，动力装备领域的汽轮机叶片、水轮机转轮室、机组桨叶，海洋装备领域的船舶叶轮、船体与船板、海水闸活塞杆，冶金矿山装备领域的液压支架、煤矿刮板溜槽板、截齿、轧机牌坊、制造业装备领域的风电轴承、齿轮、轴类零部件、模具

超高速激光熔覆技术

- 目标：研发超高速激光熔覆专用粉末与设备，拓展应用范围（2023年—2035年）
- 超高速激光熔覆的工艺参数研究（2023年—2030年）
- 与超高速激光熔覆技术特点相匹配的新型技术（2025年—2030年）
- 适用于平面及复杂曲面的超高速激光熔覆设备与系统（2025年—2035年）

智能化多功能激光熔覆头技术

- 目标：实现智能化多功能激光熔覆头的设计及制造（2023年—2035年）
- 适应各种不同用途的光路以及配套（2023年—2027年）
- 设备控制系统及检测系统，建立配套软硬件（2023年—2030年）
- 多功能/特殊用途激光熔覆头批量化制造（2025年—2035年）

能场复合激光再制造技术

- 目标：实现高端装备关键零部件高质、高效的修复与再制造（2023年—2035年）
- 外加能场与激光在再制造过程中的耦合机制并构建能场复合激光再制造理论模型（2023年—2030年）
- 能场复合激光再制造中不同能场与工艺间的匹配关系（2025年—2035年）
- 高度集成的能场复合激光再制造智能化专用装备（2025年—2035年）

复杂现场环境激光再制造技术

- 目标：获得面向复杂现场环境的高性能激光再制造整体技术（2023年—2035年）
- 高功率、宽光斑、高稳定性的大面积连续激光现场再制造工艺技术（2023年—2030年）
- 小型化、集成化、便捷化激光现场再制造装备及配套检测技术（2023年—2035年）
- 可移动式激光高性能再制造成套装备，并融合能场辅助等（2025年—2035年）

2023年　2025年　2030年　2035年

图5-3　激光熔覆与再制造技术路线图

第五节　激光表面处理技术

一、概述

激光表面处理技术是指利用激光束与物体表面相互作用，通过表面温度升高、物质蒸发、熔化、氧化等反应，使表面产生相变，形成特殊结构，从而实现表面改性的效果。该技术具有高精度、无接触、一般无需添加材料等优点，广泛应用于机械加工、电子制造、医疗器械、航空航天、汽车制造等领域[39]。根据对金属工件表面性能的需求和激光辐照能量以及作用时间的不同，激光表面处理技术可分为激光热处理、激光表面织构、激光冲击强化、激光清洗以及激光抛光等。

激光热处理是利用激光束的能量对金属表面进行加热，激光束聚焦在金属表面，通过快速加热和冷却实现相变，使表面产生显微组织和晶粒尺寸的变化，从而改善其耐磨损、抗冲击、抗疲劳等性能。激光表面织构是利用激光技术在材料表面上产生一定的几何形状和表面纹理，以改变材料表面的摩擦、润滑、磨损、附着、光学等性质的过程，可提高材料的摩擦性能、耐蚀性能、防黏附性能、增强美观性等。激光冲击强化技术是利用强激光束产生的等离子冲击波，在表面形成微观和纳米级别的塑性变形和残余应力场，从而提高金属材料的抗疲劳、耐磨损和耐蚀能力的一种高新技术。激光清洗一般分为干式清洗和湿式清洗两种。干式清洗通常是基于入射激光束辐照在材料表面，通过汽化、烧蚀或爆炸，实现清洗；湿式激光清洗与干式激光清洗的区别在于其在待清洗材料的表面覆盖一层液膜，利用液体吸收激光能量，快速受热汽化带走表面污染物实现清洗。激光抛光技术是利用激光与材料表面相互作用进行加工，可分为冷抛光和热抛光。冷抛光是利用材料吸收光子后，使光化表层材料的化学键被打断或者晶格结构被破坏，从而实现材料的去除；热抛光是利用激光的热效应，通过熔化、蒸发等过程去除材料。

二、未来市场需求及产品

我国制造业发展迅速，对高端装备市场需求旺盛。航空发动机整体叶盘、高速转子、重载轴承、汽车发动机活塞环/缸套、机械流体密封件等大量的装备零部件通常服役在动态交变载荷环境，对其耐磨损和抗疲劳性能提出了很高的要求；模具领域，自由曲面、腔体和柱体等复杂形状的模具有表面清洗及抛光需求；在精密加工领域如何降低刀具的切削功耗，延长刀具寿命，提高加工表面质量；在生物医学工程领域，针对人工关节等钛合金植入体，需改善其生物相容性或抗菌性，从而降低假体因磨损、腐蚀、松动发生的失效概率。

（一）制造业关键基础件的激光表面处理

轴承是当代机械设备中的重要基础件，起支撑机械旋转体，降低其运动过程中的摩擦系数，并保证其回转精度的重要作用。齿轮作为绝大多数机械的关键基础传动零件，其性能直接决定着机械的精良程度。但我国重载轴承、高端传动齿轮仍依靠进口。钢轨道岔是轨道交通中的关键部件，在火车变线过程中受到的惯性大载荷挤压使道岔损耗严重。大型转子轴类零件由于其工作环境的日益劣化，表面失效尤其严重，如离心式通风机锥紧套处轴颈的表面磨损，汽车曲轴在高温高压、高速运转下经常发生磨损甚至断裂。采用激光热处理技术的变形小、组织精密可控、改性层硬度与深度可调、生产周期短、清洁环保等显著优势，对轴承、齿轮、轨道、转子轴等关键基础件进行激光表面处理，实现性能提升和延寿处理，为成套装备的安全运行提供保障，具有良好的应用前景[40]。

（二）航空航天领域关键部件的激光表面处理

飞机在飞行过程中会受到各类辐射以及不同介质的腐蚀，采用激光清洗技术对飞机蒙皮进行表面除漆，与传统除漆系统相比，能够将除漆效率提高 1 倍，清洗效果好且蒙皮无损，还能减少铆钉的微动疲劳磨损，提高飞机蒙皮的耐蚀性。航空发动机部件在焊接前需进行酸洗，以去除表面油污等氧化污染物，但是此类方式难以实现在线清洗，且需处理化学废液。由于激光清洗具有可选区、高效率、自动化等优势，成为航空发动机部件制造在线清洗的优选方案。对于长期处于摩擦、动载荷等疲劳条件下的部件，激光表面热处理、激光冲击强化等技术明显优于传统的表面处理技术，将显著提高航空发动机零部件的使用寿命和经济效益[41]。此外，航空航天领域的结构件功能表面的制备对激光织构技术的需求也越来越多。

（三）模具领域的激光表面处理

我国是世界制造大国，也是模具需求大国，每年消费大量的模具，且呈逐渐上升趋势。但模具工业的总体水平依然落后于国际先进水平，模具产出依然满足不了模具的市场需求。汽车覆盖件模具体积大，难以进行整体淬火，现多用火焰淬火提高工作表面硬度，造成硬度、层深不均匀、易磨损或崩裂、寿命低等问题。对铝合金汽配件模具进行激光表面淬火处理，其使用寿命可提高 1~2 倍，采用激光冲击强化则可以有效提高表面的疲劳性能。

模具中的自由曲面、腔体和柱体等形状复杂的模具，因其复杂曲面的存在，使得传统的手工、机械抛光并不适用，因此以往常使用化学/电化学抛光的处理工艺，但是化学/电化学抛光工序繁多，需要成分复杂的电解液，且存在环境污染的潜在风险。而激光抛光针对模具中的复杂曲面，可根据离焦量的范围，将复杂曲面进行分段抛光，实现凸峰填充凹谷，从而获得光滑表面。

（四）医学领域植入物部件的激光表面处理

在医学领域，钛合金因具有良好的生物相容性，成为医疗植入物和心脏手术中采用最多的材料之一。针对人工关节等钛合金植入体，利用激光微织构技术可以改善其生物相容性或抗菌性，从而降低假体磨损、腐蚀、松动、失效的发生概率。针对这类植入物部件形状复杂，且抛光难度大的问题，使用激光抛光实现自动化时，可以显著减少使用传统手工抛光所需的加工时间和成本，除此之外，种牙和人工膝关节等复杂构件采用激光抛光均可以获得优异的抛光效果。

生物医疗领域许多精密仪器、玻璃仪器在使用过程中容易被微米级、亚微米级颗粒等污染，可靠性降低，通过激光等离子体冲击波清洗方法对颗粒进行去除，能够有效去除颗粒黏附，提高精密仪器及玻璃仪器的使用精度和寿命。

三、关键技术

（一）激光精密热处理技术

1. 现状

钢铁件的表面处理是工业零部件制造的重要基础工艺，是国民实体经济中高端装备部件性能提升的关键环节。随着激光光源的提升和迭代，激光热处理技术在加工效率、选区定制、绿色环保等方面已展现出新的巨大潜力。然而当前激光热处理技术主要聚焦在激光淬火，且由于激光的快速加热、快速冷却特性，硬化层深度一般在 2mm 以下。对于大面积表面强化的需求，需采用多道光斑搭接的形式，不可避免地带来搭接区域的软化与性能不均等问题。因此，常规的激光淬火技术难以满足重载工况下运行的如大型风电主轴轴承等关键基础件的表面强化需求，导致 6MW 以上的风电主轴轴承只能依靠进口。

常规的激光淬火技术局限于马氏体相变理论，强化层组织通常为单一马氏体，调控结果通常是表面硬化，难以对材料组织和性能进行精确、灵活、主动地调控。特别对于形状复杂和韧性要求高的零部件，由于传热边界复杂，激光马氏体相变易导致脆化，变截面、变曲率部位易产生过热或过烧，存在强化层不均匀、性能不稳定等问题，难以满足关键零部件的表面精密处理和强韧化的技术需求。

围绕上述迫切需求，需突破激光热处理将奥氏体化组织可控转变为马氏体、贝氏体、珠光体等复相组织工艺技术，揭示组织可控转变规律，实现关键基础件组织的精密调控及原位表面强韧化处理，是服务国民经济主战场的重要保障，对推动实现“双碳”战略目标与核心装备高质量表面制造具有重要意义。

2. 挑战

1）难以实现重载工况下关键基础件的激光深层强化。需适当减缓冷却过程，降低温度梯度，精确调控激光致金属表面传热、固态相变过程及应力应变演化，揭示激光非平衡条件下淬火硬化组织的形成及演化规律，建立激光能量-温度场-相变组织场之间的本构关系，寻求硬化层深度与晶粒尺寸的平衡点，实现淬硬层组织、晶粒度、深度及变形量的精准控性和精度控形。

2）中高碳钢激光淬火后形成的硬脆马氏体难以同时实现强韧化。需开发激光复合固态相变技术，研究激光非平衡条件下的连续冷却转变曲线，通过激光与多热源、多工艺的复合协同作用，形成马氏体、珠光体、贝氏体等复相组织，实现对强化组织的晶粒形态组织占比、空间分布等特性的精确调控，获得强韧兼具的改性层，提高关键基础件的耐磨性、抗冲击及抗接触疲劳性能，在线实现常规回火、退火的功能，替代传统炉内热处理。

3. 目标

1）预计到 2030 年，获得非平衡状态下激光热处理的相变机制与组织调控机制，突破强化深度极限，满足重载工况下大型工件的深层强化需求。

2）预计到 2035 年，通过激光精密热处理工艺专家系统的开发及专用成套装备的研制，实现在大型海上风电轴承、盾构轴承、大型精密模具、轨道装备等高端装备上的批量化应用，替代传统热处理技术，助力“双碳战略”的实施。

（二）激光冲击强化控形控性技术

1. 现状

以航空发动机叶片、涡轮盘、整体叶盘等部件为代表，一系列高精度、复杂结构零件，对表面性能和零件形状的要求很高。航空发动机整体叶盘结构复杂、通道窄、叶片薄、弯扭大，在服役过程中因单个叶片的磨蚀、裂纹、卷边、掉块等而造成整体叶盘的报废已经成为一个亟待解决的科学和技术难题，且需确保单件叶片的疲劳寿命、扭转角、表面粗糙度和位置精度的一致性。以海工绕桩吊机、海工八边形桩腿为应用点，在海上作业频繁、服役环境恶劣、交变载荷影响的情况下，确保海工装备关键零部件安全、平稳、长寿命运行至关重要。海工装备零部件大且重，服役过程中局部结构的疲劳失效将导致无法挽回的人身伤亡或财产损失，提高海工装备零部件的抗疲劳性能已经成为行业领域的重中之重。对航空发动机关键部件及海工装备零部件进行激光冲击强化，同时满足性能、形状和寿命要求十分困难，目前国内尚无完整的解决方案。

当前的激光冲击强化（laser shock processing，LSP）技术一般需要预先施加吸收层和透明约束层，使其工艺成本高、灵活性和可靠性低。此外，侧面喷水形成约束，存在明显的边沿效应和质量不稳定性。侧面喷水和预设保护层工艺也不适用于内腔等结构的激光冲击强化技术。因此，亟须研究新一代激光冲击强化技术，解决目前 LSP 技术面临的瓶颈问题，促进 LSP 技术的普及发展。

2. 挑战

1）航空发动机叶片的激光冲击强化，涉及激光冲击波与薄壁复杂曲面变截面类零件的动态超高应变率耦合规律和表面完整性的科学问题。航空发动机整体叶盘的激光冲击强化，涉及三维变截面、变刚度复杂曲面的动态变形联动规律，多支叶片的强化层均匀性，整体叶盘的总变形一致性等科学问题。

2）海工绕桩吊机的激光冲击强化，涉及激光冲击波与大型海工零部件厚度的强化规律和疲劳性能的科学问题。海工八边形桩腿的激光冲击强化涉及激光冲击波与桩腿焊缝质量及焊缝形状的疲劳寿命影响规律。必须解决这些科学问题才能掌握激光冲击强化控形控性技术，同时满足海工装备零部件的性能、尺寸精度、形状表面完整性及长寿命制造的技术要求。

3）为了提高激光冲击强化工艺的适用面和易用度，需创新设计更高效率的能量耦合装置，降低对激光器的要求，突破无需预铺设吸收层、对边缘效应不敏感的随动型激光冲击强化技术，系统掌握新型激光冲击强化工艺规律，实现管道、狭窄空间内壁的激光冲击强化处理。

3. 目标

1）预计到 2030 年，获得激光冲击波与薄壁复杂曲面变截面类零件的动态超高应变率耦合机理及其对表面完整性的影响规律，实现复杂曲面薄壁叶片类零件的激光冲击强化控性控形。获得整体叶盘叶片激光冲击强化的工艺、技术以及数据库，满足我国研制新型航空发动机的需求。

2）预计到 2035 年，实现海工大型装备零部件现场原位激光冲击强化，解决现场原位激光冲击强化水约束的实施。实现无需预铺设吸收层、对边缘效应不敏感的随动型激光冲击强化技术，建立工艺规范，缩短总体工艺处理周期 2 倍以上，推广应用到包括民用传动件等领域，解决狭窄空间和内腔处理问题。研制长寿命、高可靠性和高度智能化的激光冲击强化国产化专用装备，实现不同领域的工程化应用。

（三）智能化激光表面织构技术

1. 现状

表面织构是控制固体表面的光学、机械、润湿、化学、生物和其他特性的关键因素，通过织构化技术调控零部件表面的特殊性能和功能，已被公认为是一种有效且广泛应用的方法[42]。采用纳秒、皮秒或飞秒等脉冲激光烧蚀，在材料表面制备微凹坑/凸起、凹槽、网格以及周期性纹理等各种典型织构阵列，已得到了诸多的实验和理论研究验证。近年来，新的基于激光手段的材料加工工艺，如激光干涉和激光冲击加工织构技术，作为激光直接烧蚀织构的替代方法出现，逐渐引起人们的关注。目前激光织构技术逐渐在机床导轨、刀具、模具、轴承、活塞环/缸套、凸轮轴、机械密封件的摩擦磨损及其减摩润滑等工程领域得到了试验性应用[43]。

随着激光技术的快速发展，面向生物医学工程、航空航天领域等装备结构件功能表面激光织构的研究日益增多，为改善材料表面摩擦特性、润湿性能、生物相容性以及声光电特性提供了解决方案[44]。然而，由于激光表面织构尚面临激光诱导热力学效应加载、材料表面微尺度形貌制备以及面向性能的工艺过程精确控制等难题。目前表面织构研究的类型主要是简单规则的凹坑、凹槽和网格等阵列形状，难以满足工程结构表面性能的需求。有关表面织构设计的方法和理论尚缺乏系统性，针对复合织构及多级织构情况下的织构形状优化技术还未涉及，面向表面性能要求的织构优化建模与分析计算尚存在巨大挑战，规模化工业应用的激光表面织构减摩/增摩、润滑分析的工艺软件及智能化控制装备有待开发[45]。

2. 挑战

1）表面微织构优化设计。根据表面性能特定要求，如何设计表面织构形貌、织构几何参数及其分布特征，建立织构形态参数和表面性能之间的关系模型，在此基础上进行数值模拟和分析，获得面向性能制造的表面织构形貌优化准则。

2）织构性能分析理论体系。基于织构间相互作用的织构随机分布模型，考虑激光织构诱导材料性能和微观组织演变，突破复合织构及多级织构情况下表面性能优化的数字化分析技术，形成织构设计与表面性能分析的理论体系。

3）智能化激光织构工艺研发。针对工程应用的表面性能需求，开发激光-材料相互作用和织构表面质量分析软件及其工艺控制系统，集成为成套智能激光表面织构装备，实现多工艺、多材料、多织构、多功能的高效一体化激光表面织构制造。

3. 目标

1）预计到2030年，针对织构表面的工作条件和性能要求，建立织构类型多重参数与目标性能指标之间的关系模型，通过数值模拟分析各种工况下的性能变化规律，获得精准的激光织构参数，从而代替昂贵的实验来优化激光表面织构工艺。建立系统的激光表面织构理论体系，通过织构表面摩擦学、织构表面超疏水、自清洁、防结冰以及减反射等机理的研究，形成多级、复合织构设计优化方法，解决激光表面织构形性控制的关键技术，满足不同服役环境条件下性能/功能的特殊需求。

2）预计到2035年，开发表面织构优化设计和制备工艺智能分析控制软件，基于深度学习与人工智能技术，寻求织构表面性能与激光加工参数之间的多维函数耦合关系，实现基于数字孪生的激光表面织构加工工艺智能化，提升激光表面织构加工的稳定性和可靠性。

（四）激光表面抛光技术

1. 现状

近年来，随着激光器以及激光技术的发展，激光抛光技术为许多高端装备的表面抛光智能化、高效化提供了新的途径。激光抛光技术具有无接触加工、表面损伤较小、抛光质量稳定、易实现自动化等优点，是一种极具发展前景的工业抛光技术[46]。激光抛光技术目前已成功应用于金属、陶瓷、玻璃、金刚石等材料。如应用于心室辅助装置的抛光，大大缩短了原工艺流程[47]。牙齿和人工膝关节等复杂构件的激光抛光也取得了优异的抛光效果。对于玻璃等光学元件的抛光可以将其表面粗糙度值降低至 *Ra*5nm，完全适用于普通照明光学器件的使用需求。除此之外，激光抛光可与增材制造、激光焊接和激光清洗等技术高度融合，实现产品的高效智能制造。

2. 挑战

1）激光抛光质量与材料原始状态、材料性质、激光抛光工艺、激光器稳定性等因素密切相关。金属材料激光抛光后在深度方向上呈现非均质性，对材料表面抛光后所产生的残余应力[48]、微观组织和性能与基体出现差异后如何控制，仍需深入研究。

2）对于大型工件的激光抛光，提升效率对实际工业生产活动至关重要。在保证输出较高的激光能量密度下，需通过散焦光束的功率补偿或扩大光斑直径等方式来实现更高的抛光效率[49]。

3）对于复杂的增材制造零部件，工件表面粗糙问题一直是个挑战，如何将激光抛光高效、高精度地结合在激光增材制造过程中，成为目前亟待解决的难题。

4）对于精度要求极高的零件，如何将抛光工艺与在线监测技术一体化，形成一系列高精度的数字化工艺流程，成为目前激光抛光进入工业大面积应用的一大难题。

3. 目标

预计到 2030 年，完善连续激光和脉冲激光抛光系统，进一步研究激光脉宽、能量分布、扫描轨迹等工艺参数，材料性质与抛光质量之间的关系，将激光加工系统与精确定位、自动控制、实时监测等相关技术结合，开发激光抛光专用控制系统与成套设备。

预计到 2035 年，针对复杂构件表面的激光抛光需求，开发三维曲面数字化扫描模块、抛光分区与轨迹智能匹配系统，实现复杂构件的激光抛光应用示范，并扩展激光抛光技术与其他激光加工技术如激光清洗、激光冲击强化、增材制造等技术的融合发展。

四、技术路线图

激光表面处理技术路线图如图 5-4 所示。

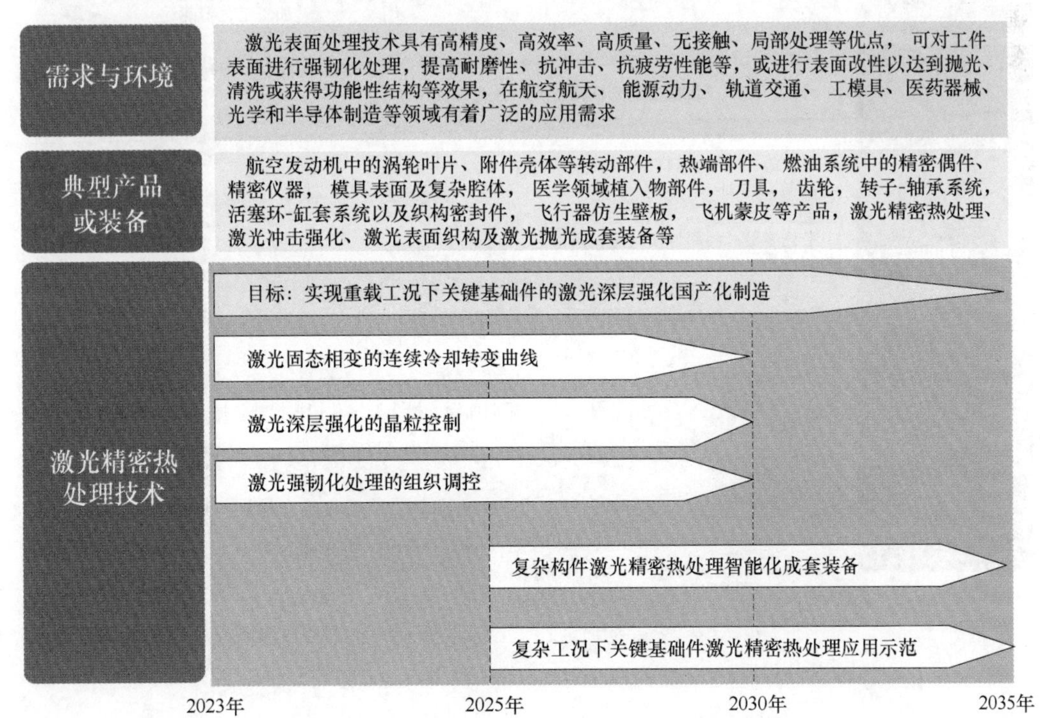

图 5-4 激光表面处理技术路线图

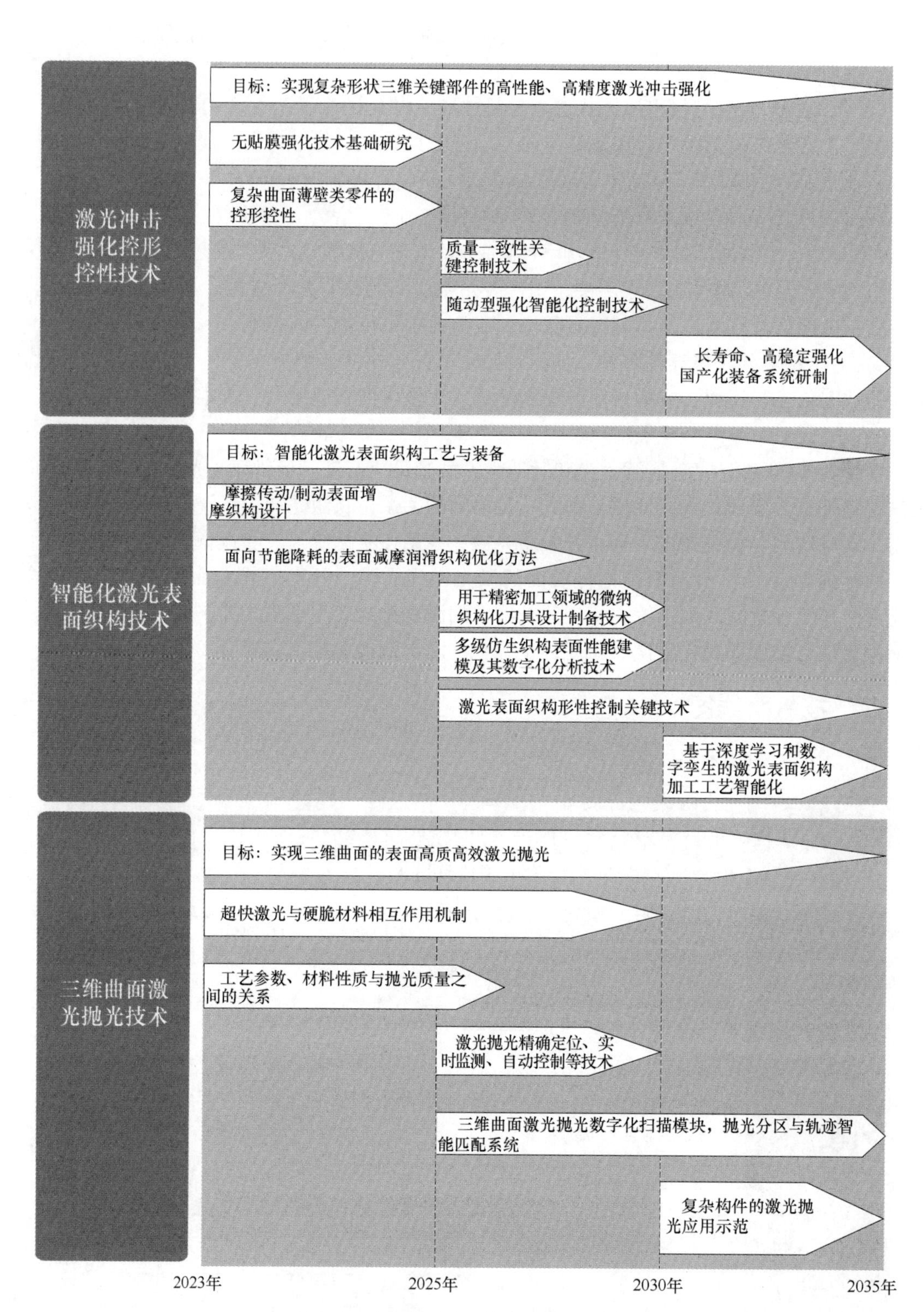

图 5-4　激光表面处理技术路线图（续）

第六节　激光微纳加工技术

一、概述

随着产品不断向微小型化和集成化的方向进步，传统制造技术无法满足精细加工的需求，新型微纳加工技术变得至关重要。微纳加工技术是指尺寸在微米和纳米量级器件的制备技术，是先进制造技术的重要组成部分，也是衡量国家高端制造业水平的关键标志之一，在推动科技进步、促进产业发展、保障国防安全等方面发挥着重要作用。

激光微纳加工技术作为激光加工技术的分支，具有涉及领域广、学科交叉性强以及制造要素极端性的特点，是微纳加工技术的重要组成部分。激光微纳加工技术是指在特定条件下激光与材料发生相互作用，从而在微米甚至纳米尺度下改变材料的物质和形态，实现精细加工的目的，涉及微观尺度下的刻蚀、改性和增材等加工工艺。相比常规利用刀头进行机械精细加工，激光微纳加工技术是利用激光在能量密度、作用空间和时间等方面的极端特性，实现更精密、更准确、更迅速的精细加工，具有传统加工方式所不具备的高精密、高效率、低能耗、低成本等优点[50-52]。在激光微纳加工领域，短波长激光可实现更小的聚焦光斑，从而实现亚微米级的加工精度。使用紫外甚至更短波长的光源是激光微纳加工领域的重要研究方向。另一方面，超短脉冲激光（脉冲宽度小于 10ps）地出现在原理上打破了传统激光加工只能利用线性吸收实现加工的限制。超短脉冲激光具有极窄脉冲宽度和极高峰值功率的特点，通过将光能聚焦到细微空间区域，实现光与物质作用时强烈的非线性效应[53-55]。由于超短脉冲激光具有极高的峰值强度和空间局域性，可以获得优于连续激光和长脉冲激光的亚微米甚至纳米级的加工精度。并且超短脉冲激光加工具有“冷”加工的特点，超短脉冲激光与材料相互作用时间极短，远小于材料的热扩散时间，能够在很大程度上避免材料熔化与持续蒸发的现象，极大地提高了加工质量。此外，超短脉冲激光除了可以进行材料表面的加工，还能实现对透明材料内部的高精度三维加工与改性。另外，超短脉冲激光的超高峰值强度几乎可以与任何材料发生相互作用，具有广泛的材料选择性，对于超硬、易碎、高熔点、易爆等材料的加工，具有其他加工技术无法匹敌的优势[56-58]。

基于超短脉冲激光的微纳加工技术在过去几十年里得到了广泛的关注和研究，美国、欧洲、日本等国家和地区均启动了相关计划，用于支持和推动超短脉冲激光微纳加工技术的前沿研究和应用推广。近年来，这一重要的新型特种高能束精密加工技术，也引起了我国政府、高校、研究所和企业的高度重视。在激光微纳加工应用需求的推动下，国内优秀超快激光生产企业基本具备皮秒激光器的量产能力，并逐步将输出功率提升至 50W 量级。但是在飞秒激光器的生产方面，特别是紫外飞秒激光器仍受到国外厂家的控制和垄断，国内企业还需继续突破，打破技术封锁。

总体来讲，目前国内外对激光微纳加工技术的研究热情很高，投入很大。随着激光技术向着超短脉冲、超高强度、超短波长的方向迈进，必将给材料加工、改性带来革命性的进步。随着超短脉冲激光器和高精度数控位移平台趋向成熟，以及在不断涌现的工业需求推动下，激光微纳加工技术将得到进一步发展，开拓更广阔的应用领域，成为诸多行业不可或缺

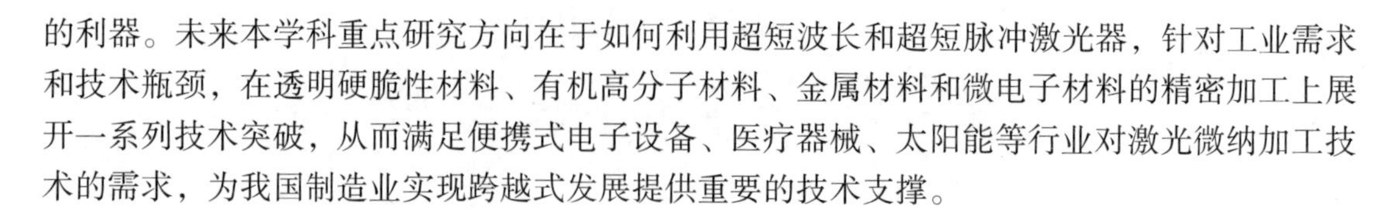

的利器。未来本学科重点研究方向在于如何利用超短波长和超短脉冲激光器，针对工业需求和技术瓶颈，在透明硬脆性材料、有机高分子材料、金属材料和微电子材料的精密加工上展开一系列技术突破，从而满足便携式电子设备、医疗器械、太阳能等行业对激光微纳加工技术的需求，为我国制造业实现跨越式发展提供重要的技术支撑。

二、未来市场需求及产品

（一）激光精细加工的发展趋势和市场需求

目前超衍射极限纳米加工作为无掩模光刻技术的一种，主要用来制备具有较高加工精度需求的复杂器件，如微流控芯片、全息光学器件、超表面器件等，其使用的材料除了常见的聚合物材料，还有薄膜材料、透明硬脆材料等。未来的市场需求主要集中在加工精度、加工效率和材料适用性三个方面，其中加工精度主要依赖超衍射加工的原理，利用材料对超短波脉冲激光的非线性多光子吸收和阈值效应，通过简单的激光直写光路即可实现分辨率达纳米级的复杂三维结构加工，因此具有广泛的应用前景。为了进一步提高双/多光子非线性吸收的加工分辨率，研究人员提出了可以利用受激辐射损耗（STED）、双色非简并双光子吸收、时空聚焦或者 4Pi 显微成像技术进一步提高超短波脉冲激光加工的分辨率，最低可实现 10nm 以下的加工分辨率，但是由于光路复杂、成本高、稳定性差，目前仍停留在实验室阶段，距离产业化还有一定差距。

针对材料的适用性方面，最早的超衍射极限加工通常使用的是聚合物材料，聚合物本身的耐酸碱和机械特性较差，因此如何扩大材料的应用范围成为研究的重点。目前研究人员已经实现了玻璃基材、金属基材、碳纳米管、量子点等材料的双光子聚合三维加工，可以应用到微纳米机械、超表面和显示等领域。随着材料体系的进一步扩大，必将促进超衍射激光加工在工业、军事、显示和医疗等领域的实际应用。

（二）高效率、大面积激光微纳加工的发展现状和市场需求

随着制造业对产品要求的不断丰富和扩展，对激光微纳加工技术也提出了新的挑战，不再局限于小尺寸微纳结构的精密加工。由于国防、信息、光电子、能源等领域对大尺寸复杂微结构的重大需求，跨尺度、高效率激光微纳加工技术的价值愈发明显。同时满足大面积、高精度和高效率的加工需求，将成为未来激光加工发展的重要方向。

在计算机、通信、消费电子一体化的信息家电产业（3C 行业）中，电子器件功能丰富，模块高度集成化、轻薄化成为趋势；这种趋势带来的新材料探索和高精度成形需求使激光微纳加工优势显著。在显示面板行业，激光微纳加工技术已在大规模 OLED 柔性屏切割、激光修复等方面得到市场验证；在 5G 通信行业，无线射频层向着小型化、轻量化、高集成化发展，使得激光微纳加工应用渗透急剧加速；在汽车行业，电子显示、传感技术和节能技术也与激光微纳加工密切相关；在军事领域，亚波长结构可以提高红外光学窗口透过率从而直接影响制导信号的强度，窗口尺寸可达上百毫米。在航空航天领域，航空发动机喷油嘴、涡轮叶片气膜孔需要广泛的大面积微纳加工。在上述应用领域，不仅需要精细微结构的制备，还需要兼顾大面积的需求。

激光微纳加工对于工业激光领域市场需求的增长有其必要性和发展上升性，但加工现状面临着三个矛盾：加工尺度与加工精度之间的矛盾、加工效率与加工效果之间的矛盾、设备

成本与售价之间的矛盾。其本质是对于激光微纳加工实现大尺度、高精度和高效率兼容的挑战。行业内正在积极探索解决上述矛盾的方法，多角度寻求解决方案。立陶宛 WOP 公司和德国 Nanoscribe 公司是规模较大的生产商业化飞秒激光加工系统的公司，处于领先地位。WOP 公司推出 FemtoGLASS、FemtoFBG 和 FemtoMPP 等分别针对于玻璃切割、光栅制备和多光子聚合等不同加工需求的定制化加工系统，在亚波长的加工精度下，加工面积可达上万平方毫米。Nanoscribe 公司则专注于基于双光子聚合的高精度 3D 打印系统的开发，系统的加工面积同样可达上万平方毫米，同时兼具百纳米级的加工分辨率。这些头部公司越来越重视大面积微纳结构的加工需求，推出了结合大行程位移台和高速扫描振镜的解决方案，实现了跨尺度高速飞秒激光微纳加工，加工速度最高可至 1000mm/s。

（三）光量子集成芯片的发展现状和市场需求

与实现量子技术的其他平台相比，量子光学为包括信息处理、计算和通信在内的多项任务提供了许多关键技术支持。光量子集成芯片技术已成为扩大实验室演示规模并将其转化为现实技术的关键。光量子集成芯片在元件小型化、稳定化和规模化方面发挥着关键作用，有望为量子技术的发展做出贡献，实现更具可扩展性、鲁棒性，更紧凑和更便宜的量子设备，推动量子通信、计算、模拟和传感的实际进展。

鉴于光量子集成芯片在量子技术领域的关键作用及巨大发展潜力，世界各国政府、先进技术组织加大在芯片材料、芯片设计、制造与测试、封装及原型机制作、应用等方面的资源投入。在由欧盟资助的量子旗舰计划中，集成量子光子学已被公认为量子通信供应链的基础技术。光子量子比特作为成熟的技术平台被用于开发量子随机数发生器以及端到端量子比特传输的组件和模块。英国国家量子技术计划建立量子通信中心和量子计算与模拟中心，专注于量子光子器件的设计、制造和快速器件原型制作。新加坡建立了量子技术中心，并提出国家量子工程计划，基于波导和光纤的超大规模光子集成平台、硅量子光子学平台，对单光子或少光子进行量子态控制。澳大利亚的研究机构及初创公司在集成量子光子电路（qPIC）制造领域具有显著优势。日本政府将光学和量子技术视为优先研发领域，得益于商业光通信开发集成光子技术的强大背景，日本在低损耗、大规模 PIC 制备及量子通信网络、计算、传感和光学时钟等方面得到开创性研究进展，首次将片上光波导电路应用于量子技术（QKD）。美国政府、学术界和私营部门大力支持 PIC 技术的开发和制造，探索出基于硅、锗、氮化硅、Ⅲ-Ⅴ化合物半导体、铌酸锂等材料的成熟 PIC 技术。中国在光量子集成芯片领域的研究计划也涵盖了各种 PIC 平台，如 GaAs、Si、SiN、激光刻蚀玻璃、铌酸锂和金刚石，其目标是光量子计算、量子密钥分发和传感任务的实际实现。

在产业需求方面，光量子集成芯片主要集中在基于量子密钥分发的量子保密通信网络建设。美国积极开发量子纠缠光源、具有高效光学接口的量子存储器、高效单光子探测器等量子网络组件并推动设备的扩展、小型化和集成。加拿大提出量子光子传感和安全计划，在量子加密和安全、环境和健康监测传感器等领域提供光量子解决方案。中国在基于光子的量子计算领域和千公里级空地量子密钥分发领域具有重要进展，已通过三维集成和收集光路的紧凑设计，实现 113 光子 144 模态的量子干涉线路并对高斯玻色取样矩阵进行重新配置，利用“墨子号”量子科学实验卫星，实现了在中国和奥地利之间 7600km 的洲际量子密钥分发。对于进一步推动量子通信、计算和模拟、传感和计量以及量子科学的发展，新材料、先进的

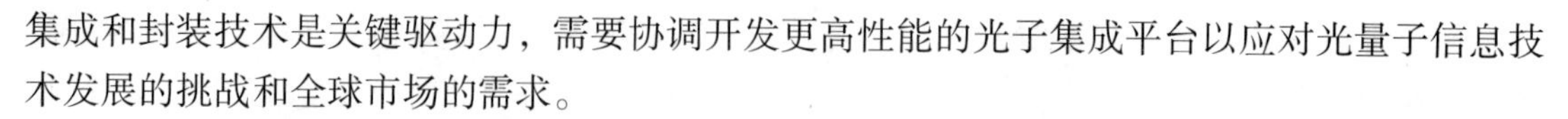

集成和封装技术是关键驱动力，需要协调开发更高性能的光子集成平台以应对光量子信息技术发展的挑战和全球市场的需求。

（四）片上及片间光互连技术的发展现状和市场需求

近年来，光子集成技术得到了快速发展。主流的材料平台包括Ⅲ-Ⅴ族化合物、硅基材料以及玻璃材料等。其中Ⅲ-Ⅴ族材料的主要优势是其为直接带隙材料，可用于制作半导体激光器、调制器及探测器等关键有源器件。硅材料的优势是储存量大、成本低廉、在近红外波段乃至中红外波段都几乎透明、材料损耗极低、集成度高。玻璃材料的优势是可以进行高密度的三维立体集成。为了充分发挥不同材料体系的优势，混合光子集成概念被提出，即通过键合的方式将独立制作的分立有源器件如激光器、探测器等集成到硅基/玻璃基无源芯片上，从而实现低成本、高性能的混合光子集成芯片。

混合光子集成结合了不同材料平台的互补优势，与单片方法相比提供了卓越的性能和灵活性。然而，这种系统的组装需要高精度对准和多芯片间光学模式分布的匹配。标准化和规范化的片上和片间光互连技术的发展已经刻不容缓。欧盟“Horizon 2020”计划集中部署了光电子集成研究项目，旨在实现基于半导体材料或二维晶体材料的光电混合集成芯片。美国DARPA和NSF资助了多个重大研究计划以开展光电子技术研究，2014年10月，时任美国总统奥巴马宣布光子集成技术国家战略（AIM Photonics），联邦政府结合社会资本投入6.5亿美元打造光子集成器件研发制备平台。我国也对光电子技术和产业进行了政策重点布局，科技部在“十三五”国家重点研发计划中对光电子领域进行了部署；中国制造2025也将新一代信息技术产业列为十大重点领域之一；2022年7月，第三届光电子集成芯片立强论坛在青岛成功举办，报告和研讨会的主题也涵盖前沿光电子器件及集成、光电子与微电子集成工艺技术、封装与测试等前沿热门领域。针对传统技术和方法存在的工艺复杂、成本高、可控性差、连接密度低和耦合损耗高等问题；2010年，香港中文大学的研究人员利用SOI光栅获得高斯型输出场剖面，实现了单模光纤与硅光波导的高效耦合（1.2dB）；2016年，美国加州大学的研究人员利用表面光栅耦合器实现了InP激光器与硅波导的耦合；2018年，德国卡尔斯鲁厄理工学院Koos Christian研究团队表明，可通过飞秒激光原位打印微型光束整形元件来克服这些挑战[59]。他们在芯片和光纤端展示了一系列光束整形元件，在边缘发射激光器和单模光纤之间实现高达88%的耦合效率，为具有优越性能和多功能性的光量子多芯片系统的自动组装铺平了道路。

另一方面，借鉴金属引线的思路，研究人员提出光学引线键合的方案，用于实现芯片与光纤、芯片与芯片间的互联。起连接作用的“线”不再是金属，而是聚合物光波导。德国卡尔斯鲁厄理工学院Koos研究团队已经证实了光子引线键合技术可以实现各种不同芯片波导及光纤的连接。光子引线键合波导的横向尺寸通常在1～2μm，可以跨越数十至数百微米的间距，可以在芯片边缘形成上百个光子键合点。针对硅基波导的连接，已被证实在1200～1600nm波长范围内插损可以达到1～2dB。当利用光子引线键合多芯光纤或者磷化铟基（InP）芯片时可以获得相似的损耗数值。最近，该课题组的研究人员依靠光子引线键合实现了硅光子调制器阵列到InP激光器和单模光纤的连接，光子引线键合的插入损耗仅为（0.7±0.15）dB。

光子引线在混合异质集成上具有巨大的应用潜力，基于激光3D微纳加工技术，德国的

Vanguard Automation GmbH 公司和 Nanoscribe 公司已经开发了商用光子引线键合系统，可以实现光纤/波导与芯片、芯片与芯片之间的连接。目前，国内公司在相关领域也有一些布局，但与国际先进水平仍然存在一定差距。预期未来随着光子引线键合技术的进步和完善，片上及片间光互连技术将从实验室走向大规模产业化，推动信息技术产业的飞速发展，在军事探测以及高速大容量光通信等领域发挥重要作用。

三、关键技术

（一）超衍射极限纳米加工新方法

1. 现状

激光微纳加工技术作为一种符合可持续发展战略的绿色加工技术，可用于切割、钻孔，也可以用于微纳尺寸的聚合增材制造，具有高精度的优势和真三维加工能力，在精密机械、生物医疗、微光学器件等领域有着越来越重要的应用。

激光加工的分辨率主要受聚焦光斑尺寸的限制，在衍射极限情况下可以用瑞利判据去估计，即 $1.22\lambda/NA$（λ 为光源的波长，NA 是系统的有效数值孔径）。由于数值孔径的提升有限，因此选择更短的波长是提升加工分辨率的一种可行解决方案。除了缩短波长以外，利用材料在强场作用下的高阶非线性光学特性，可以显著提高加工分辨率。Goppert-Mayer 最早提出了强场激光作用下的双光子吸收现象，即材料中的电子同时吸收两个光子跃迁至高能级，因此其吸收曲线比衍射极限所定义的光斑分布更加陡峭。基于此原理，孙等人在 2001 年利用近红外飞秒激光实现了超衍射极限的双光子聚合加工，加工分辨率低至 120nm，制备了红细胞尺寸大小的微米牛。此外，研究人员从受激辐射损耗（stimulated emission depletion，STED）光学超分辨显微技术中获取灵感，提出了在光学系统中引入损耗光的方法（通常是具有环形光场能量分布的光束）来提高加工分辨率。另一方面，利用纳米尺度下结构所激发倏逝场的高度空间局域化特性，可以有效提高加工分辨率。例如基于探针针尖近场增强的扫描近场光刻技术主要是利用探针针尖与样品之间的极小间距（通常 10~20nm）产生的倏逝场来实现超衍射极限的加工，其最小加工分辨率接近 22nm。针对典型纳米材料原子尺度加工需求，基于超快激光激发金属材料局域表面等离激元共振效应，从而增强材料局域电场强度，可以实现纳米金属材料表面原子尺度可控烧蚀去除。

2. 挑战

1）聚合增材制造中光聚合加工的材料范围有限，无法实现纯金属或其他无机材料的高精度加工。针对这个问题可通过组合加工工艺，利用光聚合制备高精度三维模板，辅助物理/化学沉积手段实现多种材料的高精度三维加工。

2）基于探针针尖近场增强的光学近场加工技术，其加工距离极小且加工深度受限，因此仅能加工二维平面结构。最近提出的光学远场诱导近场击穿（O-FIB）技术是利用超快激光的非线性吸收效应在样品表面烧蚀出纳米小孔，后续激光辐照时由于边界处的电场连续性会导致电场能量在孔边缘极化并产生垂直于电场方向的能量极强点，通过合理优化入射光场能量可以在材料表面实现接近 10nm 的超高分辨率加工，该方法的优势是工作距离长，有望实现复杂曲面上的精细加工。

3. 目标

1）预计到 2030 年，不断丰富激光微纳加工的材料种类，实现包括聚合物、金属、玻璃、半导体在内的多种材料的超衍射极限加工。

2）预计到 2035 年，不断优化多材料激光制造工艺，将激光微纳加工分辨率提升至 10nm 以下，充分发挥激光微纳加工在加工分辨率方面的优势，提高激光特种加工的应用范围，研发超衍射极限激光加工新装备。

（二）高效率激光微纳加工技术

1. 现状

激光微纳加工技术解决了常规加工技术无法实现高精度微纳器件制备的难题。但是传统激光微纳加工是一种基于逐点扫描的加工方式，在加工吞吐量、加工效率方面面临着重大挑战。为了适应工业需求，加工效率的提升迫在眉睫。

为了补偿激光直写工艺在高分辨率/小特征尺寸下制造时间的增加，诸如壳层扫描、多焦点并行、逐层面投影光刻以及体投影光刻等策略被先后提出。对于任意三维结构，结构形态来源于结构的外部轮廓，结构内的体素对结构的三维形貌没有贡献。因此，基于逐点扫描的外部壳层扫描是提高加工速度的解决方案之一。但是壳层扫描主要适合具有大比表面积的体结构，并不适用周期性复杂结构的快速制备。其次，焦点处的光场可通过创建多个体素的方式进行修改，从而有效地将串行制造过程转变为并行制造过程。人们通过在系统中加入如微透镜阵列（micro lens array，MLA）、衍射光学元件（diffractive optical elements，DOE）、空间光调制器（spatial light modulator，SLM）和数字微镜器件（digital micromirror device，DMD）等分光组件，从而实现单焦点到多焦点的转变，并且可以同步或独立控制多个焦点并行加工，从而有效提升加工效率。基于光切片的逐层投影光刻，原理是通过将目标三维模型进行逐层分解后，使用空间光调制器和数字微镜器件调制入射光相位和振幅，从而获得具有特定强度分布的聚焦光场，层层连续曝光从而实现高效制造。体投影立体光刻技术是通过空间光调制器调制光场的三维强度分布，单次曝光即可制备出三维微结构。

2. 挑战

1）多焦点并行加工可以有效提升加工效率，并且加工效率的提升与焦点的数目线性相关。但是，焦点的数量通常会受激光总功率损耗以及临近效应的限制。已有研究证明，通过添加抑制光束，可以提高多焦点并行加工的分辨率。

2）逐层投影光刻对加工效率的提升受限于光调制器件的刷新频率，并且单次投影曝光面积和投影分辨率之间相互制约。逐层投影光刻技术的进步主要依赖于光调制器件刷新频率、像素数目和像素尺寸的改进。

3）体投影立体光刻可真正实现一步光刻成形，大大提升了激光微纳制造的效率。但是体投影立体光刻技术对输入激光功率的要求较高，并且仍存在聚焦光场强度分布不均匀，加工分辨率不高（亚毫米量级）的问题。通过提高激光器功率、改进光场调制算法、材料优化和外部光场抑制等手段，体投影立体光刻技术具有极大的进步和发展空间。

3. 目标

1）预计到 2030 年，优化光场调制算法以缩短全息图计算时间并提升对目标光场振幅、偏振以及相位的调制能力；同步优化硬件设施，提升激光器输出功率、光调制器件刷新频率、阈值功率和像素分辨率。

2）预计到 2035 年，通过关键性问题的解决，在不影响加工分辨率的前提下，将加工效

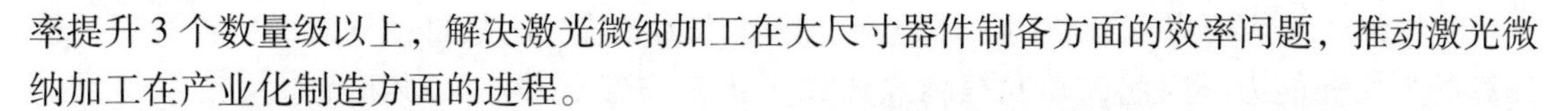

率提升 3 个数量级以上，解决激光微纳加工在大尺寸器件制备方面的效率问题，推动激光微纳加工在产业化制造方面的进程。

（三）纳/微/宏跨尺度大面积激光微纳加工技术

1. 现状

为了解决大面积微纳结构的加工难题，研究人员使用大行程位移台代替扫描振镜，完成大面积微纳结构的加工，速度最高可达几十毫米每秒。但是由于位移台运动时不可避免的加减速过程，加工的均一性和稳定性难以保证。已有研究人员使用位置同步输出技术（position synchronized output，PSO）来解决这一问题，整个运动过程中以固定的位移触发输出信号来控制激光脉冲，使激光作用在材料上的能量与速度无关，从而实现良好的加工效果。但是大面积复杂微纳结构加工时，受到位移台机械运动的限制，无法始终保持高速加工，这是该技术目前无法突破的瓶颈。此外，研究人员开发了集成原位检测的 3D 加工系统，利用原位检测技术实现 3D 结构的快速制备。该系统直接利用振镜扫描加工，通过搭配远心镜头来消除像差，使整个视场内激光焦点位于同一平面，保证加工效果。这种技术可实现大面积微纳结构的高速制备，满足工业上对加工效率的需求。但是，受镜头数值孔径的限制，该技术的制备精度稍有不足。

2. 挑战

1）针对大面积加工中如何兼顾精度和效率的挑战，可结合扫描振镜的高速度优点及位移台的大行程优点，开发多视场拼接技术。该技术兼具扫描振镜高速、高精度和位移台大面积的优势，但是多视场拼接加工存在缝隙的难题通常难以解决。

2）针对组合加工方法面临子场拼接缝隙影响加工效果的问题，可以通过扫描振镜和位移台同步运动的方式，利用控制算法将运动分配给振镜和位移台，通过控制振镜和位移台同步运动来消除拼接缝隙，但是这对硬件和算法提出了较高的要求。

3. 目标

1）预计到 2030 年，优化扫描振镜与位移台结合的组合加工策略，开发配套的振镜和位移台并优化运动控制算法以实现振镜和位移台的同步运动，实现无缝隙大面积制备的目标。

2）预计到 2035 年，通过关键性问题的解决，研制出具有跨尺度（100nm～100mm）、高速（1000mm/s）、高精度（<100nm）的激光微纳加工系统，解决纳/微/宏跨尺度大面积激光微纳加工难题。

（四）光子与光量子集成芯片及其立体光刻技术

1. 现状

光子与光量子集成芯片旨在集成芯片上实现光源、操作、探测的全片上信息过程，其中立体光刻技术是推动芯片化集成的关键。自 2008 年布里斯托大学 Jeremy O'Brien 教授提出此概念以来，得益于半导体平面加工工艺的日趋成熟，以硅、二氧化硅、氮化硅等材料为基础的二维光量子集成芯片的研究得到了飞速发展，并且在量子模拟、量子计算、量子通信及经典通信传感等领域初步展示了集成光学的优势。但需指出的是，随着量子比特数目的增加和量子模拟、量子计算及高速光互连实用化要求的提升，二维平面加工工艺的局限性已经成为制约光子与光量子芯片发展的瓶颈。

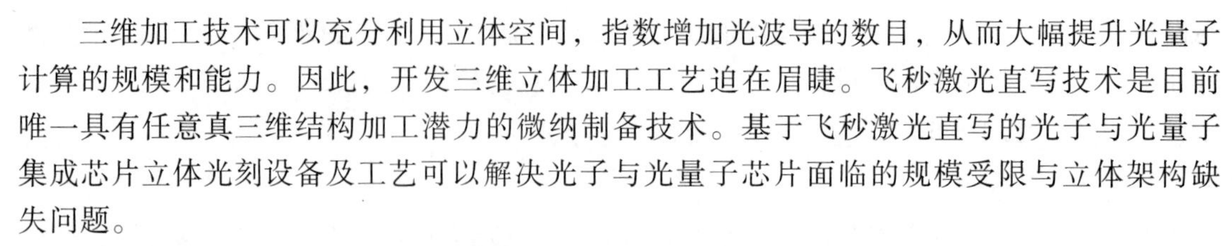

三维加工技术可以充分利用立体空间，指数增加光波导的数目，从而大幅提升光量子计算的规模和能力。因此，开发三维立体加工工艺迫在眉睫。飞秒激光直写技术是目前唯一具有任意真三维结构加工潜力的微纳制备技术。基于飞秒激光直写的光子与光量子集成芯片立体光刻设备及工艺可以解决光子与光量子芯片面临的规模受限与立体架构缺失问题。

2. 挑战

1）当前飞秒激光立体光刻设备皆基于单束激光紧聚焦方案进行无监测盲加工，难以支撑片上任意构型真三维高精度光学波导结构的制备。

2）现有主要飞秒激光加工设备的聚焦方案和加工能力，在实用化大规模三维光量子制备领域仍面临无法实现大焦深、变焦深加工，无法控制波导截面形状，缺少原位监测反馈机制等关键技术问题。

3）目前飞秒激光直写设备都是基于紧聚焦飞秒激光与高精度三维位移台的组装，设备厂商的研发精力集中在位移台与激光参数的精密同步控制、计算机辅助设计三维图案轨迹优化中，并没有从根本上解决大规模三维光子芯片制备面临的问题。

3. 目标

1）预计到2030年，针对现有商用飞秒激光加工设备不具备连续变深度加工能力，且逐层扫描波导阵列的深度变化范围小于1mm的问题，面对光子与光量子集成芯片需求，短期内采用焦点能量补偿控制技术，实现任意波导形状的大焦深、变焦深加工。

2）预计到2035年，开发具备原位监测反馈控制机制的核心立体光刻装备与技术平台，为规模化三维光子与光量子芯片的实用化奠定关键技术基础。

（五）光子引线与片上/片间光互连技术

1. 现状

光子引线键合技术，即聚合物光波导3D纳米打印技术，利用飞秒激光双光子聚合加工技术亚微米级加工精度以及真三维加工能力，可以有效地实现片上多模块、芯片与光纤以及多芯片间的耦合和互连，极大地简化了微光学系统的组装过程，提高了系统集成的灵活度。此外，光子引线键合技术可以充分利用多材料平台的优势，在异质混合集成方面具有巨大的应用潜力。当前，光子引线键合技术的研究尚处于实验室研究的初期阶段。面向产业化的需求，光子引线键合技术仍存在一些关键问题亟须解决。

2. 挑战

1）光子引线的制备兼具高精度、大面积及高效率的需求，并且由于需要互连的组件处于复杂的三维位置下，对于互连端口的探测以及引线的空间布局提出了较高的要求。

2）其次是耦合损耗以及传输损耗大的问题。在混合异质集成中，不同材料的尺寸和折射率的巨大差异会导致传输模场的失配，传统的直接对接耦合将带来巨大的插入损耗；此外，光子引线对于加工质量的要求较高，引线表面光滑度及材料均匀性都会对光子引线的传输损耗带来影响。

3）另一方面，光子引线的可靠性较差，目前已报道的光子引线多由聚合物光刻胶制备，受自身力、热、电、光等物理特性的限制，光子引线的悬空长度有限，存在易脱落、易坍塌，以及高热光效应导致的信号温漂等关键问题。

3. 目标

1）预计到2030年，针对互连端口探测困难和引线布局方案单一的问题，基于振镜-压电扫描平台实现局部高速、高精度扫描，利用高精度线性位移台实现大范围桥接，并将共聚焦成像技术、自动光学检测技术、机器学习等技术有机融合实现互连端口的自主探测和布线优化；针对耦合损耗方面的问题，通过引导引线截面尺寸和形状的变化，从而实现对引线中传输的光学模式及偏振的控制；针对光子引线可靠性方面的问题，探索合适的有机、无机杂化材料或者是纯无机材料，并探索最优的激光直写参数，最终确定光学性能优越、可靠性良好的引线材料。

2）预计到2035年，通过关键性问题的解决，研制出具有大跨度（>2mm），高精度（<50nm），低插入损耗（<0. 2dB），低传输损耗（<0. 2dB/cm）的光子引线键合机，有效地将各种光子集成平台连接起来，从而实现超快速信号处理、光传感和量子信息处理等多种应用。

四、技术路线图

激光微纳加工技术路线图如图5-5所示。

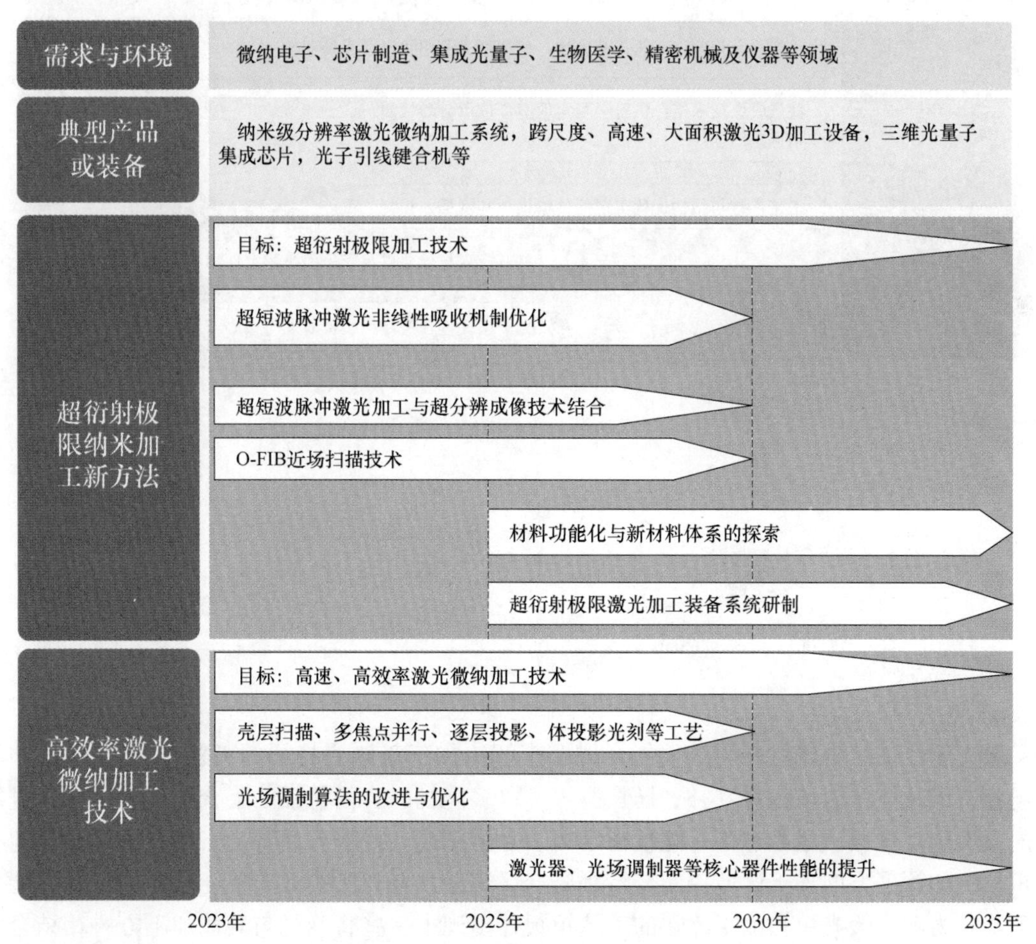

图5-5 激光微纳加工技术路线图

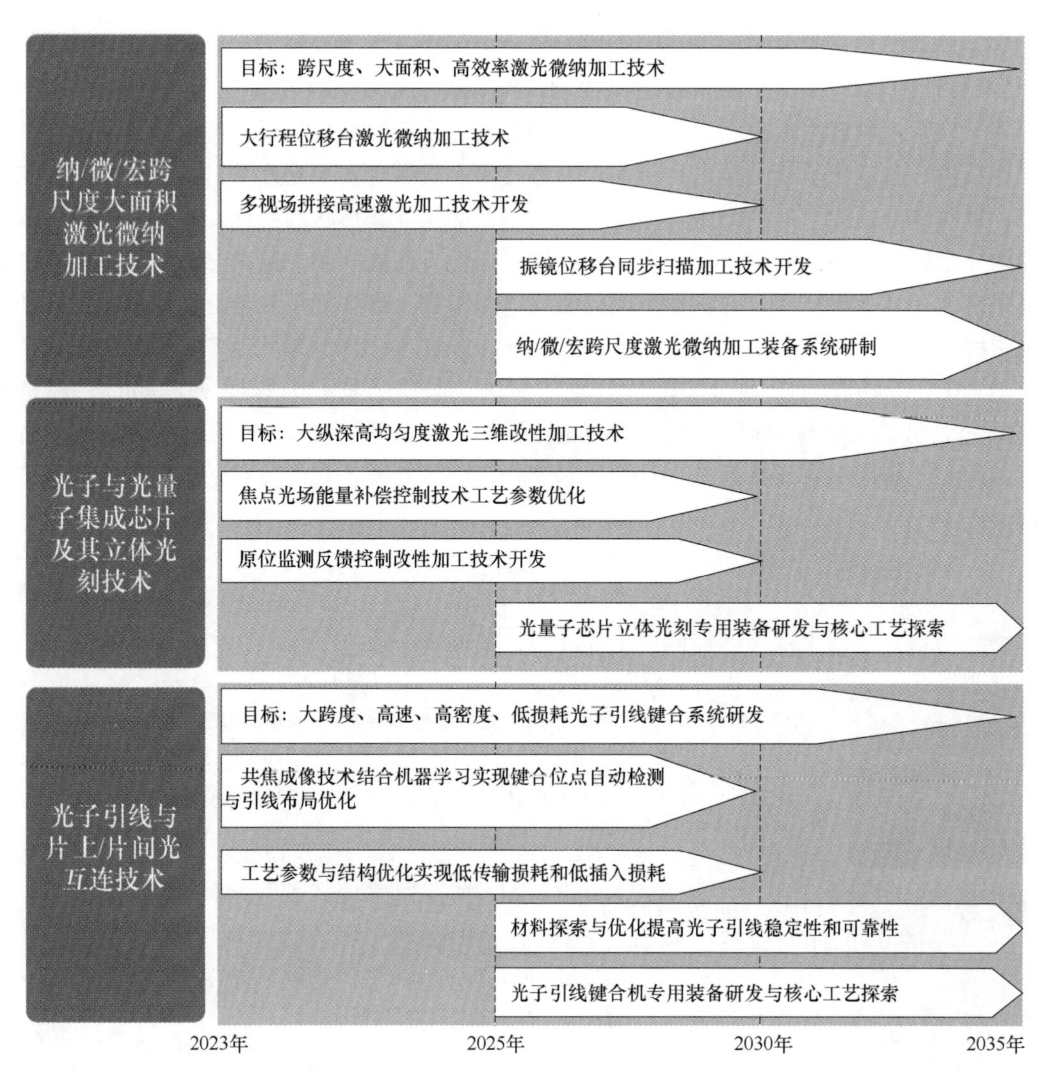

图 5-5　激光微纳加工技术路线图（续）

第七节　激光复合制造技术

一、概述

激光复合加工是以激光与其他能场融合来解决加工难题为特征的工艺方法[60]。各种能量场各有优缺点，应该优势互补、扬长避短。以多能场融合为特征的复合加工是国际先进制造的重大热点领域。激光加工有能量密度高、分辨率高、传输方便等优点，但不可避免地存在短板，如深度方向加工区域控制需特别监控，容易出现热影响区、单纯激光加工深度能力有限等。为解决激光单独加工存在的工艺短板，出现了一些将激光与其他加工方式相结合的加工方法，如激光与切削复合加工技术、水助激光加工技术、激光与（电）化学复合加工技术等。激光复合加工技术有助于突破激光加工或激光辅助加工工艺的工艺极限，应用前景日益广阔。

二、未来市场需求及产品

（一）航空航天、能源领域难加工材料的激光复合加工技术

陶瓷材料和高温合金等难加工材料在航空航天和能源领域得到了广泛应用。镍基高温合金和陶瓷材料都是难加工材料，传统方法加工效率低、加工表面质量差、刀具磨损严重且加工成本偏高。与传统切削加工相结合，激光能够实现高精度、高复杂度零部件的加工，在该领域有着巨大的应用空间。

1）预计到2025年，在国家航空发动机和燃气轮机“两机”重大科技专项的推动下，我国航空航天事业将得到快速发展，对高温合金、陶瓷、带热障涂层高温合金等新型难加工材料的精密高效加工需求更加迫切，需要一系列的复合加工技术及装备，以实现复杂结构件（如机匣、叶轮、压气机机壳、叶片等）的高质高效精密加工。激光与其他加工（切削加工、电化学加工、电火花加工）技术的复合值得关注。

2）预计到2035年，激光复合加工技术将更加高效，加工系统更加智能化，出现系列化的激光复合加工设备，并在航空航天、能源等领域普遍应用。

（二）精密机械、医疗、电子行业的激光复合加工技术

机械制造精密化、电子器件微型化、医疗器械仿生化的发展，对加工技术提出了越来越高的要求。短脉冲激光可实现精密加工，但同时容易出现热损伤、重铸层等问题。水助激光加工（包括水导激光加工）能够有效解决激光加工热敏材料存在的微裂纹、重铸层和熔渣问题，在机械、电子、医学、光学领域有广阔的应用前景。

1）预计到2025年，水助激光加工的关键技术问题将得到系统性解决，实现激光与水射流的高效稳定耦合，实现超细层流水柱的生成，成为解决难加工材料大深度、高精度去除加工的重要手段。

2）预计到2035年，高功率水助激光加工技术将更加成熟，加工设备的功率和智能化水平进一步提高，加工工艺出现多样化，加工设备实现系列化，加工深度和材料去除率显著提升，在国防民生领域的精密制造中得到广泛应用。

三、关键技术

（一）激光与切削复合加工技术

1. 现状

脆性材料、超硬材料的传统切削加工刀具磨损严重，容易产生裂纹及亚表面损伤等问题。激光辅助切削通过调控材料性质，解决上述矛盾。激光与切削复合加工主要有加热软化法和微织构法等方式。加热软化法是利用激光进行局部加热，局部改变材料的硬脆性质，减少刀具磨损。利用加热切削法，不但可以减小切削力，而且可以降低表面粗糙度值，提高加工表面的质量。由于激光束具有快速局部加热的性能，控制灵活，可以准确地照射到待加工位置，通过光斑形状和大小调节，适当地满足切削中材料软化的需求，可改善难加工材料切削性能，延长刀具寿命。国外科研机构对激光辅助下的材料去除机理和刀具寿命提高原理进

行了深入研究[61,62]。该技术已经在工业陶瓷等脆性材料的精密车削中得到了应用。

微织构法使用脉冲激光，在切削刀具前面的被加工材料上先制备出一系列微织构阵列，把材料由连续结构转变成离散结构，然后微织构区域被加工切除。由于材料结构与性质的弱化，切削机理发生改变，是宏观横向断裂与微观精细切削的结合，可在提高材料去除率条件下降低刀具负载，减轻刀具磨损程度，有效延长刀具寿命并降低噪声。随着高能超快脉冲激光器的发展，该技术将成为激光辅助切削的重要方向。

2. 挑战

1）激光预热下高温合金高应变率切削动力学模型的建立。一方面，需根据高温合金激光加热下的力学属性以及瞬态高应变率条件，确定特定条件下的材料本构方程，再求解工件切削区域的瞬态应力与应变，考察切屑形成特点。另一方面，需求解刀尖区域受力及温升情况，以优化改进工艺。高应变率时变切削过程增大了建模和求解难度。

2）激光辅助切削是复杂物理过程，镍基高温合金的加工性能受激光参数、车床加工参数、工件和刀具性质等变量的影响。需结合工艺试验与理论仿真，分析加工质量的关键影响因素。探明关键工艺参数与加工性能的映射关系，实现激光辅助切削工艺和质量的智能控制与预测是工艺成功的关键。

3）离散结构材料在刀具施加的机械力作用下，会发生薄弱处材料脆性断裂及局部微观去除，裂纹扩展方向直接决定切削质量和效率，横向裂纹有助于材料的去除，而纵向裂纹会降低加工表面的质量，造成亚表面损伤。需分析离散结构裂纹扩展模式，研究裂纹扩展机理，控制裂纹扩展方向，在提高去除率的同时，兼顾表面质量。

3. 目标

1）预计到2030年，建立激光辅助切削的温度场-动力学模型，实现瞬态切削过程中高应变率材料去除的应力场和温度场模拟，揭示激光加热软化对机械切削加工能力的提升机理。

2）预计到2035年，揭示裂纹扩展机制与微织构受控断裂机理，提升激光预制微织构效率，实现激光预制微织构与切削工艺的最优匹配，实现以工程陶瓷与陶瓷基复合材料为代表的硬脆材料高效精密低损伤加工。

（二）水助激光加工技术

1. 现状

激光与水流结合的加工技术，即水助激光加工，是激光复合加工发展的重要方向。水助激光加工使用层流水射流，可有效解决传统激光加工的热影响问题。水导激光加工技术是利用光在稳定的微水射流和空气界面的全反射效应，将激光传输到工件加工区进行加工[63-65]。相对干式激光加工，水导激光加工可消除激光加工的热影响，但水柱进入狭窄区域会丧失水气界面，失去光纤效应，因此，很难保持大深度加工的高效率，难以解决大深度加工难题。

液核光纤激光加工技术采用特殊的微管通水传光，由于管壁光导系数低于纯净水，激光可在微管道内全反射传导，可以在空气中射出层流水柱，可等效于空气界面水导激光加工技术，但其管壁可以弯曲，并深入狭窄空间或在水下进行加工。利用该技术，已成功对金属、CZT等材料进行了打孔和切割实验[66,67]。高功率激光稳定耦合是水助激光加工技术未来的发展方向，是热敏感材料大深度高质量、高效率加工的关键所在。

2. 挑战

1）高功率激光与细小层流水柱的高效稳定耦合。将高能激光耦合进10~500μm直径的层流水柱内，激光与层流水柱入口中心相对位置的过度偏离会损害喷口结构，严重影响光能耦合效率和系统可靠性。

2）水导激光加工基于周期性的短脉冲激光加工和相对长时间的水流冷却，需避免过高的激光强度所引发的介质击穿。需探索水流的多方面作用，揭示相关光学、热学与流体动力学规律，探索激光穿过大长度层流介质并低衰减抵达工件的条件，分析难加工材料去除的物理过程，为高效率材料去除奠定理论和实验基础。

3）需要研究既实现深入加工又能够保持长期稳定工作的方法。要实现持续性深入材料的激光加工，必须加工出大于固体部件外径的孔。光纤复合体下端必须能承受加工区域的恶劣环境，长期工作。光纤复合体需保持一定的稳定度，以保证加工一致性，为此，需探索加工分辨率与进给速度等加工条件之间的关系。

3. 目标

1）预计到2030年，稳定实现高压超细直径层流水柱，建立激光与微射流的耦合方法，实现千瓦级甚至更高功率激光与微细水柱的高效率稳定耦合。

2）预计到2035年，实现持续性深入材料的水助激光打孔，突破激光打孔的深度极限，实现高温合金等材料大于50mm深度介入式激光打孔，实现直径0.05~2mm孔的加工。

（三）激光-化学复合加工技术

1. 现状

为适应航空航天、生物医学、信息技术、新能源、新材料等行业的发展，激光-化学复合加工技术得到了广泛关注。飞秒激光辅助刻蚀技术主要应用于透明硬脆材料的加工，利用飞秒激光对材料进行改性，引起相变或成分变化，从而在改性区和未改性区产生不同的蚀刻速率，在后续化学腐蚀过程中，改性区的材料被去除，最终在透明硬脆材料的表面或内部加工出微/纳米结构。液体辅助飞秒激光刻蚀技术将激光聚焦于材料和液体的界面处，极高的峰值功率引起材料烧蚀的同时在液体中产生激光空化作用，等离子体膨胀和空化气泡坍塌产生的冲击波将烧蚀碎片带离表面，从而实现烧蚀过程实时清理碎片，通过连续可控的逐层材料去除，实现透明硬脆材料的三维加工。

激光微加工复合热氧化、水热法、原子层沉积等技术主要用于金属表面微纳米结构的制备，实现超疏水/超亲水/超疏油、抗结冰、宽光谱高效吸收等功能。激光加工的表面功能在环境中会随着时间逐渐丧失，如超疏水/超亲水的转变，在其表面采用化学方法进行修饰可以有效改善功能结构的稳定性和耐久性。激光熔化复合脱合金技术利用激光熔化作用对前驱体合金的显微组织进行调控，实现对脱合金多孔结构的调控。传统脱合金技术应用的前驱体为单相固溶体二元合金体系，主要制造纳米多孔结构。面向不同应用，激光熔化复合脱合金技术可以制造微纳多孔结构，应用的前驱体合金体系更为复杂。激光熔化与脱合金的相互作用机制需进一步明确，为微纳米多孔结构的设计和制造提供指导。

2. 挑战

1）激光-化学复合加工技术目前主要应用于微纳米结构的加工，对激光加工技术的效率和精度提出了更高要求。高精度、大幅面动态聚焦扫描振镜系统是高效高精激光加工技术的核心功能部件，长期为国外厂商垄断，成为制约我国激光加工装备开发与应用的“卡脖子”问题之一，迫切需要立足自主创新，破解难题。

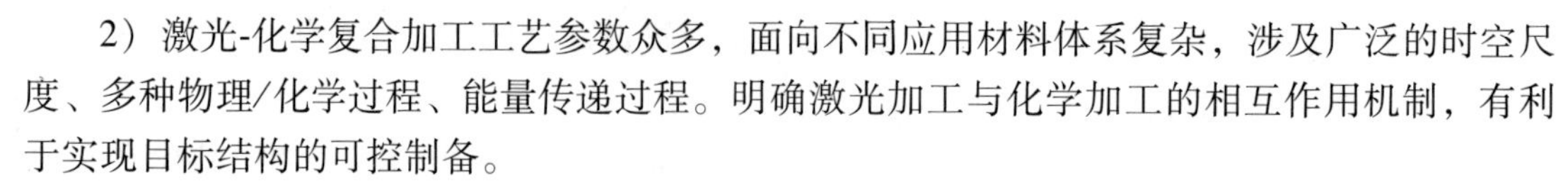

2）激光-化学复合加工工艺参数众多，面向不同应用材料体系复杂，涉及广泛的时空尺度、多种物理/化学过程、能量传递过程。明确激光加工与化学加工的相互作用机制，有利于实现目标结构的可控制备。

3. 目标

1）预计到2030年，开发高精度大幅面动态聚焦扫描振镜系统，为高端装备提供核心功能部件，实现高效高精加工，为航空航天、信息、新能源等领域的制造需求提供更多技术手段。

2）预计到2035年，系统开发激光-化学复合加工技术体系，实现目标结构的可控制备。

（四）激光电化学复合加工技术

1. 现状

激光与电解复合加工是指综合激光与电化学能量场，利用激光-材料相互作用、电解加工及其耦合效应进行材料去除的加工方式。激光与材料相互作用一方面可高效去除材料；另一方面可提高加工区电解液的局部温度，通过温度梯度增强局部区域传质效应，有利于提高电解加工速率。电解加工可实现高表面质量加工。通过激光加工与电解加工的合理结合/组合，可实现高质、高效精密加工。

激光电化学复合加工结合了激光加工效率高、精度高和电化学加工表面质量好的优势，在难加工材料高质量、高效率精密加工领域应用前景广阔。根据激光-材料相互作用、电解加工是否同时参与材料加工过程，激光与电解复合加工可分为激光与电解同步复合加工和激光与电解异步/分布复合加工两大类。激光电化学复合加工是通过激光加工与电化学加工的同步协同复合或分步组合，成功应用于微小孔、表面结构、沟槽、功能表面的加工。激光电化学同步复合加工利用激光加工高效精密去除材料，利用电化学加工提高加工表面质量，包括射流激光与电化学复合加工、激光与管电极电解复合加工等。激光电化学组合加工则通过工艺的顺序组合，通过电化学溶解作用，对激光加工或激光改性表面进行加工，包括激光-电解组合加工、激光掩膜电解加工等。

2. 挑战

1）激光电化学同步复合加工的关键在于如何实现激光与电化学能量场的同步耦合，实现激光加工与电化学加工同步去除加工区材料。需探索激光与电化学能量场高效稳定耦合方法，协同控制激光加工和电解加工，实现材料高效率高质量定域去除。研究激光与电化学能量场耦合一体化工具电极系统，实现深而稳定的激光电化学复合加工。

2）激光电化学复合加工涉及复杂的多物理/化学场非线性耦合，材料去除机理尚不明确。需研究激光同步作用对电化学溶解过程的影响机理，揭示电化学加工表面激光吸收特性和加工产物运动特性对激光传导效率的影响，阐明加工间隙的演化规律。研究激光加工/处理表面的电化学溶解特性，实现高质量表面的高效率加工。

3）激光电化学复合加工包含电化学加工过程，需避免工具电极与工件发生短路而造成烧蚀破坏。由于加工间隙中涉及激光加工和电化学加工，加工间隙演化过程更为复杂。需探索多信息融合加工间隙检测方法，结合机器学习、神经网络等，建立加工间隙监测及控制方法，实现工具电极的自适应进给，实现高效率稳定加工。

3. 目标

1）预计到2030年，实现激光与电化学能量场的高效稳定可控耦合，加工效率和加工深度能力相对当前工艺大幅度提升，研发智能化激光电化学复合加工装备，充分展示技术优势。

2）预计到2035年，实现跨尺度复杂部件的高质量加工，实现广泛的工业应用。

（五）超声速激光沉积技术

1. 现状

超声速激光沉积技术是一种新型激光复合加工技术，利用激光同步辐照冷喷涂中的喷涂颗粒和沉积区域，突破了冷喷涂难以制备高强度、高硬度材料的局限性，在沉积材料和基体材料的选择上具有较大的灵活度。该技术激光的作用主要是软化喷涂颗粒和沉积区域，提高颗粒和沉积区域的塑性变形能力，并不会造成颗粒的熔化，因此，一方面制备的沉积材料依然保持原始粉末的微观结构和相组成，同时避免基体产生大的热影响区，在热敏感材料、氧化敏感材料以及相变敏感材料的制备方面具有独特优势；另一方面，降低了粉末颗粒的临界沉积速度，使得可用压缩空气或氮气替代价格昂贵的氦气作为载气，从而大大降低制造成本。但是过多的激光热输入，可能会导致沉积材料中形成氧化物[68]以及拉伸残余应力[69]。

此外，超声速激光沉积技术具有高沉积速率，可以达到每小时沉积几千克甚至几十千克，能大大减少零件制造时间，在增材制造方面有很大的优势，有望成为一种新的增材制造技术。但受限于冷喷涂喷嘴的尺寸及形状，制造的零件存在相对较低的尺寸精度，喷涂过程控制相对困难等问题。因此，如何实现增材制造的喷涂路径规划是超声速激光沉积的一个重要研究方向。

2. 挑战

1）超声速激光沉积过程中热输入量对材料加工质量具有很大影响，而热输入来源涉及激光热量、冷喷涂本身热量以及后续加工的热量等多方面，作用过程复杂。需采用数值模拟与实验相结合的方法来探索各个参数对沉积材料的影响，阐明粉末颗粒在动能和热能作用下的沉积机理，为工艺参数的优化和选择提供指导，实现高质量材料的超声速激光沉积。

2）超声速激光沉积技术存在制造精度低、喷涂过程难控制的问题，目前尚未有适合该技术制造复杂工件的路径规划方法。需根据该技术沉积特性开发适合的动态增材制造的模拟仿真方法，对制造形貌和问题进行预判并对其参数进行优化，快速有效地指导生产制造进程，同时要提高机器人路径规划能力，精确控制复合加工头运行轨迹以获得所需的层厚度和形貌。

3）超声速激光沉积技术为固态沉积过程，原始粉末的特性直接影响到可喷涂性和沉积性能，因此需针对超声速激光沉积技术特性定制化设计原始粉末，获得适用于该项技术的粉末体系。

3. 目标

1）预计到2030年，设计和开发基于超声速激光沉积特性的增材制造路径规划方法，实现高精度、高性能表面制造。建立多能场耦合和动态增材制造仿真方法，揭示多场协同作用对材料形貌、性能的影响机理。

2）预计到2035年，精准且系统地建立超声速激光沉积工艺参数对不同材料沉积质量的影响模型库，实现高质量材料的加工。开发适用于超声速激光沉积技术加工的粉末体系及成套装备。

四、技术路线图

激光复合制造技术路线图如图5-6所示。

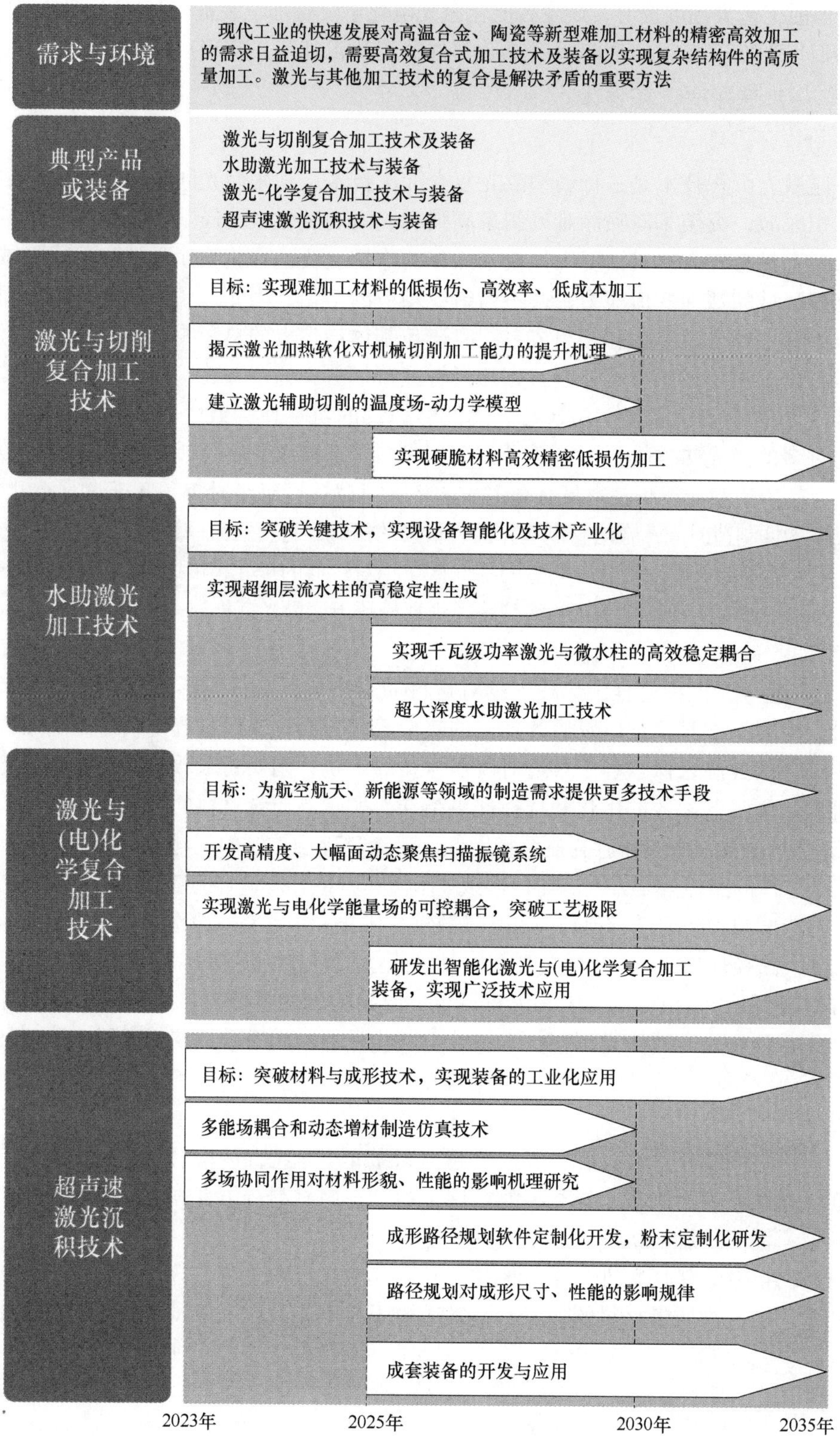

需求与环境	现代工业的快速发展对高温合金、陶瓷等新型难加工材料的精密高效加工的需求日益迫切，需要高效复合式加工技术及装备以实现复杂结构件的高质量加工。激光与其他加工技术的复合是解决矛盾的重要方法
典型产品或装备	激光与切削复合加工技术及装备 水助激光加工技术与装备 激光-化学复合加工技术与装备 超声速激光沉积技术与装备
激光与切削复合加工技术	目标：实现难加工材料的低损伤、高效率、低成本加工（2023年—2035年） 揭示激光加热软化对机械切削加工能力的提升机理（2023年—2030年） 建立激光辅助切削的温度场-动力学模型（2023年—2030年） 实现硬脆材料高效精密低损伤加工（2025年—2035年）
水助激光加工技术	目标：突破关键技术，实现设备智能化及技术产业化（2023年—2035年） 实现超细层流水柱的高稳定性生成（2023年—2030年） 实现千瓦级功率激光与微水柱的高效稳定耦合（2025年—2035年） 超大深度水助激光加工技术（2025年—2035年）
激光与(电)化学复合加工技术	目标：为航空航天、新能源等领域的制造需求提供更多技术手段（2023年—2035年） 开发高精度、大幅面动态聚焦扫描振镜系统（2023年—2030年） 实现激光与电化学能量场的可控耦合，突破工艺极限（2023年—2035年） 研发出智能化激光与(电)化学复合加工装备，实现广泛技术应用（2025年—2035年）
超声速激光沉积技术	目标：突破材料与成形技术，实现装备的工业化应用（2023年—2035年） 多能场耦合和动态增材制造仿真技术（2023年—2030年） 多场协同作用对材料形貌、性能的影响机理研究（2023年—2030年） 成形路径规划软件定制化开发，粉末定制化研发（2025年—2035年） 路径规划对成形尺寸、性能的影响规律（2025年—2035年） 成套装备的开发与应用（2025年—2035年）

2023年　2025年　2030年　2035年

图 5-6　激光复合制造技术路线图

参考文献

[1] 国家自然科学基金委员会工程与材料科学部. 机械工程学科发展战略报告（2011~2020）[M]. 北京：科学出版社，2010.

[2] 国务院. 中国制造 2025，国发〔2015〕28 号 5 [R/OL].（2015-5-19）[2023-5-20]. https://www.gov.cn/zhengce/content/2015-05/19/content_9784.htm.

[3] 中华人民共和国科技部. "十三五"先进制造技术领域科技创新专项规划，国科发高〔2017〕89 号 [EB/OL]（2017-07-10）[2023-5-20]. https://www.most.gov.cn/xxgk/xinxifenlei/fdzdgknr/fgzc/gfxwj/gfxwj2017/201710/t20171026_135754.html.

[4] 科技部、发展改革委、教育部、中科院、自然科学基金委. 加强"从0到1"基础研究工作方案，国科发基〔2020〕46 号 [EB/OL].（2020-3-3）[2023-5-20]. https://www.most.gov.cn/xxgk/xinxifenlei/fdzdgknr/fgzc/gfxwj/gfxwj2020/202003/t20200303_152074.html.

[5] 中国机械工业联合会. 机械工业"十四五"发展纲要 [EB/OL].（2021-5-6）[2023-5-20]. http://www.mei.net.cn/jxgy/202105/1620303069.html.

[6] 中国工程科技知识中心. 智能制造装备产业政策比较研究 [EB/OL].（2021-11-25）[2023-5-20]. https://kgo.ckcest.cn/kgo/detail/1010/dw_reports_2020_0610/A4BC7C61D2C7E57CD3201EFC754CE252.html.

[7] 国家自然科学基金委员会. 国家自然科学基金"十四五发展规划"[EB/OL].（2022-05-19）[2023-08-15]. https://www.nsfc.gov.cn/publish/portal0/tab1392/.

[8] 唐华，沈咏，龙丽媛. 国家自然科学基金视角下我国激光科学技术发展的分析和展望 [J]. 中国激光，2023，50（2）：0200001.

[9] ZHANG X，JI L，ZHANG L，et al. Polishing of alumina ceramic to submicrometer surface roughness by picosecond laser [J]. Surface and Coatings Technology，2020，397：125962.

[10] LIN Z，JI L，WANG W. Precision machining of single crystal diamond cutting tool via picosecond laser irradiation [J]. International Journal of Refractory Metals and Hard Materials，2023，114：106226.

[11] JI L，ZHANG L，CAO L，et al. Laser rapid drilling of bone tissue in minimizing thermal injury and debris towards orthopedic surgery [J]. Materials and Design，2022，220：110895.

[12] 阿占文，吴影，肖宇，等. 超快激光微孔加工工艺研究进展 [J]. 中国激光，2021，48（8）：0802013.

[13] WANG R，DONG X，WANG K，et al. Polarization effect on hole evolution and periodic microstructures in femtosecond laser drilling of thermal barrier coated superalloys [J]. Applied Surface Science，2021，537：148001.

[14] JIANG L，WANG A D，LI B，et al. Electrons dynamics control by shaping femtosecond laser pulses in micro/nanofabrication：modeling，method，measurement and application [J]. Light Science Applications，2018，7（2）：17134.

[15] NGUYEN T K，PHAN H-P，DOWLING K M，et al. Lithography and etching-free microfabrication of silicon carbide on insulator using direct UV laser ablation [J]. Advanced Engineering Materials，2020，22（4）：1901173.

[16] CAI CY，AN Q L，MING W W，et al. Microstructure-and cooling/lubrication environment-dependent machining responses in side milling of direct metal laser-sintered and rolled Ti6Al4V alloys [J]. Journal of Materials Processing Technology，2022，300：117418.

[17] LI X，CHEN Y L，SI X D，et al. laser and laser-liquid composite etching of Si wafers [J]. Lasers in Engineering，2022，52（4-6）：233-245.

[18] 国家自然科学基金委员会工程与材料科学部. 机械工程学科发展战略报告（2021~2035）[M]. 北

京：科学出版社，2022.

[19] 周运鸿. 微连接与纳米连接［M］. 北京：机械工业出版社，2011.

[20] QUAZI M M，ISHAK M，FAZAL M A，et al. A comprehensive assessment of laser welding of biomedical devices and implant materials：recent research，development and applications［J］. Critical Reviews in Solid State and Materials Sciences，2021，46（2）：109-151.

[21] WU Q，XIAO R S，ZOU J L，et al. Weld formation mechanism during fiber laser welding of aluminum alloys with focus rotation and vertical oscillation［J］. Journal of Manufacturing Processes，2018，36：149-154.

[22] ZHANG X，WU S，XIAO R. et al. Homogenisation of chemical composition and microstructure in laser filler wire welding of AA 6009 aluminium alloy by in situ electric current stirring［J］. Science and Technology of Welding and Joining，2016，21（3）：157-163.

[23] ZHANG J，GUO S，WANG D，et al. Laser pressure welding of dissimilar aluminium and copper：microstructure and mechanical property［J］. Science and Technology of Welding and Joining，2022，27（1）：52-60.

[24] KAWAHITO Y，WANG H，KATAYAMA S，et al. Ultra high power（100kW）fiber laser welding of steel［J］. Optics Letters，2018，43（19）：4667-4670.

[25] KATAYAMA S，YOHEI A，MIZUTANI，et al. Development of deep penetration welding technology with high brightness laser under vacuum［J］. Physics Procedia，2011，12：75-80.

[26] CEGLAREK D，COLLEDANI M，VÁNCZA J，et al. Rapid development of remote laser welding processes in automotive assembly systems［J］. CIRP Annals. 2015，64（1）：389-394.

[27] 黄婷，杜伟哲，苏坤，等. 深空探测卫星准直器跨尺度栅格结构的激光精密微焊接技术与装备［J］. 中国激光，2022，49（10）：28-36.

[28] PENILLA E H，DEVIA-CRUZ L F，WIEG A T，et al. Ultrafast laser welding of ceramics［J］. Science，2019，365（6455）：803-808.

[29] GUNTHER J，PILARSKI P M，HELFRICH G，et al. Intelligent laser welding through representation，prediction，and control learning：An architecture with deep neural networks and reinforcement learning［J］. Mechatronics，2016，34：31-11.

[30] JY A，BING B A，HUA K A，et al. Effect of metallurgical behavior on microstructure and properties of FeCrMoMn coatings prepared by high-speed laser cladding［J］. Optics and Laser Technology，2021，144：107431.

[31] LAMPA C，SMIRNOV I. High speed laser cladding of an iron based alloy developed for hard chrome replacement［J］. Journal of Laser Applications，2019，31（2）：22511.

[32] 张津超，石世宏，龚燕琪，等. 激光熔覆技术研究进展［J］. 表面技术，2020，49（10）：1-11.

[33] SONG L J，BAGAVATH-SINGH V，DUTTA B，et al. Control of melt pool temperature and deposition height during direct metal deposition process［J］. International Journal of Advanced Manufacturing Technology，2012，58（1-4）：247-256.

[34] XU L，CAO H J，LIU H L，et al. Study on laser cladding remanufacturing process with FeCrNiCu alloy powder for thin-wall impeller blade［J］. International Journal of Advanced Manufacturing Technology，2017，90（5-8）：1383-1392.

[35] 浙江工业大学. 一种用于气氛保护的光-粉同路送粉喷嘴：CN202010057413. 9［P］. 2020-06-09.

[36] 雷定中，石世宏，傅戈雁，等. 宽带激光内送粉熔覆工艺研究［J］. 中国激光，2015，42（11）：45-52.

[37] ZHU G X，SHI S H，FU G Y，et al. The influence of the substrate-inclined angle on the section size of la-

ser cladding layers based on robot with the inside-beam powder feeding [J]. International Journal of Advanced Manufacturing Technology, 2017, 88 (5-8): 2163-2168.
[38] 苏州大学. 一种激光加工光内同轴送丝喷头: CN201120445042. 8 [P]. 2012-08-08.
[39] 张群莉, 王梁, 梅雪松, 等. 激光表面改性技术发展研究 [J]. 中国工程科学, 2020, 22 (03): 71-77.
[40] 姚建华. 激光表面改性技术及其应用 [M]. 北京: 国防工业出版社, 2012.
[41] 张永康, 崔承云, 肖荣诗, 等. 先进激光制造技术 [M]. 镇江: 江苏大学出版社, 2011.
[42] COSTA H L, SCHILLE J, ROSENKRANZ A. Tailored surface textures to increase friction—A review [J]. Friction, 2022, 10 (9): 1285-1304.
[43] MAO B, SIDDAIAH A, LIAO Y, et al. Laser surface texturing and related techniques for enhancing tribological performance of engineering materials: A review [J]. Journal of Manufacturing Processes, 2020, 53: 153-173.
[44] IJAOLA O, BAMIDELE E A, AKISIN C J, et al. Wettability transition for laser textured surfaces: A comprehensive review [J]. Surfaces and Interfaces, 2020, 21: 100802.
[45] 李强, 刘清磊, 杜玉晶, 等. 织构化表面优化设计及应用的研究进展 [J]. 中国表面工程, 2021, 34 (6): 59-73.
[46] 周浩, 赵振宇, 周后明, 等. S136D 模具钢表面双激光抛光技术研究 [J]. 表面技术, 2021, 50 (11): 111-120, 128.
[47] 佟艳群, 马健, 上官剑锋, 等. 航空航天材料的激光清洗技术研究进展 [J]. 航空制造技术, 2022, 65 (11): 48-56, 69.
[48] 刘二举, 徐杰, 陈曦, 等. 激光抛光技术研究进展与发展趋势 [J]. 中国激光, 2023, 50 (16): 1600001.
[49] 田彬, 邹万芳, 刘淑静, 等. 激光干式除锈 [J]. 清洗世界, 2006 (08): 33-38.
[50] 孙树峰, 王萍萍, 邵晶. 激光微纳制造技术 [M]. 北京: 科学出版社, 2020.
[51] LIU S F, HOU Z W, LIN L, et al. 3D nanoprinting of semiconductor quantum dots by photoexcitation-induced chemical bonding [J]. Science, 2022, 377 (6610): 1112-1116.
[52] 中国机械工程学会. 中国机械工程技术路线图 [M]. 北京: 中国科学技术出版社, 2016.
[53] TAN D, WANG Z, XU B, et al. Photonic circuits written by femtosecond laser in glass: improved fabrication and recent progress in photonic devices [J]. Advanced Photonics, 2021, 3 (2): 024002.
[54] 梅雪松, 段吉安, 李明, 等. "激光微纳制造" 专题 前言 [J]. 中国激光, 2022, 49 (10): 1002000.
[55] 刘雨晴, 孙洪波. 非线性激光制造的进展与应用 (特邀) [J]. 红外与激光工程, 2022, 51 (1): 20220005.
[56] ZHANG J, ZHU D, YAN J, et al. Strong metal-support interactions induced by an ultrafast laser [J]. Nature Communications, 2021, 12 (1): 1-10.
[57] YAN J, ZHU D, XIE J, et al. Gold nanorods: Light tailoring of internal atomic structure of gold nanorods [J]. Small, 2020, 16 (22): 2001101.
[58] HU Z, ZHANG Y, PAN C, et al. Miniature optoelectronic compound eye camera [J]. Nature Communications, 2022, 13 (1): 5634.
[59] DIETRICH P I, BLAICHEER M, REUTER I, et al. In situ 3D nanoprinting of free-form coupling elements for hybrid photonic integration [J]. Nature Photonics, 2018, 12 (4): 241-247.
[60] LAUWERS B, KLOCKE F, KLINK A, et al. Hybrid processes in manufacturing [J]. CIRP Annals, 2014, 63 (2): 561-583.
[61] LEI S, SHIN Y C, INCROPERA F P. Deformation mechanisms and constitutive modeling for silicon nitride

undergoing laser-assisted machining [J]. International Journal of Machine Tools and Manufacture, 2000, 40 (15): 2213-2233.

[62] BEJJANI R, SHI B, ATTIA H, et al. Laser assisted turning of Titanium Metal Matrix Composite [J]. Manufacturing Technology, 2011, 60 (1): 61-64.

[63] RICHERZHAGEN B. Entwicklung und konstruktioneines systems zurÜbertragung von laserenergiefür die laserzahnbehandlung [D]. Switzerland: EPFL, 1993.

[64] RICHERZHANEN B. Method and apparatus for machining material with a liquid-guided laser beam: 5902499 [P]. 1999-5-11.

[65] SYNOVA S A. Method and apparatus for improving reliability of a machining process: EP2189236A1 [P]. [2012-04-27].

[66] ZHANG W. Photon energy material processing using liquid core waveguide: US7211763B2 [P]. 2006-06-22.

[67] ZHANG W W. Process competition in the micromachining of brittle components [C]. New York: Proceedings of PICALO 2010, 2010.

[68] BARTON D J, BHATTIPROLU V S, THOMPSON G B, et al. Laser assisted cold spray of AISI 4340 steel [J]. Surface and Coatings Technology, 2020, 400: 126218.

[69] BARTON D J, BHATTIPROLU V S, HORNBUCKLE B C, et al. Residual stress generation in laser-assisted cold spray deposition of oxide dispersion strengthened Fe91Ni8Zr1 [J]. Journal of Thermal Spray Technology, 2020, 29 (6): 1550-1563.

编撰组成员

组　长　姚建华　肖荣诗
第一节　肖荣诗　黄　婷　姚建华　张群莉
第二节　季凌飞　吴让大　曹　宇　胡永祥　黄　舒　张犁天
第三节　肖荣诗　黄　婷　陈　玮
第四节　姚建华　石世宏　姚喆赫
第五节　张群莉　张永康　周建忠　王　梁
第六节　孙洪波　黄　婷　闫剑峰　胡志勇
第七节　张文武　王玉峰　黄　婷　李　波

第六章
Chapter 6

超 声 加 工

第一节　概　　论

超声加工技术用于难加工材料与结构的去除、表面处理、连接与材料处理等场合，解决能场加工中的材料可加工性、表面完整性、功能修饰性、连接可靠性、材料操控性和界面交换性等加工难题，通过引入超声波能量，进行超声辅助强化/精化/细化加工、超声激发界面流动/冲击/活化处理，以形成、改变或提升加工能力[1,2]。

超声加工是一种末端有源振动技术，通常是将超声频电能通过压电或磁致换能器来驱动工具谐振产生微米级到几十微米的振动位移和波动能量，通过改变加工界面力热场的振动作用形式，来提高产品的加工工艺能力。超声加工技术引发加工原理、工具形式、装备组成和智能控制创新，为高技术附加值的先进制造技术，对高端产品高质高效、高性能加工起关键作用，其独特的末端有源振动工具的工艺增强性和自适应性必将促进智能制造技术的发展。

我国是门类齐全的制造大国，但在航空航天、电子信息、医疗与能源等高端装备中存在大量难加工材料和难加工结构的加工难题，迫切需要通过超声加工技术来解决普通加工工艺难以突破的工艺难题。特别是国内重大工程中不断出现的难加工合金材料、易损伤复合材料、易变形轻量化结构机械构件、难成形/难连接/难处理机械构造的加工难题亟待突破。超声加工以其强大的工艺融合能力和独特的能量调控手段，必将不断丰富与提升其工艺范围与装备效能，通过不断提升与规范其工艺融合性与装备标准化，有力提升我国高端制造工艺与装备竞争力。

超声材料去除加工是一种典型的超声加工技术，该技术真正作为一种加工方法是从 20 世纪 50 年代日本宇都宫大学隈部淳一郎教授进行系统研究的，随着研究的深入，20 世纪 90 年代奥地利 GFM 公司推出了复合材料预浸料与蜂窝材料数控超声切割机床；21 世纪初，德国 DMG 公司推出了脆性材料数控超声铣磨加工中心。随着难加工合金材料、先进复合材料在高端装备上应用的不断扩大，对产品加工质量和工作性能的要求也不断提高。超声加工技术目前处于推广应用阶段，大量高端工程材料加工难题有待超声加工技术去攻克，大量高端机床加工能力有待采用超声加工技术去提升。

超声连接与材料处理技术是在 20 世纪 50 年代美国提出的超声活化表面焊接方法、20 世纪 70 年代乌克兰 Paton 焊接研究所提出的超声冲击表面强化方法、20 世纪 90 年代日本东京大学增泽隆久教授提出的超声微磨表面微加工等方法的基础上发展起来的。目前广泛应用的技术主要有低熔点软质材料超声焊接技术、超声球挤压/滚压强化技术等，而超声切挤表面强化、超声微切表面修饰等方面才刚起步，还有大量的超声表面加工等技术正在不断产生和发展壮大。

20 世纪 50 年代中期，日本、苏联将超声加工与电加工（如电火花加工和电解加工等）结合，开辟了复合加工的领域。这种复合加工方法能改善电加工的条件，提高加工效率和质量。

现阶段，超声加工总体上仍处于技术拓展与制造应用融入期，面临更宽工艺优势突破和更广装备融合挑战等技术难题。

在工艺界面方面，超声加工界面周期分离可以提高切削液的润滑冷却效能，产生降力、降热、增锐、提速等一系列工艺效果，但也产生力冲击、热冲击、崩刃、振速等制约因素。因此，当前应重点优化适于超声加工的抗冲击刀具材料与结构及界面供液方式。

在装备系统方面，超声加工工具驱动能力越大，工艺应用范围越广，对超声能量传输性能和加工工具体积提出的要求更高。激振电能传输接口上分为“接触直通式”和“非接触感应式”，导电滑环和感应线圈体积较大，会影响自动换刀和切削路径干涉。此外，过大的工具体积和悬伸长度还会影响极限转速与回转精度等。因此，当前应重点优化小型供电系统，研发集成式超声加工工具及主轴结构，最终形成先进超声加工装备。

预计到 2025 年，超声加工应用范围将不断扩大，在构件表面级加工上，振动参数将成为一种常用的加工要素，与加工用量、切削参数形成强耦合关系，超声加工效能将得到显著提升。超声加工工具与机床之间的机械与电气接口将有机融合，超声驱动参数将成为数控系统和工艺设计的核心参数，超声加工的特征参数将融入相关机械设计制造标准，超声加工效能将成为高端数控机床的主要特征。按照超声加工研究的体量和我国机床进步速度推测，超声加工推动下高端数控机床的进步大概率会在中国发生。

预计到 2030 年，随着微纳米制造、仿生设计等前沿技术的突破，结构与性能一体化材料多级可控设计制造的应用将会迅速扩大，超声加工将由目前的加工表面完整性的质量提升，发展到加工成形组装结构本质性的性能提升。超声加工、成形和组装也将向工艺一体化超声制造方向发展，实现产品微观结构按需制造，达到高度轻量化甚至智能化的微结构制造水平。超声制造将与能场 3D 打印等工艺相融合，实现超声频材料微移动、微强化和微组装的数字化超声制造，超声制造界面的能场控制将更为复杂，可制造的微结构也将更丰富，性能更提升。

预计到 2035 年，随着计算速度和执行速度的不断提升，制造装备智能化将发展到制造界面能场的 4D 可控水平，超声加工工具将作为其中微观时变位移的提供者，实现高速、高加速度和高频响微观运动。超声加工工具的位控、能控、流控和时控的微观高维可控性与机床多能场宏观环境提供者形成复杂的跨尺度协同控制，实现狭义的微结构与性能一体化材料智能制造母机，为下一代更高端的智能装备制造提供更先进的微观智能超声加工技术支撑。

第二节　超声材料去除加工技术

一、概述

超声材料去除加工技术主要是为了解决高强、高硬和轻质等难加工材料与结构加工中刀具易磨损、脆性材料表面易崩裂、复材边缘易分层出现毛刺、结构易变形等难题，发展起来的切向/椭圆/波动型超声频振动切削工艺及装备技术。

超声材料去除加工技术主要面对切削（车/铣/钻等少刃刀具）、磨削（车磨/铣磨/钻磨等多刃磨具）、切割（划割、旋割等单刃片刀）等大量的工艺覆盖面，超声加工工具通过超声刀柄或超声主轴换能器激励产生不同模态的谐振，外部超声电源通过接触或感应接口将超声频电能传输到换能器从而带动刀具振动。刀具超声振动切削轨迹按工艺需要选择切向分离/椭圆分离/波动分离等不同的振动分离方式，产生降力、降热、增锐和提速等一系列工艺效果。

超声材料去除加工技术对解决高端装备中的难加工合金、复合材料、脆性材料、蜂窝材料构件加工等难题具有重要应用价值。目前，已在航空航天等高端装备中高温合金、钛合金、树脂基复合材料、蜂窝等难加工材料构件的加工中取得一定范围的应用，与普通加工技术相比，加工效率明显提升，表面缺陷显著下降。在电子信息产业的脆性材料零件大批量生产加工中取得规模化应用，加工效率提升显著。随着应用的不断扩大，超声材料去除加工技术正向工艺规范化、装备标准化、系列化和智能化方向发展。

超声材料去除加工技术的主要发展目标是不断突破难加工材料加工的效率极限、质量极限，对于难加工材料与结构的加工，具有显著的工艺优势及效果，并以更标准化、集成化的装备形式得到更广泛的应用。

二、未来市场需求及产品

目前我国高档数控机床、工业机器人、仪器仪表等技术至少落后发达国家 10 年，包括末端工具系统、运动机械系统和驱动测控系统等全面落后。依据目前我国超声加工自主研发创新速度估算，预计到 2035 年，我国超声去除加工末端工具系统有望在高端制造装备上的应用达到国际先进水平。

（一）航空航天产业用超声切、磨、割加工末端工具技术

航空航天装备关键构件加工方面，高精尖材料居多，结构大而轻薄，将苛刻的加工质量要求放在第一位的前提下，研制阶段对加工效率要求不高，量产阶段的大型专用设备投入大、对加工效率要求高。对切、磨、割等超声材料去除加工末端工具的需求主要看与普通加工相比的综合工程优势，一种是满足加工质量要求的需要，一种是满足高端制造装备融合度下批量生产效率提高的需要。预计到 2035 年，高端制造装备将实现国产化，超声末端工具应用的融合度将显著提升，达到国际领先水平。

（二）电子信息产业用超声切、磨加工末端工具技术

手机等电子信息产品关键构件加工方面，包括超大批量的合金材料、脆性材料、复合材料薄壁构件铣削、磨削和钻削等去除加工，在保证加工质量的前提下，加工效率、刀具寿命、设备成本等因素所决定的制造利润竞争非常激烈。与普通加工能力极限相比，超声材料去除加工技术必须具有更高的加工效率、更长的刀具寿命、更合理的设备投入产出比。预计到 2035 年，全自动化智能制造生产线将国产化，并会催生高度智能超声末端工具的领先应用。

（三）医疗健康服务业用超声切割加工末端工具技术

医疗健康手术加工工具方面，超声软组织刀、超声骨刀比软组织电刀、机械骨刀的热损伤和可靠性更高，而且随着像达·芬奇机器人自动化手术的不断普及，对智能化超声软组织刀、超声骨刀末端工具的需求将会不断扩大。但是，智能化复杂空间手术需要非常灵活的末端工具技术，需要在未来实现变关节超声激振工具技术、智能化精准能量控制技术的突破。预计到 2035 年，全自动化手术机器人系统将国产化，变关节智能超声手术工具也将在我国

研制成功。

三、关键技术

（一）超声切削技术

1. 现状

对超声振动切削的研究长期以合金材料切削为主，近期拓展到复合材料等新材料的切削。超声振动切削应用以工程优势为前提，切削速度是最敏感的工艺参数，振动方式是决定最佳应用场景切削速度范围的根本条件。目前，在合金材料振动切削应用中，按不同切削速度范围发挥工程优势的振动方式可分为以下三种：

切向振动切削方式存在前刀面分离的临界切削速度，一般应用于60m/min以下的切削速度。难加工合金普通切削的极限切削速度也比较低，但切向分离易导致刀具在高速冲击下崩刃。该方式在易切材料薄壁件低速加工中可以发挥降低切削力、提高加工精度的作用。

对于椭圆振动切削方式，实现整体分离需低速，实现较低残高需要更低速，一般在数米每分钟的极低切削速度下应用。该方式彻底解决了难加工合金切向振动切削的崩刃问题和脆性材料普通切削的表面崩裂问题，突破了金刚石刀具不能切削铁系合金的化学磨损问题。

对于波动振动切削方式，不存在限制实现断续切削的临界切削速度，可以在上百米每分钟的切削速度下采用高速细切等模式，以实现难加工合金的高质高效加工。根据不同的参数匹配，可实现精强一体抗疲劳高性能精加工，还可以实现低应力、低损伤和少工序高质量精加工[3-5]。

目前，在复合材料振动切削应用中，最重要的是通过波动式钻铰制孔解决了树脂基碳纤维复合材料与钛合金叠层装配制孔切削速度匹配的问题和叠层强化问题。使钛合金扩孔误差和复合材料缩孔误差精度趋于一致，还可使钛合金切挤强化与复合材料分离减黏同时提质[6]。

现阶段，超声振动切削技术面临的主要问题是难加工材料与结构车、铣、钻等超声加工工艺的工程相容性问题。包括更适宜超声加工工程优势发挥的切削界面能场振动调控理论、刀具材料与结构设计理论、刀柄振动结构设计理论与振动控制理论、主轴高转速-高压力-强传能一体化设计理论等深层次理论问题及其工程实现面临的技术挑战[7]。

2. 挑战

为了进一步扩大与提升难加工材料超声振动切削技术相对普通切削技术的优势范围和技术水平，将面临以下挑战性工作：

1）确定刀具合理磨钝标准，实现加工质效的综合提升。这是一项极其复杂的工艺参数优化工作，包括精加工质量最短板指标决定的磨钝标准确定，最短板指标约束下的最大生产率几何工艺参数确定，以及磨损最敏感的切削速度参数的确定。根据技术进步最大限度发挥出超声切削的最佳效能。

2）确定刀具合理刃型，避免刀具磨钝前过早冲击疲劳崩刃。这是刀具磨损和破损哪个先发生的刀具性能问题。如果刀具过早破损而没有达到超声切削预期的耐磨延寿效果，则需在刃口抗冲击性与锐切性上做全面的工艺优化，根据刀具技术进步实现超声加工质量和加工效率的最大综合收益。

3）提升超声刀柄的振动刚度与输出功率，实现刀柄小型化，这是一个复杂的刀柄结构能力分配问题。在保证超声刀柄系统刚度与工艺系统刚度合理匹配的前提下，合理分配刀具装夹刚度、变幅杆刚度和换能器支撑刚度以及最合理换能器结构设计，根据刀柄材料与制造水平实现刀柄小型化。

4）提升高速主轴的抗悬伸、强传能、输高压的能力。这是一个复杂的超声末端工具与主轴结构合理融合的问题。超声换能器与传能器的存在势必使超声刀柄比普通刀柄体积大，需提升主轴抗悬伸能力。超声切削界面微分离需高压切削液进入以产生提速效果，需要提升主轴高转速、输高压能力。

3. 目标

1）预计到2025年，扩大超声末端工具与进口高端制造装备的工艺融合。在我国高档数控机床尚未取得实质性突破的初级阶段，在高端产品生产应用层面上还必须依赖进口高端制造装备，探索超声末端工具在对接应用中的工艺优势，为自主研制高端超声制造装备奠定基础并积累经验。

2）预计到2030年，实现超声末端工具与自主高端制造装备的深度融合。在中国高端制造装备实质性进步的中级阶段，从机、电、液系统上全面融合设计超声末端工具、主轴、驱动及控制系统。实现超声刀柄小型化、超声主轴高速化、超声供液高压化，从而实现超声加工在高端产品制造中更广泛的应用。

3）预计到2035年，实现智能超声工具与自主智能制造装备的智能融合。在世界范围内，智能产品与智能制造腾飞的高级阶段，在超声加工、成形、组装全方位工艺融合和智能化过程控制上取得技术突破，超声末端工具与主轴将具有高度智能化监控能力，使超声加工技术在智能产品制造中发挥出重要作用。

（二）超声磨削技术

1. 现状

超声磨削技术是一种将超声振动叠加到工件材料磨削过程中的复合加工方法，通过改变磨粒与工件的接触状态，提高加工效率和质量[8,9]。

超声磨削装备的快速发展和突出进步主要体现在以下方面：①非接触电能传输和谐振频率自动识别与跟踪等技术不断成熟，电能传输效率可达90%以上，克服传统电刷接触电能传输带来的磨削工具线速度低、无法自动换刀的难题，大幅提高了超声磨削加工的稳定性和便捷性；②纵扭、纵弯等二维振动形式，以及轴向、径向和切向超声振动组合的三维振动形式装备不断涌现，获得了更大的材料去除率和更稳定的加工状态；③频率为18~25kHz的传统超声磨削装备已不再是唯一选择，工业界已可提供60~70kHz的超声磨削加工装备，为提升超声磨削加工效率和质量提供了装备基础；④匹配数控加工中心刀柄形式的超声磨削装备技术高度成熟，具备超声磨削技术大范围应用条件；⑤小型工件振动的超声磨削方法日益受到重视，根据零件结构、材料、尺寸等特征以及超声振动方向进行装备设计研究逐渐成为热点，工件振动的超声磨削装备结构更加丰富，在加工高温合金、钛合金等高强韧难加工材料时更具优势[10]。

随着装备技术的不断发展，超声磨削工具和工艺技术成熟度亦不断提升，在多个方面体现出优势。例如，在加工表面质量方面，可形成表面微织构，降低表面粗糙度值，弱化表面损伤；在加工过程参量方面，磨削力小、磨削温度低、冷却换热效率高；在砂轮工具方面，磨粒易自锐、可增加磨粒出露高度和有效磨粒数；在加工生产方面，材料去除率高，表现出绿色、环保和经济性好的优势。因此，超声磨削加工技术在航空、航天、电子、通信和高档机床等领域的高性能钛合金、高温合金、不锈钢、金属间化合物、工程陶瓷、陶瓷基/树脂基/金属基复合材料等难加工材料关键部件加工中不断得到工程应用[11,12]。

2. 挑战

超声磨削技术在工程应用中的快速发展，也凸显现有技术存在的问题，主要包括三大技术瓶颈：

1）超声磨削加工是一个动态变化的过程，存在工具磨损、磨削力-热负荷不稳定、超声磨削装备和工具本身的发热问题等严重影响系统谐振的时变因素，导致加工过程中谐振频率漂移和振幅变化。因此，需发展高性能的超声电源，实现系统谐振频率和振幅的实时跟踪与动态调整，以进一步保障加工过程的稳定性，提升加工效率和质量。

2）高效率和高质量的高速磨削代表了磨削技术的发展方向。但是，在固定振动频率条件下，磨粒的磨削运动线速度越高，磨削运动轨迹单位长度上所叠加的振动波数越少，超声振动带来的磨粒干涉重叠效果越低，由其所带来的增益效果也越不明显，即：高磨削速度条件下，超声磨削加工的优势趋弱，需发展比当前更高频率的高频超声磨削原理与技术，以跨越超声磨削的速度限制效应，进一步提升超声磨削加工效率。

3）现阶段，超声振动频率和振幅的检测大多在非加工状态下完成，而超声磨削加工过程的时变特性和受其影响的因素尚不明确，同时，受限于加工环境和力、热传感器分辨率限制（普通传感器分辨率频率远小于超声振动频率），难以检测到超声磨削过程中的动态加工参量。因此，面向超声磨削加工过程，提升传感器性能，开发超声磨削加工的在线动态监控技术，进一步保障超声磨削的可靠性。

3. 目标

以发展高稳定、高效率和高可靠的超声磨削技术为目标牵引，深入开展超声磨削技术的基础研究，考虑在超声振动条件下引起材料物理、化学性能的变化（超声软化、超声空化效应等），进一步揭示传统和新型材料超声磨削的材料去除机制和表面创成机理，并在更复杂的实际加工环境下，研究超声振动参数、磨削工艺参数、材料特性参数与加工过程中力、热、表面质量的关系，并考虑冷却液对换热和润滑的影响，清除基础研究与工程应用之间的障碍，发展以频率与振幅在线实时跟踪调整、成倍提升谐振频率的高速高频超声磨削和在线动态监控为特征的新一代超声磨削专用机床为总体目标。

预计到2025年，突破超声磨削的谐振频率和振幅的在线实时跟踪调整技术与装备，实现高稳定超声磨削技术。

预计到2030年，突破高频超声振动装备技术，实现以高速高频为特征的高效率超声磨削技术。

预计到2035年，突破超声磨削过程在线动态监控技术，实现高稳定、高效率和高可靠的超声磨削技术集成，制造新一代超声磨削专用机床。

（三）超声切割技术

1. 现状

超声切割技术是蜂窝材料和复合材料预浸料的先进加工技术之一，其原理是在切割刀具上施加高频超声振动以实现对材料的切割加工。超声切割刀具的振幅可达数十微米，主要靠超声振动实现材料的切割。与传统高速铣削方法相比，该方法具有众多优势：加工缺陷少、加工质量好、成品率高；切割力小、材料变形小、加工精度高；加工环境友好、无大量粉尘；材料去除速度快、加工效率高[13,14]。

目前，国内超声切割技术主要就蜂窝材料超声切割工艺与装备开展研究。在蜂窝材料加工表面形貌方面，研究超声切割形貌特征的评价方法、切割参数选择以及新工艺等，通过工艺试验分析加工质量的影响因素和变化规律，提出能够得到较好加工质量的加工参数选择方法；在蜂窝材料加工表面精度方面，分析不同刀具轨迹下的加工几何误差，提出理论残余高度的控制方法，提升蜂窝材料的加工精度与加工效率；在加工轨迹规划方面，提出生成刀具位置数据的计算方法，并提出面向特殊形状特征和以提升加工效率为目标的轨迹规划方法。在蜂窝材料超声切割装备研制方面，国外的发展和应用较早，CRENO、GFM、GEISS、DUKANE 等公司生产的蜂窝超声切削装备已应用于波音、空客等国外的主要飞机制造企业；国内的超声切割装备研究起步较晚，相继研制了超声电源、超声切割刀柄、超声切割刀具和超声切割机床样机，并在国内几个航空主机厂试验应用[15]。

现阶段，超声切割技术应用中存在的主要问题有：对蜂窝材料加工中出现的各种加工损伤的产生机理研究不够深入，缺少加工损伤的控制技术，加工质量不稳定；尚未形成用于蜂窝构件超声切割的自动工艺编程方法，难以完成复杂结构件的加工；缺少考虑蜂窝材料变形与回弹的加工误差控制技术，加工精度控制困难；缺少刀具的磨破损形成机理、磨破损演化规律及刀具质量评价标准，存在加工过程中刀具磨破损而使零件报废的风险[16]。

2. 挑战

1）超声切割加工表面质量控制方法。获得良好的材料加工表面是高质量加工的关键。由于蜂窝材料的横截面为孔格结构，蜂窝壁厚通常小于 0.1mm，加工中极易出现变形、毛刺等加工损伤，现有的接触式、非接触式视觉测量方法难以实现加工表面质量的准确测量与评价，亟待建立超声切割加工表面质量的评价标准和测量体系。此外，超声切割参数对加工损伤的影响机制复杂，如何在揭示材料去除机理和加工损伤产生机理的基础上，提出加工表面质量控制方法，及时准确地检测与控制加工质量是保证超声切割技术优势的关键。

2）超声切割刀具位姿控制与加工轨迹规划方法。刀具位姿控制与加工轨迹规划方法是保证构件超声切割加工精度和提高加工效率的关键。由于超声切割与传统五轴加工相比，增加了实时控制刀具切割方向的第六个伺服轴，使得其切削运动方式、材料去除方式和工艺编程方法与传统切削加工显著不同，因此，如何根据超声切割所用的直切削刃和圆盘刀具的结构特点，结合复杂曲面等不同类型材料构件的典型特征，实现加工轨迹规划、刀具位姿控制、加工程序自动化编制以及面向机床的加工程序后处理技术等，并系统研究超声切割参数和加工轨迹等对加工变形和面型精度等的影响规律，是保证材料超声切割加工精度的关键。

3）揭示超声切割刀具磨破损机理和研制系列化超声切割专用刀具。明确超声切割专用刀具的磨钝标准和使用寿命是超声切割稳定工作的关键。超声切割刀具在高频振动下与材料往复切削和摩擦，使得刀具的磨损和破损机理复杂，研究超声振动作用下的刀具失效规律，建立超声切割刀具的磨钝判断标准，并在此基础上研制新型系列化超声切割刀具是今后超声切割技术发展面临的重要挑战。

3. 目标

1）预计到 2025 年，扩大国产超声切割机床在蜂窝材料加工领域的应用范围，突破蜂窝构件典型特征加工轨迹自动化生成技术和半自动化刀具位姿控制技术，建立超声切割加工表面质量的观测和评价体系，实现蜂窝材料构件典型特征的高质量加工。

2）预计到 2030 年，突破蜂窝材料长寿命、系列化超声切割刀具设计与制造技术和蜂窝材料加工测量一体化技术，扩大超声切割技术在复合材料加工领域的应用范围，逐步替代进口超声切割机床。

3）预计到 2035 年，突破蜂窝材料构件自动化加工轨迹规划技术、自动化刀具位姿控制技术以及自动化误差补偿技术，突破不同材料的超声切割能量输出自适应实时控制技术，实现国产智能超声切割机床在蜂窝材料、先进复合材料等加工领域的广泛应用。

四、技术路线图

超声材料去除加工技术路线图如图 6-1 所示。

图 6-1 超声材料去除加工技术路线图

第三节　超声表面处理技术

一、概述

超声表面处理技术是在基体材料表面上通过施加超声频振动的能量而形成一层与基体机械、物理和化学性能不同表层的工艺方法。主要针对复杂化、多样化和异形化的难加工材料（如钛合金[17]、淬火钢等）以及弱刚性零件，对其表面进行机加工，解决传统加工难题或实现高性能加工[18]。

超声表面处理技术在加工硬脆材料方面有着得天独厚的优势[19]。虽然传统工艺可以完成大部分零件的处理，但随着高性能制造要求的提出，单一从几何约束角度考虑的加工质量已经不能满足要求，还需从损伤、效率、环保和洁净等方面考虑加工效果。目前，我国在高性能制造领域的研究初见雏形，制造方法有待推陈出新，在国家重大需求的牵引下，超声表面处理技术的相关自主创新工艺方法越来越多，发挥着不可替代的作用。

在实现碳达峰和碳中和目标的过程中，超声表面处理技术也对提高制造过程的低碳化发挥了重要作用。以超声空化为例，随着空化溃灭叠加效果以及空化溃灭的有效控制，可以减少相关零件后期磨削和抛光80%的加工工时，有效地控制能量消耗[20]。

随着机械加工基础科学问题的研究不断深化，超声表面处理技术涉及的尺度从宏观向介观、微观和纳观扩展，参数由常规向超常规或极端方向发展。在特征尺寸由微米到纳米的过渡过程中，制造对象与过程涉及了跨尺度问题，尺度效应、量子效应等也成为影响器件性能的因素，宏观结构材料的物理性质可能需要重新认知，经典力学的连续性假设以及材料自身的物理性质参数也需重新认知。同时，在超声表面处理技术方面的研究已逐步涉及机、电、声、光甚至是生物等多学科交叉，对多介质场、多场耦合需要进一步深入研究。

二、未来市场需求及产品

超声表面处理技术作为基础机械加工技术，广泛服务于航空燃气轮机、船舶与海洋工程装备、电子信息芯片加工、高端医疗装备和农业机械设备。超声表面处理技术涉及的零件种类繁多，包括高性能合金零件、硬脆材料零件、复合材料零件以及弱刚性零部件的加工。

现代基础工业、航空航天、电子制造业的发展，对机械工程技术提出了新的要求，也对超声表面处理技术提出了需求。因此，该技术存在巨大的未来市场潜力。例如极大尺度构件制造，现代装备对服役性能提出了相当苛刻的要求，需利用特殊工艺来制造极大尺度构件。因为其弱刚性的特点，超声表面处理技术中的小接触大能量发挥出特有的优势，可获得高精度、高性能和超常的加工性能。

三、关键技术

（一）超声表面滚压技术

1. 现状

高端装备制造业的不断发展对关键零部件的使役性能和疲劳寿命提出了严苛的要求，而零件的失效和断裂常起源于加工表面。因此，对零件表面进行高性能强化和改性，是提升疲劳强度和寿命的有效途径。超声表面滚压技术是在传统滚压的基础上对滚压工具头施加超声频振动，实现表层几何和物理性能、力学性能的改性和强化[21]。利用超声表面滚压的削峰填谷效应和应变率效应，在较小的静压力下可以在加工表层引入大塑性变形、高表面硬度、残余压应力层，从而提升材料的综合性能[22]。

与其他能场、强化工艺相结合，超声表面滚压技术可以得到复合强化技术，如热场辅助超声表面滚压技术、电脉冲辅助超声表面强化技术、喷丸-超声表面滚压复合强化技术、激光冲击-超声表面滚压复合强化技术等，在国内外已经有学者开展了相关研究。与单一强化工艺相比，复合强化技术能够解决单一技术存在的局限性与技术壁垒，突破单一强化工艺的加工限制，发挥多学科融合的优势，利用多工艺之间的协同效应，使材料性能进一步提升。

近年来，国内外学者对超声表面滚压技术的研究重点主要包括超声滚压对材料微观组织和力学性能的影响、滚压工艺参数优化、超声滚压机床与工具开发、滚压与疲劳性能映射关系建模等[23]。然而，超声滚压强化技术的研究仍处于起步阶段，对于多工艺复合、多能场复合的强化机理研究仍不明晰，需要开发和完善面向工业大规模应用的复合强化装置，多工艺复合的加工工艺参数需要不断优化。

2. 挑战

1）加工表面几何形貌与表层微观组织性能的协同调控。随着对高端装备和难加工材料关键件服役寿命和服役环境要求的日益苛刻，需要更高效的超声滚压工艺对加工表面层进行高性能强化。如何有效降低表面粗糙度值，同时合理调控加工表面层的微观组织形态、显微硬度变化梯度、残余应力分布梯度等性能参数，从而最大限度地发挥材料的性能，是当前面临的挑战之一。

2）滚压工艺参数与零件疲劳寿命的映射关系。高性能齿轮、航空发动机叶片、高铁车轴、精密轴承等关键零部件多采用高强钢、钛合金、高温合金等高强、高硬、难加工材料，这些零件多服役于苛刻极端环境，并承受复杂动态载荷，零件的疲劳寿命极难有效预测。如何建立滚压工艺参数与零件疲劳寿命之间的有效映射关系模型，为滚压工艺设计过程提供有力的理论指导，是当前面临的挑战之一。

3）开发智能化超声表面滚压装备，拓展与提升传统超声表面滚压技术的应用范围和工艺效能。现有超声滚压强化多用于回转零件的表面强化且控制系统功能单一，需进一步开发智能非旋转超声滚压技术，将智能超声表面滚压扩展应用到非回转复杂零件（如叶片、齿轮、榫槽、花键等）的表面强化。将人工智能引入超声表面滚压装备，可自动检测工具头的工作状态，自主判断工具磨损状态并自适应优化加工状态，提升滚压质量和效率。针对复杂曲面零件的智能化超声表面滚压装备开发，是当前面临的挑战之一。

4）多场复合超声表面滚压技术及装备。多场复合超声表面滚压技术，如热场辅助超声表面滚压技术、电脉冲辅助超声表面强化技术等，有望进一步改善材料的综合性能。然而，多场复合表面滚压技术的机理、工艺等研究仍处于起步阶段，揭示多场耦合作用机理，进一步明确电流场、温度场和机械能场在超声滚压加工过程中对微观结构变化的影响机制、研发出绿色安全高效的多场复合强化装置与工具，是当前面临的挑战之一。

3. 目标

1）预计到2025年，形成复杂结构件超声滚压数控机床，满足大型结构、微小结构、轴齿结构等跨尺度复杂结构的超声滚压强化，实现在典型行业超声滚压技术的应用推广。

2）预计到2030年，揭示超声表面滚压复合强化技术的作用机制，阐明多工艺、多能场之间的耦合机理，建立复合强化工艺与疲劳寿命之间的映射关系，制定超声滚压技术行业标准。

3）预计到2035年，超声表面滚压装备初步实现智能化，特别是工具工作状态的智能化监测；多场复合超声滚压工艺与装备应用于航空航天、兵器等复杂关键零件的抗疲劳实际生产，满足高端装备复杂结构件的高效低成本制造；此外，突破现有极限的新原理和新方法的加工技术将不断涌现。

（二）超声冲击处理技术

1. 现状

超声冲击处理是指冲击头以超声频的频率振动，对材料表面进行冲击处理使其产生一定深度的塑形变形层从而形成与基体性能不同的表层工艺方法[24]。目前，对于超声冲击处理技术的研究集中在对材料表面微观结构和疲劳性能的影响，同时超声冲击处理技术多用于焊接领域[25]。但对于超声冲击处理的工艺参数与微观结构变化情况的定量分析还需进一步展开研究。

2. 挑战

1）超声冲击下的残余应力演变规律、残余压应力的释放机理及影响因素。实际大尺寸复杂焊接结构中存在接近屈服强度的高值焊接残余拉应力，超声冲击虽然可以消除焊趾区域表层的残余拉应力，并引入残余压应力，但表面以下的焊接残余应力仍然存在，会对疲劳强度产生影响，需对其进一步研究。

2）超声冲击下的材料微观结构变化。超声冲击处理提高了疲劳断裂过程中的瞬断强度，对其疲劳性能起到有效改善，目前研究表明，超声冲击处理会导致焊接头表面产生塑形变形，从而抑制疲劳裂纹源的萌生，但对于材料微观结构的具体变化和零件性能之间的关系，以及和超声冲击工艺参数之间的关系，仍需持续深入研究。

3. 目标

1）预计到2025年，完善超声冲击处理对焊接区的残余应力演变规律，对残余压应力的释放机理及影响因素形成基本模型。

2）预计到2030年，对初步建立的材料模型进行条件叠加，让仿真结果更接近实际工作情况，并就微观的结构变化和宏观的性能指标之间建立联系。

3）预计到2035年，找到微观结构变化的共同点，将超声冲击处理技术推广到更多领域，不局限于焊接接头部分，还将广泛服务于航空航天、微电子等行业。

（三）超声空化处理技术

1. 现状

超声空化是指当液体遭受足够低的压强时，液体内的压强降低至其蒸气压，液体结构破裂导致空化泡形成，空泡在超声波的作用下生长并随之溃灭。在液体环境下，超声频的振动极易诱发空化现象，空泡溃灭时会产生一系列的次级效应：微射流、冲击波以及热效应，会对材料表面产生影响。目前，各位专家学者对于超声空化的研究主要集中在空化机理以及对材料的极端加工，有学者建立了相关模型来表征空化作用机理，在超声表面处理过程中，超声诱导产生的空化效应和磨料协同作用可进一步提高材料的表面改性效果，有着更强的加工处理效果[26]。超声加工中空泡溃灭产生的微射流和冲击波，无论在超声磨削领域、超声滚压领域以及其他超声加工领域，其作用都不可忽视[27]。有学者研究表明，空化效应提高了工件表面强化质量，对工件表面粗糙度和表面硬度都获得了常规加工方法无法达到的效果[28]。

目前对于超声空化作用范围的控制还有所欠缺，次级效应的相互耦合作用也有待进一步研究，与之配套的工艺大数据还未有确定的相关关系，超声空化还处于实验研究阶段，未能大规模应用于工业加工，产出以超声空化为原理设计的专用加工设备还未达到广泛应用于表面处理的程度，但其优异的加工精度和效果表明了其重要性。

2. 挑战

1）单空泡到空泡群的深入研究。单空泡的产生机理、溃灭效应等研究已经较为完善，是超声频的振动诱发空泡生成，在溃灭时冲击波从空泡中心作球状辐射传播，对近壁面的反复高压冲击使材料发生塑形变形。超声空泡溃灭应用于表面处理遇到的问题是双空泡以及空泡群的作用机制和效果需要更深入的研究，涉及多场耦合、多能量叠加，要考虑多方面因素，如施加超声频振动的工艺参数，空泡溃灭时各空泡之间的相互作用，各效应之间的相互作用以及对工件表面的作用等。

2）空泡溃灭的观测装置改进设计。空泡溃灭产生的各项参数对于空泡的研究非常重要，因为空泡溃灭对材料的影响是纳米级别的，要通过相关参数来佐证空泡优异的作用，观测装置就尤为重要，对于空泡的观察常采用高速摄影或标蓝法，但对于微射流、冲击波等造成的晶格位错有时效性，更多需要在限定的时间内完成观测，达到实时观测、随用随看的效果，有必要改进观测装置。

3）空泡作用的控制。对于空泡的控制，目前有专家学者考虑从微射流、冲击波等次级效应来控制空泡溃灭。在研究过程中，空泡溃灭所形成的一系列的次级效应对材料的表面处理有相当大的优势，达到纳米级加工精度级别、掌握空泡的控制方法是推动超常加工制造的必行之路。

3. 目标

1）预计到 2025 年，完成单空泡到多空泡以及泡群的机理研究，初步建立模型，为后续研究打下基础，将超声单空泡溃灭的次级效应作用于工件表面的机理通过数学模型表达出来，深入研究各参数对加工效果的影响。

2）预计到 2030 年，完善泡群研究，建立泡群的相关多能场耦合模型，考虑实际情况，让理论更接近真实情况，给实际加工提供理论支撑，通过理论模型调控加工效果。

3）预计到 2035 年，实现超声空泡溃灭的控制，精准把控超声空泡溃灭产生各类效应对工件表面的作用范围、作用形式以及作用效果，将超声空化处理技术广泛应用于表面处理，从超声处理方向推动机械加工进入原子级别。

（四）超声表面织构技术

1. 现状

超声表面织构技术是通过刀具的超声频往复叠加运动，来实现表面功能结构的加工，具有加工效率高、几何形状可控、适用材料范围广等优点，为表面仿生功能的高效可控制造提供了新的技术途径，也为超声加工技术的发展开辟了新的应用方向[29]。目前，各位专家学者对超声加工表面织构的机理研究已经有了一定深度，但是距离走向实际的工程应用还有一定的距离，还需进一步研究。

2. 挑战

超声表面织构技术若要成为与超快激光一样应用广泛的表面功能结构制造技术，需要以应用为导向，在发挥自身效率高及优异的几何形状控制能力的同时，针对不同应用场景不断发明出新的工艺形式，实现表面微结构与刀具参数、振动参数协调调控表面微织构形貌。结合化学处理等其他纳米级结构制造技术、复合能场辅助材料表面改性技术，突破表面微织构耐久性、难加工材料表面微结构、多尺度表面微纳结构及高深宽比微结构的超声加工技术。具体挑战如下：

1）多维超声振动加工系统轨迹精确控制技术。多维超声振动系统复杂，系统参数调整困难，实现多维超声振动加工系统轨迹精确控制技术面临不确定性。针对多维超声振动加工系统的幅频特性和相频特性，可建立神经网络学习模型等算法对轨迹进行精准预测。

2）难加工材料表面微结构高效高质加工技术。针对高强高硬难加工材料，超声表面微织构的质量差、刀具磨损严重，多能场辅助加工为其提供了一种新的技术途径。但是，多能场协同调控机制需进一步明确，如磁场辅助超声加工表面微织构中的磁场强度、磁场方向和力热耦合应力场对表面微织构创成的协同影响机制。

3）高深宽比微结构超声制造的技术瓶颈。传统超声加工表面微织构的深宽比仅为0.01~0.1，较小的深宽比限制了其应用范围。需结合振动轨迹、切削参数工艺，加工机理等提出全新的超声加工微织构新原理，以解决高深宽比微结构超声制造的技术难题。

3. 目标

1）预计到2025年，突破多维超声振动加工系统的轨迹精确控制技术，为超声表面织构工艺发展奠定装备基础。

2）预计到2030年，突破表面微织构耐久性、难加工材料表面微结构、多尺度表面微纳结构、高深宽比微结构超声制造的技术瓶颈。

3）预计到2035年，建成丰富系统的超声表面织构技术理论和方法体系，并在陷光结构、减阻减摩及润湿性调控表面的工程领域获得广泛应用。

（五）超声喷丸处理技术

1. 现状

超声喷丸处理技术是利用超声振动来代替传统喷丸技术的动力源，并驱动丸粒（或撞针）以较高的速度撞击在金属材料表层，使得金属材料表面发生塑性变形，发生加工硬化并生成一定厚度的残余压应力层[30]。该方法可以有效改善零部件的抗疲劳性能、耐蚀性等，同时增长零部件的使用寿命[31]。超声喷丸技术以其强度高、适应性强、能量利用率高等优点备受国内外关注。

目前，专家学者对于超声喷丸的研究集中在丸粒直径、喷丸时间、喷丸距离等喷丸参数对加工效果的影响[32]。但在喷丸作用过程中丸粒之间相互碰撞的能量损失，以及各种工艺参数的耦合效果还有待研究。

2. 挑战

1）超声喷丸的数值模拟。目前超声喷丸处理技术的理论模型大部分是以单丸粒为基础建立的，虽然超声喷丸技术在丸粒数量需求上比传统喷丸技术更有优势，但其喷丸反复率导致丸粒碰撞更加剧烈，故以多丸粒建立模型，考虑碰撞等相关情况，完成更接近实际情况的数值模拟和仿真是超声喷丸处理技术面临的挑战之一。

2）超声喷丸工艺参数叠加耦合效果。实际加工过程中，丸粒大小、数量、喷丸距离，以及动力源的频率会产生不一样的效果[33]，对表面粗糙度、表面硬度、疲劳性能和摩擦性能都会产生不同的影响，但各参数的耦合效果还有待研究，甚至对于丸粒直径大小组合配置所产生的的不同效果也有待研究。

3）超声喷丸处理技术的可持续性。超声喷丸在加工过程中会导致丸粒碰撞产生粉尘，有一定的污染性，同时丸粒的损伤也是加工过程中的一大损耗，不利于可持续发展，现在有专家提出使用超声空化喷丸，利用空化现象来完成喷丸，以达到绿色环保的加工效果。因此，超声喷丸处理技术的可持续性是一大挑战。

3. 目标

1）预计到2025年，完成超声喷丸处理技术工艺参数优化探究，得出普遍性结论，为建立模型打下基础。

2）预计到2030年，建立超声喷丸的理论模型，尽可能加入接近实际工作情况的约束条件，探究多参数耦合下产生的加工效果。

3）预计到2035年，实现绿色超声喷丸处理，推动机械制造加工可持续发展。

（六）超声辅助抛光技术

1. 现状

超声辅助抛光技术是将超声波能量通过抛光工具传递给抛光液，并通过磨粒的冲击作用以及液体的加速腐蚀来提高表面质量的一种抛光技术[34]。目前，各专家学者主要研究了磨粒大小以及抛光压力对表面质量的影响，同时，随着微电子技术的发展，超声辅助抛光技术在硅片加工中发挥了巨大的作用[35]。但对抛光液的化学变化以及和机械去除的耦合效果研究较少。

2. 挑战

1）超声振动系统的设计。超声振动系统会有“局部共振”的现象产生，目前，基于局部共振理论，相继提出了整体谐振设计和非谐振设计，研究还处在定性研究中，尚未形成定论，仍需推进理论分析。

2）抛光机理中超声工艺参数的影响。随着对高性能元件需求的迅速增加，材料抛光的表面质量控制对于其在一系列工程应用中的寿命和性能至关重要，针对不同硬脆材料，超声工具振动幅值、磨削深度、进给速度等工艺参数对表面质量有重要影响[36]。建立完善理论模型利于确定最优加工参数。

3）超声系统阻抗特性变化对抛光效果的影响。由于负载变化、工具磨损、换能器发热等因素，会导致超声阻抗发生变化，造成系统谐振频率漂移和工具振幅衰减，影响抛光精度、抛光效率和抛光过程稳定性。

3. 目标

1）预计到2025年，建立完整的超声振动系统基础理论，推进系统设计参数理论研究，基于局部共振理论，完善机理研究。

2）预计到2030年，建立完善的抛光理论模型，确定最优加工参数，针对不同的硬脆材料，对其去除机理以及处理后表面残余应力展开深入研究和优化。

3）预计到2035年，拓展超声辅助抛光的工艺范围，扩大服务范围，应用于电子信息原材料加工行业，提升半导体材料初加工效率，助力卡脖子技术突破。

四、技术路线图

超声表面处理技术路线图如图6-2所示。

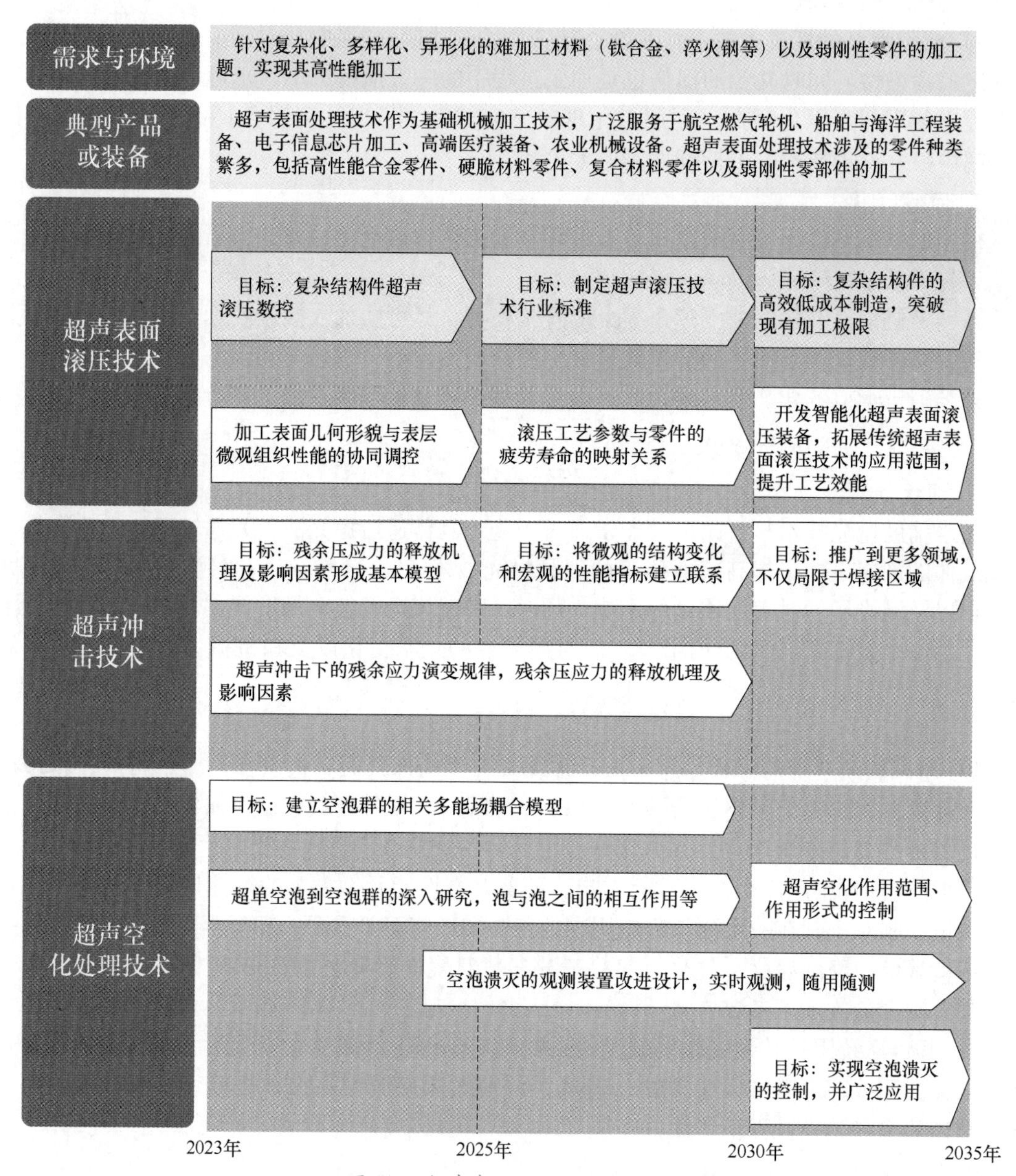

图6-2　超声表面处理技术路线图

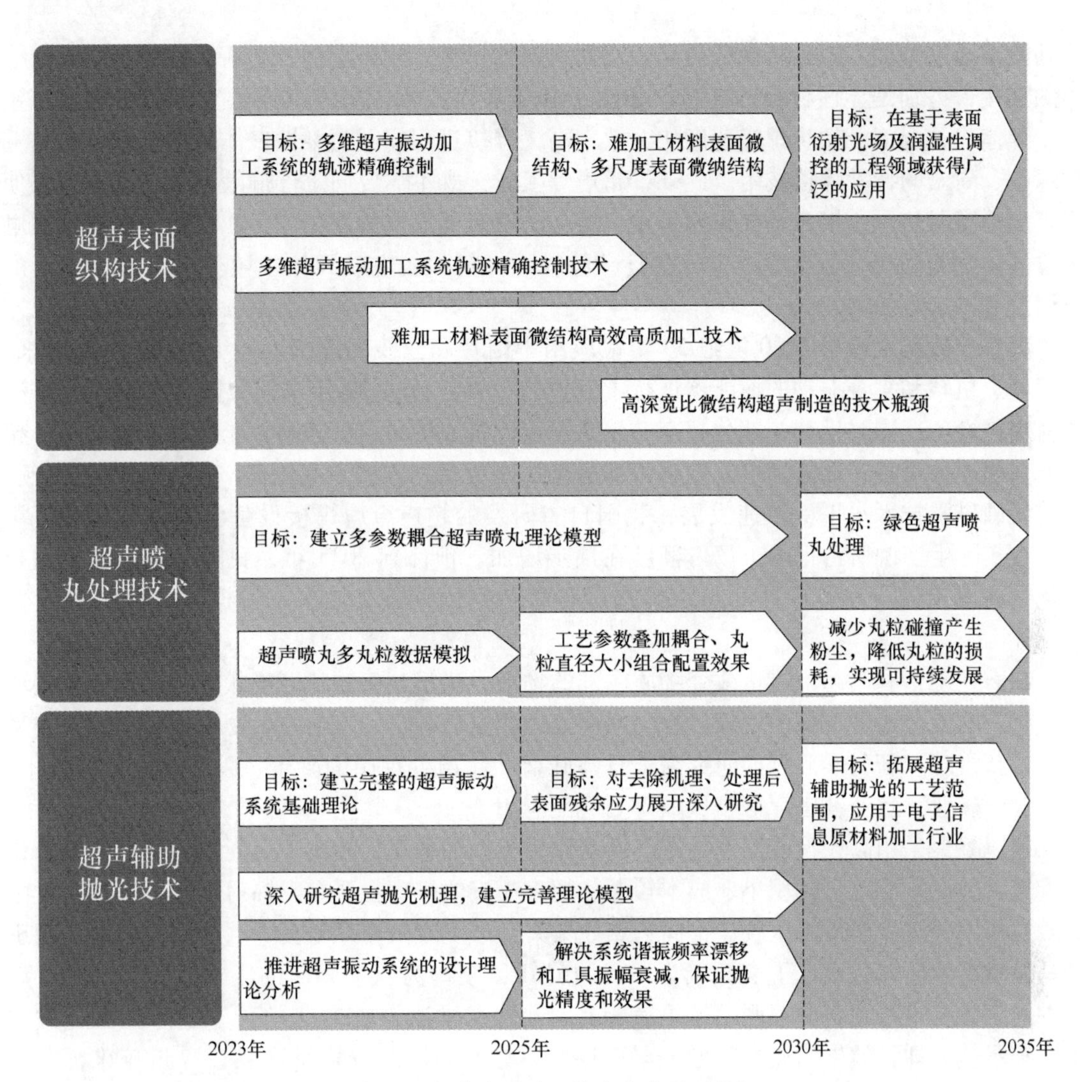

图 6-2　超声表面处理技术路线图（续）

第四节　超声连接与材料处理技术

一、概述

超声连接与材料处理技术是利用超声波的能量特性或空化效应，使其作用的材料发生组织演变达到成形成性的目的，或者加速改变物质的某些物理、化学、生物特性或状态。由于其技术的独特性被广泛应用于国民经济建设与民用健康等领域。

超声波焊接是通过超声波发生器将 50/60Hz 交流电转换成超声频电信号，然后由换能器将超声频电振荡信号转换为超声频机械振动信号，随后通过一套可以改变振幅的变幅杆装置将机械振动传递到焊头。焊头将接收到的振动能量传递到待焊接工件的接合部，在该区域，振动能量通过摩擦方式被转换成热能，实现材料的焊接。超声焊接技术通常被用于塑料和金属的连接，特别是异种材料的连接。相比于其他焊接技术，超声焊接工艺不需要螺栓、销钉、焊剂或黏合剂；超声焊接速度快、效率高，焊接过程中无污染性气体或物质产生，是一种绿色、高效的特种焊接技术。此外，超声焊接时，既不需要向工件输入电流，也不需要使用外加的高温热源，接头是在母材不发生熔化的情况下形成的固相焊接。因此，该技术在电子电气、空调制冷、新能源汽车、塑料、包装新材料和航空航天等领域获得了日益广泛的应用。

超声焊接技术最早于20世纪50年代应用于箔片和丝线的连接。20世纪90年代以来，对弯曲、扭转和复合振动的换能器进行了分析与设计。过去30年来，我国主要生产超声波塑料焊接设备，同时生产一部分超声波金属焊接设备。然而，以美国必能信为代表的国外超声波金属焊接设备在性能和可靠性方面都优于我国设备，占据了我国90%以上的市场份额。随着我国科学技术水平的快速发展，我国自主研发的超声金属焊接设备已具有较高的可靠性，在实际生产中所占据的市场份额已在逐步增加。预计到2035年，我国自主研发的高智能化、高集成化与高可靠性的超声焊接设备将达到国际领先水平，占据国内市场的主要份额。

超声处理指利用超声能量改变物质内部的物理、化学、生物特性或状态，或者使这些特性或状态的变化速度加快的处理过程。超声处理涉及物理学、化学与生物工程等学科，交叉性强，新机理、新科学问题的研究需求日益旺盛。超声处理中的凝聚、粉碎、雾化等技术，在工业、矿业、农业及医疗等领域取得了广泛应用。

超声凝聚采用高频换能器产生超声振动作用于微细颗粒，相比于热凝聚、静电凝聚和化学凝聚，其设备简单、体积小、成本较低。超声凝聚的机理主要在于辐射声压对流体介质中的微粒作用，将微粒从声压腹点推向节点处聚集，产生凝聚而发生沉降。利用此技术，西班牙马德里声学研究院设计了声源级为140~165dB，频率为几十kHz的压电换能器，并对烟尘中的小微粒进行超声波辐照，结果表明其对小微粒的凝聚效果良好[37]。超声凝聚还被用于汽车尾气处理，效果明显，且增加湿度还可以提升固体微粒凝聚效果[38]。近年来，典型的研究还集中于生物细胞的处理[39]，如利用1.6MHz频率的驻波声场，从人的血液中分离血细胞，分离率达99.7%；在2MHz频率的驻波场中可明显使酵母细胞在波节聚集等。

超声粉碎是利用大振幅工具头产生的高频超声振动能量对物料进行冲击使其粉碎细化的过程。超声粉碎技术广泛应用于医学、生物学、矿物材料粉碎等领域。超声粉碎的特点是材料越硬脆，受到超声冲击时遭受的破坏就越大。反之，对硬度和脆性不是很大的韧性材料，由于材料自身的缓冲作用，超声振动系统难以对其进行粉碎加工。目前为止，超细粉碎技术所加工的颗粒粒径一般为0.1~10μm。

超声雾化是在高频振动作用下，将液态物体打散直接产生气雾而无需加热或添加任何化学试剂的过程。超声雾化广泛应用于医疗、加湿、雾化消毒、降尘等领域中。在医疗领域，利用超声波破坏药液表面张力而生成细小气溶胶颗粒，可直接作用于眼、口腔、咽喉、气管、支气管、肺泡等部位而发挥疗效。超声雾化后的水蒸气在粉尘上使其不断增大后凝降，同时还能有效去除甲醛、一氧化碳、细菌等有害物质，净化空气。未来20年，雾化是治疗呼吸道疾病的主要给药途径之一；在工业领域，超声波雾化可形成均匀的微米级厚度的保护性、功能性涂层，该涂层具有高度的自洁性。

超声消融手术（focused ultrasound ablation surgery，FUAS）是使用高强度聚焦超声消融治疗设备治疗各类实体良恶性肿瘤的一种治疗方法。其原理是利用超声波在人体组织的良好穿透性，在监控影像的引导下，将超声换能器在人体外产生的低能量超声振动通过特殊的装置聚焦于体内形成局部高能量靶点，通过超声波的热效应、机械效应及空化效应使靶区内的组织发生不可逆的凝固性坏死，同时靶区以外的组织不受损伤，最终达到治疗的目的[40,41]。超声消融是一种保留器官、非侵入、绿色环保的现代医疗新技术，是近几年功率超声在医疗领域最具代表性的应用。由于其区别于现有治疗方式的种种优点，已越来越受到国内外学者的广泛关注，成为人类进入21世纪之初最为引人注目的一项创新技术。

超声消融概念起源于20世纪50年代，由美国哥伦比亚大学学者John G. Lynn提出，是用超声波聚焦从体外对体内病灶进行无创伤治疗的设想，但一直未实现临床应用。1997年，在国家“九五”科技攻关项目支持下，我国研发出全球首台体外对体内治疗的聚焦超声消融手术设备，并获准临床实验。1999年“JC型聚焦超声肿瘤治疗系统”获得了CFDA（China Food and Drug Administration，中华人民共和国国家食品药品监督管理）认证许可，在全球率先推向临床应用。全世界第1例聚焦超声消融手术保肢治疗骨肿瘤、保乳治疗乳腺癌、保肝治疗肝癌、保子宫治疗子宫肌瘤等都诞生在中国重庆。

经过近20年的临床研究和临床实践，超声消融技术在治疗良恶性肿瘤等方面日趋成熟。近年来，在传统超声消融手术技术基础上又陆续发展出了高强度聚焦超声消融手术（high intensity focused ultrasound surgery，HIFUS）、超声监控聚焦超声消融手术（ultrasound guided focused ultrasound ablation surgery，USgFUAS）、磁共振监控聚焦超声手术（magnetic resonance imaging guided focused ultrasound surgery，MRgFUS）。其中，MRgFUS技术在转移性骨肿瘤及颅内神经系统疾病的治疗方面取得了令人满意的效果[42,43]。与MRgFUS比较，USgFUAS的适应证更广，治疗时间更短，消融效率更高。USgFUAS不仅广泛用于治疗子宫肌瘤、子宫腺肌病、良性前列腺增生，还用于肝癌、胰腺癌、骨肿瘤、软组织肿瘤、前列腺癌、乳腺癌及肾癌等恶性肿瘤的治疗[44,45]。预计到2035年，随着换能器的聚焦效能提高、监控影像等各项技术的发展，聚焦超声消融技术的应用领域将会进一步拓宽，对我国医疗行业的推动作用也将更加凸显。

二、未来市场需求及产品

（一）超声焊接技术

近年来，随着新能源汽车、电力电子技术的快速发展，适用于金属焊接的大功率超声焊接技术愈加受到研究人员及相关工业界的关注。未来市场的需求主要为大功率、智能化设备。

（1）新能源汽车大截面线束键合　远程和快速充电将是新能源汽车未来的发展方向，用于新能源汽车的电缆、端子和动力电池的截面积也将更大，目前大功率超声焊接系统在焊接此类大截面线束时，超声能量损失严重，焊接界面结合率较差，这对超声波焊接系统的设计提出了更高的要求。未来需要具有10kW以上输出功率的扭转式超声焊接设备，以满足大截面线束焊接需要的需求；焊接运动过程由伺服电动机精准控制，可实现焊接压力的无级调节；使用复合频率追踪及锁频算法保证超声发生器频率跟踪的速度和精度，保证焊接产品的可靠性。

（2）微电子领域芯片封装-超声引线键合　芯片封装是将芯片的信息节点与器件基板节点连接，实现 I/O 转换，完成信息流从微观到宏观的转换。在芯片封装工艺中，超声键合市场占有率为 65%，为主要的封装工艺。超声键合要求表面完全清洁，无油脂、灰尘等污染物，未清洁的污染物可能会造成键合接头的失效或腐蚀。为了提高键合速度，获得良好的焊接效果，需要将清洗技术与超声引线键合技术集成，开发具有清洗功能的全自动化引线键合设备。

（3）IGBT 功率模块引脚超声焊接系统　使用传统锡焊对 IGBT 功率模块引脚进行焊接时，容易出现易氧化、环保性差等问题，使用超声波对其进行焊接，具有简单快捷、接触电阻低、键合强度高、键合电阻低等特点。超声焊接设备在 IGBT 功率模块中的应用受到越来越多的关注，预计到 2025 年，IGBT 超声焊接设备需求有望达到 2.5 亿~5 亿元。IGBT 产品成本较高，而目前缺少 IGBT 引脚焊接质量检测技术。因此，应研发具有无损检测技术的 IGBT 超声焊接系统，该系统具有焊接参数相对应的焊接质量的数据库，通过收集和分析焊接过程中的各种信号，如振幅、温度、电压、电流和频率等；该焊接系统还应具有视觉缺陷检测功能，通过系统中的数据库，识别焊点质量。该焊接系统协同参数分析和视觉缺陷检测可以对焊点质量进行评估，实现焊接产品的无损检测，实现焊接参数最优化，避免焊接过程中出现如虚焊、刺穿等缺陷，从而保证焊接质量。

（二）超声处理技术

基于超声处理技术所研发的除尘器、超声波破碎仪、雾化器等获得的市场份额逐渐增大，在工业加工、生物净化、医美、农林等领域应用广泛。典型产品有超声波细胞破碎机、超声波美容仪、超声波治疗仪等。

（1）超声凝聚需求及产品　对于粒径较小的细微颗粒物，一般的凝聚除杂方法分离的效果并不理想。声波凝聚技术具有成本低、方案简单、起效迅速等优点，被认为是最具有发展前景的凝聚技术之一，在消烟、除雾、除尘等方面均呈现出良好的应用前景。

超声波的工作频率、声强、照射时间以及工作时的环境温度均会影响超声凝聚的效果。典型产品有超声原油脱水设备、具有超声凝聚功能的新型有机废气处理设备及基于超声波雾化、凝聚的废气除尘设备。

（2）超声粉碎需求及产品　医学、生物学、矿物材料粉碎等均需要超声粉碎技术。研究数据表明超声波磨矿的效率是传统磨矿的 4~10 倍。超声波振动粉碎颗粒具有高效、时短、低污染和低噪声等优点。超细粉碎技术现已成为工业矿物及其原材料最重要的深加工技术之一。

典型的超声粉碎产品有超声波细胞粉碎机、医学超声波碎石装置、超声研磨装置及超声洁牙装置。

（3）超声雾化需求及产品　超声雾化技术现已成为治疗哮喘、气管炎、肺部感染等呼吸道疾病中最主要的给药技术之一，也是喷涂领域中最主要的技术之一。

典型产品有应用于纺织厂、烟草行业中的加湿降温、防尘和除尘系统，应用于工业喷涂中的喷头，应用于大规模医疗消毒中的喷雾器，以及应用于净化环境的超声雾化净化器。

（三）超声消融技术

未来 20 年，我国医疗行业对各种新兴技术更加依赖，各类疾病也需要新兴技术、设备来治疗。对于各类良恶性肿瘤，结合最新发展起来的高清监控高强聚焦超声肿瘤治疗系统、全数字化高清监控高强聚焦超声肿瘤治疗系统、智能化高清监控高强聚焦超声肿瘤治疗系统将是未来超声消融技术的发展方向[40]。

（1）高清监控高强聚焦超声肿瘤治疗系统　该类超声肿瘤治疗系统采用六轴运动-全局动态轨迹引擎，确保焦点能调节在任意角度治疗；增强型聚焦超声治疗头具有焦点小、声强高等优点，形成最少6个细胞层过渡带的精准切缘，可对重要脏器的病灶进行消融；将B超图像与MRI图像立体融合，全景矩阵精确图像质量实时跟踪反馈，全程跟踪治疗；多维度适形定位，实现毫米级精确控制。该系统主要用于体内实体肿瘤的广谱治疗。

（2）全数字化高清监控高强聚焦超声肿瘤治疗系统　该系统采用数字化红光引导定位辅助装置，让肿瘤靶区快速移动与刀尖配准，减少术前准备时间；采用数控六轴运动-全局动态轨迹引擎，确保焦点到达肿瘤任一三维空间点；采用数字脉冲驱动增强型聚焦超声治疗头，具有焦点小、声强高、聚能好、控制精等优点，使治疗区和非治疗区组织间形成最少仅有5个细胞层的过渡带，形成“刀锋”一样的切缘；突破性双影三维精准融合技术，显示立体化病灶影像，全程跟踪治疗过程；采用毫米级靶点精密定位，实现高精度适形消融。该系统主要用于体内实体肿瘤的精准治疗。

（3）智能化高清监控高强聚焦超声肿瘤治疗系统　该系统采用多轴运动-全局动态轨迹引擎，多轴运动系统确保焦点自由到达肿瘤任一三维空间点；毫米级靶点精密定位，0.6mm轴距，实现精确控制，全程跟踪治疗，高精度适形消融；增强型聚焦超声治疗头，使治疗区和非治疗区组织间形成最少仅有4个细胞层过渡带，可对临近血管、神经等重要脏器的肿瘤进行消融；智能选择优化声通道，实时反馈治疗前后灰阶变化，智能调节声能输出，全程自动跟踪记录单点治疗剂量参数，科学分布超声治疗剂量，保证疗效的跟踪和治疗计划内全覆盖。该系统主要用于体内实体肿瘤的个性化治疗。

三、关键技术

（一）超声焊接技术

1. 现状

超声焊接技术是一种环保、高效的焊接方法。该技术是在焊接静压力和超声波高频振动（≥16kHz）的共同作用下，焊接界面上发生高频摩擦，破碎并去除界面处的氧化膜和污染物，产生高速率的塑性变形和快速的温升，从而形成焊接接头[46]。超声焊接技术的主要优点是：①可焊的材料范围广；②焊接过程中，接头无高温污染及损伤，是一种固态焊接方法；③焊接耗能低，焊后工件的变形小；④工件表面无需特殊的预处理；⑤焊接速度快，效率高；⑥操作简单，焊接过程中无需气体保护，且焊后工件也无需其他处理[47]。因此超声焊接技术被广泛应用于无纺布服装、包装、新能源汽车、电子动力、航空航天、医疗服务等领域。

近年来，随着大功率超声焊接设备的发展，以及现代工业逐步向绿色、环境保护方向发展的趋势转变，超声焊接技术受到越来越多的关注。目前国内超声焊接技术的应用和研究主要围绕焊接工艺优化、换能器设计以及发生器研发开展。在焊接工艺方面，主要探讨超声振幅、焊接压力、焊接时间以及焊接能量对接头微观形貌和焊接强度的影响[48]，提出了方差分析法、智能优化算法、有限元法等获取较好焊接质量的工艺参数方法[49]；在换能器设计方面，提出基于等效电路法和有限元法的智能换能器优化算法，在保证频率和振动模态的同时，快速、准确地计算出具有大功率容量、高机电转化效率以及高机械强度的换能器的结构尺寸；在超声加工与控制技术方面，提出了最大电流法、锁相环法、导纳圆辨识法以及最小阻抗法等频率跟踪算法以提高换能器在谐振频率下工作的稳定性。

当前，在超声焊接技术应用中的主要问题有：超声焊接过程中，晶粒微观结构演变规律尚不明确，缺乏超声软化效应和摩擦热量对超声焊接质量的定量研究；通过剥离或剪切试验评估超声焊接接头的焊接质量，破坏了产品，缺乏工艺参数的实时过程监控[50]；使用超声焊接技术焊接大尺寸材料时，容易形成虚焊，接头焊接质量较差，在大功率金属焊接工艺中，换能器的发热、变幅杆的疲劳寿命、刀头的磨损率严重影响设备稳定性以及焊接质量，降低产品的可靠性。

2. 挑战

1）加强超声焊接数值模拟和机理研究。在超声焊接工艺中，与模具接触的材料受拉伸和压缩循环应力作用。焊接界面处的空位、位错和晶界等晶格缺陷吸收超声能量，从而提高材料的塑性流动能力，造成接触界面处发生剧烈的塑性变形，焊缝处的晶粒在摩擦热和压力下经历动态再结晶和动态恢复，最终形成具有高可靠性的焊接接头[51]，研究焊接过程的动态变化过程有助于超声焊接模具的设计以及工艺参数的优化。然而，目前对动态再结晶、动态恢复和组织演变的模拟尚不深入，超声软化和摩擦热量对接头形成过程尚未定量描述。因此，需进一步加强超声焊接数值模拟和机理研究。

2）发展超声焊接接头无损检测手段。国内外研究人员在工艺优化、工艺监控和质量控制方面开展了大量工作，以提高超声焊接质量。但是，目前仍是通过剪切、剥离以及掉落等破坏性试验来评估接头的焊接质量[52]。因此，有必要发展焊接过程实时监测，不仅有利于监测接头的质量，而且有利于分析超声波焊接系统的运行状态。通过收集和分析焊接过程中的各种信号，如振动、温度、位移、电压、电流和声场，可以提高焊接质量，可通过焊接过程信号进行超声波焊接系统的故障诊断及预测。

3）大功率（10kW）扭转式超声焊接系统研究。远程和快速充电将是新能源汽车的发展方向。用于新能源汽车的电缆、端子和动力电池的横截面也将更大，这对超声波焊接系统的设计提出了更高的挑战[53]。目前，国内仍没有应用于大尺寸材料焊接的超声焊接系统，且焊接换能器结构多为双换能器驱动式，结构较为复杂。超声焊接动态过程中，换能器的发热以及焊接压力的变化将会造成谐振频率的漂移和阻抗的增加。因此需研发具有简洁结构的扭转式换能器，以及具有高精度和快速频率跟踪性能的大功率超声发生器。

3. 目标

1）预计到2025年，实现模具结构、超声软化以及摩擦热对动态再结晶、动态恢复和组织演变的模拟仿真，揭示超声焊接接头形成机理。

2）预计到2030年，突破超声焊接过程实时监控技术，建立超声焊接质量无损评价方法，形成可实现快速、高效和高质量焊接的集成式超声焊接系统。

3）预计到2035年，突破大功率扭转式超声焊接技术，实现超声焊接动态过程的谐振频率的快速和准确追踪，完成结构简洁、功率容量大和高机电转化效率换能器的设计，从而实现大直径线路的键合。

（二）超声凝聚技术

1. 现状

利用超声波作为外场通过凝聚的方式去除或分离悬浮液中的微粒、气泡或液滴的新方法越来越被重视，在工业冶金、空气净化（除尘）、重金属分离等领域逐渐获得应用[54-57]。然而，当前研究多集中于声波凝聚作用的机理分析，尚未形成成熟的理论体系，缺少结合试验验证的应用系统，更缺乏成熟的工业产品。

2. 挑战

1）凝聚声场的精确控制技术。主要研究多频、径向振动和大功率超声组合技术，实现超声发射、反射、驻波场的精确控制，包括波节位置、声压分布、质点振动等。

2）凝聚效果的在线检测技术。重点研究声场控制及凝聚效果的在线监测，实时获取凝聚团（颗粒）大小、位置、形态等参数，探索基于图像处理的评价机制。

3. 目标

预计到2035年，在降低能耗、控制成本的前提下，在生物医学领域，超声凝聚技术用于蛋白质组学、细胞凝聚、病毒分离、多糖分离等；在食品制造领域，用于乳制品、乳粉、果汁等制备；在水处理领域，用于污水处理、反渗透膜清洗、废水净化等；在无机物合成领域，用于金属纳米粒子的合成、碳纳米管的制备等。通过优化超声凝聚装置及结构，加强对凝聚过程中的力学模型、运动学模型、效果评价体系的建设，研制出可实用的系统级产品（能够处理粒径小于等于2.5μm的微细颗粒物）。

（三）超声粉碎技术

1. 现状

相对于传统粉碎方法，超声粉碎技术对细粉可进行更进一步粉碎，得到具有更好性能的超细粉体，广泛应用于生物、医学、化学、制药、食品、化妆品、环保等实验室研究及企业生产。其粉碎效果的评价多为离线模式，迫切需要准确快速的在线测量和评定方法。

2. 挑战

超细粉碎理论的发展滞后，亟待形成系统的机理分析体系和理论框架。此外，需解决极细颗粒的在线测试方法，解决跨尺度测量、多维测量、误差补偿等问题，形成高灵敏度、智能化、高可靠性的超声粉碎装备。

3. 目标

预计到2035年，开发出与超细粉碎设备配套的精细分级设备以及其他配套设备，并进一步提高超细粉碎效率，降低能耗；研究超细粉碎技术相关粒度检测与控制技术。

（四）超声雾化技术

1. 现状

超声雾化广泛应用于医疗、加湿、雾化消毒、液体除湿、降尘、废气净化、工业球形微细金属粉末制备等各领域。目前，在煤矿、工厂等场合，多采用压电式超声雾化方式，虽然液体雾化的效果得到显著提高，但能量利用率仍然很低。此外，超声雾化形成的机理较为复杂，目前分析多基于表面张力波理论和微激波理论。

2. 挑战

（1）雾化过程的机理分析及工艺研究　超声雾化技术融合了超声学、材料工程、流体力学、电子技术等学科的相关知识，是一个复杂的物理和化学过程，对超声波与液体相互作用的理论机制的研究还相对滞后。此外，影响超声雾化相关因素的研究也较少，例如功率超声场（超声频率、功率、振幅）、流体性质、质量流量、压力、介质等因素对雾粒特性（形貌、平均粒径、粒度分布等）的影响规律等。

（2）功率超声雾化装置的设计理论　经过数年的努力，国内对功率超声雾化器的设计、超声雾化腔形状结构等核心技术的研究积累了一定经验，但仍与国际先进水平有一定的差距，在基础研究领域尚未形成系统性的体系架构。对于金属粉末成形等特殊场景，如何依据超声雾化装置设计理论，克服雾化装置频率和阻抗的漂移，避免调谐不当、功率过高或换能器故障等问题仍是巨大的挑战。

3. 目标

1）预计到2030年，将开发出根据需要控制调节雾化量的大小、控制调节雾滴尺寸的设备，提高雾化效率，并解决长时间工作的雾化器因液体量减少以及温度升高等因素影响雾化效果的问题。基于工业应用，研制出超声雾化的成熟设备，搭建评价标准体系。

2）预计到2035年，基于工业应用，研制出超声雾化的成熟设备，理论体系更加完善，并构建初步的超声雾化性能评价标准体系。

（五）超声消融技术

1. 现状

超声消融技术是我国首次推向临床应用且具有世界影响的先进技术。目前，超声消融技术已成功运用于肝癌、胰腺癌、乳腺癌、骨肿瘤、肾癌、软组织肿瘤和子宫肌瘤、子宫腺肌瘤等全身多器官、多部位的良恶性肿瘤，其在国内外近100家综合医院、肿瘤专科医院、妇科专科医院的数万例良恶性肿瘤患者的治疗结果显示，治疗有效率为97.0%，肿瘤标志物下降率为94.0%，穿刺活检结果有效率为99.0%，肿瘤体积缩小率为79.0%，总有效率平均达85.0%以上。有理由相信，随着超声消融工程技术的不断进步，临床方案的进一步完善，适应症的广泛拓展，在越来越多的国家和科研机构的共同开发和研究下，高强度聚焦超声技术会为更多的癌症患者带来福音。

虽然目前超声消融技术已经取得了一定的成就，但是该技术处在快速发展阶段，在治疗范围、治疗效果、安全性、有效性、实时检测和治疗效率等方面都有亟待提高之处，临床治疗方案的实施以及使用超声剂量等在一定程度上还依赖医生的个人经验。这些问题的解决涉及相关基础理论的发展和突破，以及设备硬、软件改进，诸如超声和组织间的交互作用机理、超声振动能量的转换与传递、大功率换能器设计、小焦域形成、快速消融模式确定、病灶精准定位、疗效在线监测等。

2. 挑战

（1）研发基于癌变成因分析的超声消融技术，提高完全治愈率　由于超声消融技术对癌肿的作用只是切除，并不是针对癌变发生的病因、病理进行阻击，存在术后复发的可能。因此针对这一点，要深入研究超声与组织间的交互作用机理，不断做出改进优化，如果能针对癌变的病因进行阻击，会大幅度提高治愈率，超声消融技术的应用将会更广泛。

（2）优化超声能量的有效传输方式，扩大超声消融技术的使用范围　由于超声消融技术的非侵入性特点，该项技术并不是对所有相关患者都适用，手术前对病人要进行筛选，需要病人满足声通道安全和靶点能量快速而足够的沉积以及消融后吸收的要求。因此，不断探索优化该问题，使手术对病人的筛选要求降低，可以让超声消融技术应用更广，更好地治疗相关疾病。

（3）改善超声能量聚焦效果，实现精准消融　超声消融是通过“刀尖”对组织进行热切除，当聚焦效果不好或“刀尖”漂移对非计划治疗组织也有造成损伤的可能，甚至损伤后需进行外科手术治疗。因此，在微创、无创外科理念下，最大限度地破坏病灶，且最大限度地保护正常组织，避免不必要的损伤也是该项技术必须要解决的问题。

（4）提升超声焦域内的功率密度，提高治疗效率　超声消融手术在临床应用过程中面临的一个重要问题是治疗效率还不够高，特别是治疗某些器官血供丰富的病灶时，治疗时间长。因此，研发聚焦效能更高的换能器，提高治疗效率是该技术面临的一大挑战。

（5）提升影像智能监控技术，实现手术过程的全覆盖　尽管超声消融技术发展迅速，但是监控影像的局限却制约着该技术的发展。因此发展多模态、多种影像融合的智能监控技术，实现治疗过程的智能决策与控制，将有助于超声消融手术技术的进一步突破。

3. 目标

1）预计到2025年，5G远程控制聚焦超声消融手术成熟运用，研发出聚焦效能更高的换能器，使聚焦超声消融手术的治疗效果显著提高，治疗时间更短，治疗效率更高。同时，超声消融手术的适用性更广，对病人的筛选条件要求更低，使聚焦超声消融手术能够为大多数病人服务。

2）预计到2030年，监控影像取得显著突破，研发出多模态、多种影像融合的智能监控技术，可以更好地分析病理，手术操作更方便准确，应用更广泛。

3）预计到2035年，基于癌变成因分析的超声消融技术有较大的突破，形成功能强大的能依据病因病理分析决策的智能超声消融手术设备，使超声消融手术彻底治愈率大幅度提高。

四、技术路线图

超声连接与材料处理技术路线图如图6-3所示。

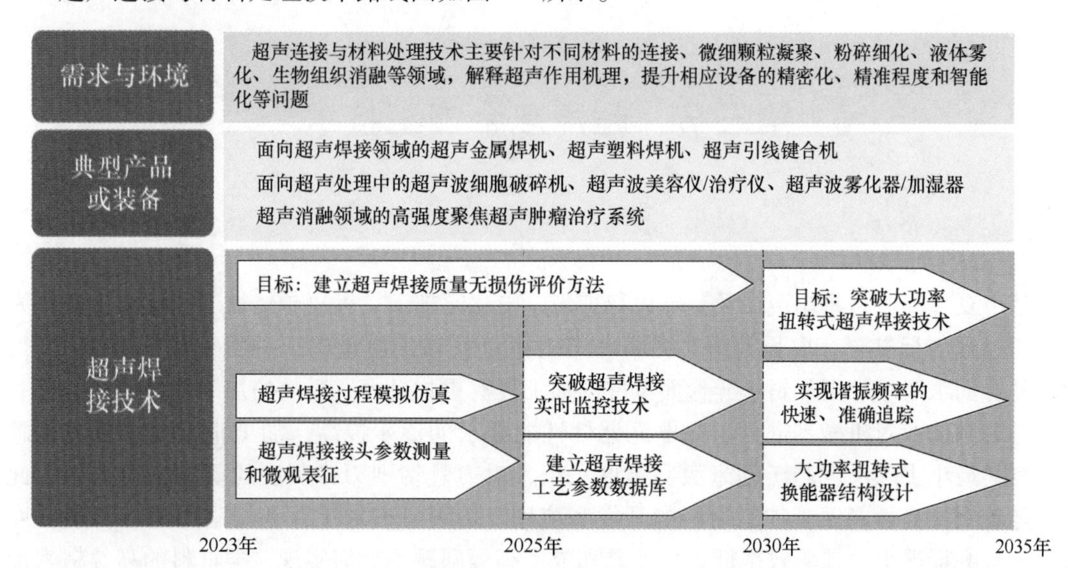

图6-3　超声连接与材料处理技术路线图

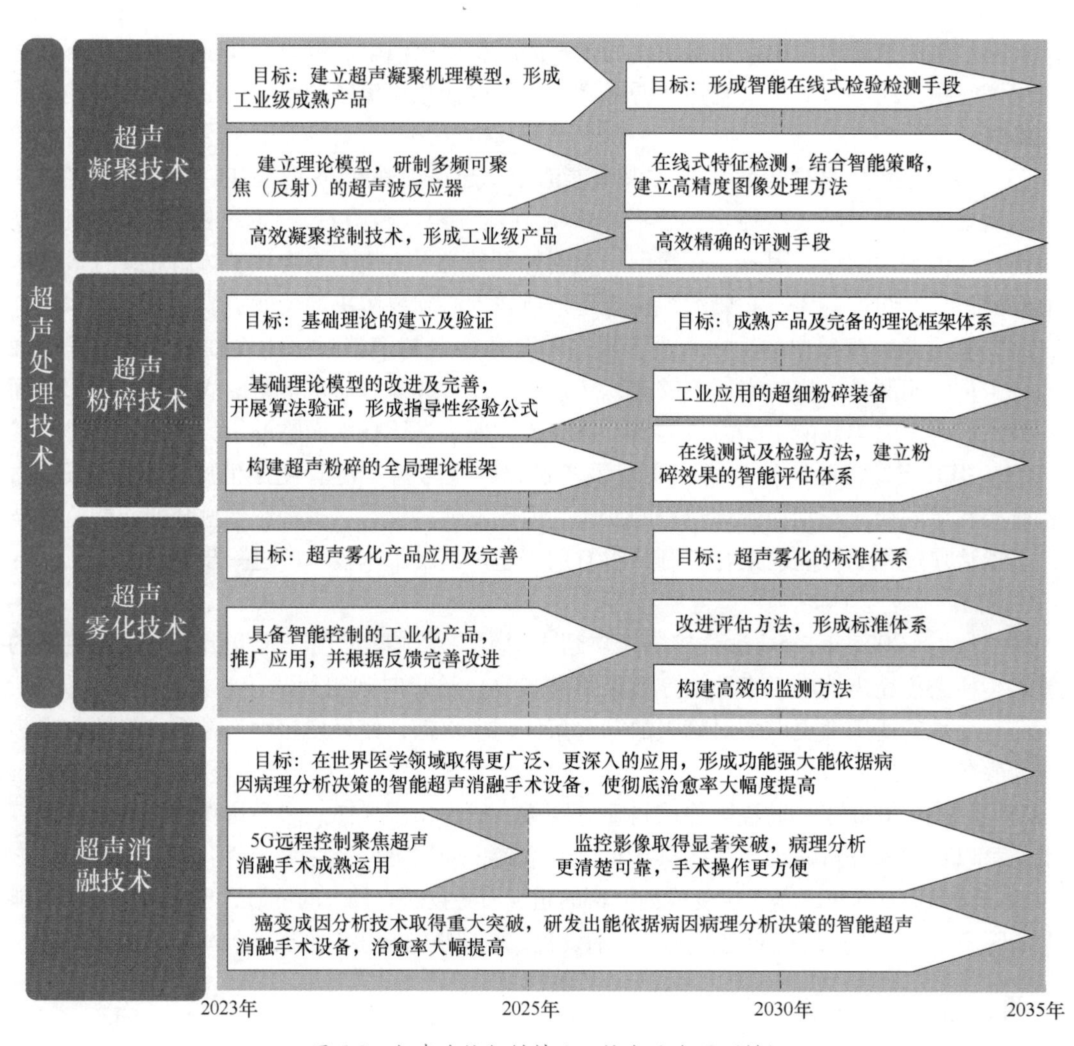

图 6-3　超声连接与材料处理技术路线图（续）

第五节　超声复合加工技术

一、概述

超声复合加工是将超声振动与电火花加工、电化学加工、等离子体加工和化学机械抛光等加工过程进行复合，取长补短，提高加工效率以及加工质量的一种特种加工方法[58,59]。超声复合加工对难加工材料、异形面零件的加工具有更加精密、高效的加工效果[60,61]。

随着制造业对机械零部件、光电元器件性能要求的逐步提高，加工精度要求也越来越高，材料最小去除尺度趋于纳米级甚至原子级，对刀具切削刃锋利度的要求变得严苛。此外，随着新型高性能极难加工材料的开发和应用，传统机械加工存在切削力大、切削温度高、工具磨损严重、加工效率低、精度差和成本高等问题，如何实现该类材料的高效精密加工成为全新挑战。为突破传统精密机械加工技术在新形势下遇到的前述瓶颈，也为了进一步改善传统特种加工技术的应用效果，将超声振动与电/磁力、电化学、等离子体、固相化学反应等物理化学能场进行有机结合，进而形成超声复合加工技术。多能场协同作用能显著改善加工过程中的材料去除特性，将刚性强力切削转变为柔性高效去除，从而改善定域工艺特性，有效提升复合加工的加工效率、精度与表面质量[62-64]。

超声复合加工技术作为一种重要的先进复合加工技术，广泛应用于半导体工业、高速列车、汽车制造、航空航天、光学元器件与医疗工业等高端前沿领域。在电火花加工的基础上辅以超声振动，利用超声振动对放电间隙流场所产生的空化和泵吸效应，改善放电间隙的排屑效果和消电离能力，从而强化电火花作用并提高工作液的循环速率，可有效提高加工效率和加工精度[65]；等离子体加工附加超声则会促进磨削液电离并产生大量羟基自由基，以加速材料氧化生成亚微米厚度的软脆层，可进一步降低切削力[66]；固相化学反应抛光的磨具施以椭圆超声振动，可使磨屑极易被排出加工区域，增加磨粒滑动距离，促进界面摩擦化学反应的发生，从而实现硬脆光电材料的高效、高纳米精度和环境友好地研抛。超声复合加工技术综合多种工艺的优点，形成独特的复合加工工艺，能够显著提升加工效果，改善加工质量。随着超声复合加工技术应用的不断扩大，超声多工艺复合加工机理的研究将得到深化，加工工艺及装备也将向标准化、绿色化与智能化方向发展[67]。

超声复合加工技术的发展目标是将超声加工的独特优势与各类加工工艺充分地进行有机结合，突破单一加工工艺的技术瓶颈与应用局限性，彼此取长补短，显著提升工艺效果，并且在先进产业中能够得到广泛推广和应用，为社会经济的发展做出更大的贡献。

二、未来市场需求及产品

近年来，国际超声复合加工机床市场呈逐年上升发展趋势，除美国对超声复合加工机床的需求量较大以外，欧洲对超声复合加工机床也越来越青睐；新兴市场如中国、俄罗斯同样掀起了超声复合加工设备的市场热潮。在欧美等国家的带动下，国际超声波复合加工机床市场容量不断增长[68]。预计到 2025 年，在整个国际经济加速复苏的形势下，超声复合加工设备预期可实现新的突破。随着国内超精密加工行业的快速发展，预计到 2035 年，我国高端超声复合加工设备行业有望达到国际领先水平。

超声复合加工机床主要以超声电火花复合加工机床和超声电解复合加工机床为主。机床一般由五轴联动驱动进给，可保证进给方向稳定。进给速度由伺服电动机控制调节，可实现工件在复杂线路上的微细进给加工，同时为工具电极加工复杂异形面增加了可能。超声复合机床加工中，工作台移动促进了工作液流动，利于排出加工热量与加工产物，实现工作液更新，提高工件加工效率与精度[69]。另外由于超声振动引起的空化作用，进一步加快了材料的蚀除和磨料悬浮液的循环更新，促进阳极溶解过程的进行，使加工速度和加工质量大大提高。在未来，超声复合加工机床将主要用于硬脆材料、导电材料等的加工，在航空航天、精密模具、光学和半导体产业中具有较大的应用价值。

超声复合加工的工程应用主要有以下两个领域：

（1）超声复合加工技术应用于微细加工　近年来，随着市场对微小型零件及装置的需求快速增长，微细加工技术迅速发展，微型化技术已广泛应用于航空航天、光学、通信、生物医学和汽车等前沿领域，成为机械制造方面的研究重点。传统机械加工过程通常存在宏观切削力，在加工微小零件，特别是加工微米、纳米尺度零件时，容易产生变形、发热等问题，精度控制也较为困难，严重影响产品性能。超声复合微细加工使用的磨料粒度十分微细，可使用纳米级微粉（甚至无磨料加工），从而可以最大限度地减小超声加工工具损耗，延长刀具使用寿命，大幅度提高微细加工精度，减小表面粗糙度值。此外，还可采用低浓度工作液，在超声频振动作用时可进行静态供液，便于实现低成本、清洁、绿色制造，具有污染性小和可重复利用等优点，因此超声复合加工技术在微细加工领域具有独特的技术优越性及市场应用前景。预计到 2035 年，超精密微细加工装备将实现国产化，超声复合加工将成为微细加工技术成熟化的可靠助力。

（2）超声复合加工技术应用于难加工材料的加工　一般难加工材料有高温合金、钛合金、高强钢、复合材料、陶瓷材料等，这些材料硬度高、强度高、不易磨损、不易氧化，拥有良好的耐热性、耐蚀性等优点。然而，这类难加工材料通常具有极高的硬度和脆性，传统的加工方法难以实现高效精密加工，但是超声复合加工对难加工材料有着极有效的加工能力。研究证明，超声复合加工技术能够有效解决难加工材料的加工难题，在加工过程中可明显降低切削力与加工损伤，减少刀具磨损量，抑制脆性材料边缘破损，减少表面微裂纹产生，并且能够提升工件的加工质量与整体加工效率。在超声振动与电/磁力、电化学、等离子体、固相化学反应等物理化学能场的协同作用下，难加工材料工件的表面加工质量与加工效率能得到有效提升。依靠超声复合加工难加工材料的技术优点，可促进难加工材料在相关工业领域得到更为广泛的应用。预计到 2035 年，新型材料的研究将会取得突破进展，各类新型材料的迭代更新将为超声复合加工技术的应用带来新的契机。

三、关键技术

（一）超声电火花复合加工技术

1. 现状

超声电火花复合加工技术作为一种电基复合能场加工方法，利用超声振动对放电间隙流场产生的空化和泵吸效应，改善放电间隙的排屑效果和消电离能力，进而提高加工效率、加工精度和表面质量。此外，超声振动会在电极间隙中产生高频交变的压力冲击波，可有效改善间隙工作液的流动特性，降低电蚀产物沉积聚集的可能性，故超声电火花复合加工技术能够提高难加工材料的加工效率和精度。

目前，在超声电火花复合加工领域，根据超声振动作用形式不同，主要可分为电极超声振动、工件超声振动和工作液超声振动三种振动类型：

1）电极超声振动是应用最广泛的一种加工方式，超声频率一般为 20~40kHz，超声振幅为 5μm 左右。相对于液体，固体作为介质传递超声振动能量的效果更加优异，因此，电极超声振动时超声振动能量可以更有效地传递到加工区域。

2）工件超声振动较适用于小尺寸工件，超声频率通常小于 30kHz，超声振幅一般不超过 10μm。超声振动装置可以输出更大功率而不必考虑电极结构破坏等问题，此外只需保证工件的待加工平面和加工平台平行即可，可有效减少超声电火花复合加工过程中的加工误差。

3）工作液超声振动通常使用探针式超声振动装置直接对加工区域进行超声振动冲击，

无需改变机床的结构，超声振动装置的安装比较灵活。该方式尤其适用于混粉电火花，工作液振动时可保证粉末颗粒在工作液中保持悬浮状态且分布均匀，可有效防止粉末堆积。

超声振动辅助微细电火花加工是超声电火花复合加工技术的一个重要分支。这种复合加工方式多用于微孔或微通道等微结构加工，其特点为放电能量小，超声振幅小，放电的脉宽和脉间通常为微秒级，超声振幅为1~3μm。

目前，针对超声电火花复合加工技术的研究主要集中在三个方面：①超声振动系统的设计制造，通过超声波发生器的选择、超声波换能器和超声波变幅杆的设计，完成超声振动系统的设计；②超声振动系统的仿真研究，基于超声振动系统的设计理论和实验要求，通过仿真软件对其进行仿真分析，确定其谐振频率和最大位移响应等性能，使用专业仪器对超声电火花复合加工系统进行测量和调试；③提高超声电火花复合加工技术的加工效率，研究脉冲宽度、脉冲间隔、峰值电流和超声振幅等工艺参数对材料去除率、相对电极损耗率和表面粗糙度等工艺性能指标的影响规律，并对超声电火花复合加工进行工艺优化。

现阶段，超声复合电火花加工技术面临的问题主要包括：超声复合电火花加工的加工机理研究不够深入；如何提高超声复合电火花加工的尺寸精度、几何精度，并保持加工稳定性；超声系统能量和放电系统能量协调、精密控制从而实现最大工艺效能输出。进一步的工作方向包括超声电火花复合加工的加工机理、工具电极的损耗补偿技术、超声振动脉冲与电火花脉冲精密智能调控机制、超声振动与电火花加工多物理场协同作用机制、多目标加工参数与加工性能关联机制等深层次理论问题及其工程实现面临的技术挑战。

2. 挑战

为了进一步扩大与提升超声电火花复合加工相对普通电火花加工技术的优势范围和技术水平，将面临以下挑战性工作：

1）深入研究超声复合电火花加工的加工机理。超声复合电火花加工的机理研究是推动超声复合电火花加工技术提高的基础。超声电火花复合加工是研究基于传统电火花加工机理，研究超声振动的引入对极间工作液电离、击穿及放电通道的形成，工作液热分解、电极材料熔化及汽化热膨胀，工件材料蚀除物的抛出和极间工作液消电离过程的影响。针对超声复合电火花加工的加工机理深入开展研究能够为加工效率和加工精度的提升提供基础。

2）开发超声复合电火花加工工具电极损耗补偿技术。超声复合电火花加工工具电极损耗补偿技术是提高加工精度的有效途径。针对不同材料，在不同的放电参数下进行超声复合电火花加工实验，建立基于放电脉冲数的精确电极损耗预测模型，结合所加工零件或特征的精度要求，开发超声复合电火花加工工具电极损耗补偿技术。根据超声复合电火花加工工具电极损耗补偿技术能够实现对所加工尺寸的精确控制，提高加工精度。

3）研发基于放电概率间隙特性的超声振动脉冲与电火花脉冲智能精密控制技术。研发基于放电概率间隙特性的超声振动脉冲与电火花脉冲智能精密控制技术是实现超声复合电火花高效、高精度加工和工程应用的关键。

针对超声调制高低压组合高频脉冲放电模式，研究针对高压、低压分时的融合超声信号与放电信号的加工状态特征提取策略。开展不同超声调制模式的实现策略研究，研发相应模式的脉冲电源。在此基础上，开展能量精细匹配的伺服运动控制研究，建立并形成快捷高效的伺服运动控制策略。

研究放电概率间隙特性以及基于分时放电状态检测进行基准参考电压自调整机制，从而实现两种能量的匹配和精密控制。深入探讨自适应控制、遗传算法、模糊控制、神经网络控制、灰色控制系统等控制方法的控制策略，利用互补效应和增值效应结合两种或多种控制方法的优点，研发基于放电概率间隙特性的超声复合电火花加工智能精密控制技术。

4）开发高效高精密超声复合电火花加工系统，研究复合加工工艺与加工性能的关联机制。开发高效高精密超声复合电火花加工系统以及研究复合加工工艺与加工性能的关联机制是推进超声复合电火花加工工程应用的关键。

将自主设计开发的超声振动系统（超声波发生器、超声波换能器、超声波变幅杆）与当今先进技术及相关设备（纳秒级微能脉冲电源、响应速度快及重复定位高的微动平台、高速精密主轴、粗糙度轮廓仪、CCD 系统）融合，形成高效高精密超声复合电火花加工系统。

建立超声电火花复合加工工艺参数和加工质量之间的数学关系模型，确定各加工参数对加工性能指标的权重系数。建立超声复合电火花加工参数-加工质量-服役性能数据库，采用机器学习对不同加工工艺参数下构件的疲劳持久寿命进行预测，从中发展可用于超声复合电火花加工工艺准则。

3. 目标

1）预计到 2025 年，实现超声振动电火花深度融合复合加工装备的制造。在超声复合电火花加工技术研究的初级阶段，依靠现有设备进行超声复合电火花加工的加工机理研究，建立超声复合电火花加工工具电极损耗补偿模型，完善超声复合电火花加工工艺数据库。研发超声电火花复合加工脉冲电源以及超声电火花复合加工伺服控制系统，实现超声振动脉冲与电火花脉冲时序性耦合以及二者能量精密协调控制，进而实现超声电火花复合加工装备在高端制造装备的广泛应用。

2）预计到 2030 年，实现超声振动电火花绿色复合加工装备的制造。绿色化是国民经济和制造业可持续发展的必然要求，也是特种加工可持续发展的必然要求。在超声复合电火花加工技术研究的中级阶段，需实现超声电火花复合加工制造装备的绿色制造，主要包括研制高效节能型脉冲电源以实现脉冲放电能量高效利用，研制新型可降解清洁工作液，以实现能源可持续发展利用，从而实现超声电火花复合加工装备在高端绿色制造装备行业的广泛应用。

3）预计到 2035 年，实现超声振动电火花智能复合加工装备的制造。在超声复合电火花加工技术研究的最终阶段，实现在高端领域超声振动电火花智能复合加工装备的制造，实现从超声加工、电火花加工、电极成形以及工艺参数调控等方面全方位智能化控制与优化，实现对超声复合电火花加工表面质量、尺寸精度和形状精度的智能控制，深度融合人工智能算法，优化超声电火花复合加工工艺。集成网络化、信息化工艺过程以控制技术、工艺系统和知识库技术的智能融合发展，实现超声电火花复合加工的全过程智能化监控。

（二）超声等离子体辅助磨削技术

1. 现状

超声等离子体辅助磨削是实现阀类金属（如钛、铝和镁）合金高效精密加工的关键技术，对上述金属合金在航空航天、医疗民生等领域的应用范围扩大和服役性能提升起重要作用[70]。在应用时，该技术以工件为阳极、导电性砂轮（金属结合剂或电镀或钎焊等）为阴极，当两极之间施加高频脉冲直流电压时，砂轮与工件之间等离子体放电，磨削液电离并产生大量羟基自由基（·OH），在·OH强氧化作用下，工件表面快速生成亚微米厚度的软脆氧化层，通过控制砂轮磨粒的切深实现纯氧化层去除，进而大幅降低磨削力和热，可极大地提高加工效率、精度和砂轮寿命[71,72]。此外给予砂轮轴向超声振动，会促进·OH产生并加速软脆氧化层的生成，进一步降低磨削力，促进排屑和防止砂轮堵塞[73]。

目前，超声等离子体复合辅助磨削技术处于基础研究和工艺开发阶段。基础研究方面，主要集中在电场强度、氧化时间等工艺参数对等离子体氧化层性能的影响规律、超声对等离子体强度的调制作用以及磨粒和等离子体氧化层相互作用机理等方面；工艺开发方面，主要集中在砂轮的创新开发以及工艺参数的优化组合等方面。作为该技术的实际应用之一，利用直径1mm的金属结合剂CBN球头砂轮开展微小孔加工，在厚度为1mm的钛合金平板上成功加工出高精度通孔[74]。

现阶段，超声等离子体复合辅助磨削的主要问题是基础理论的研究还不够深入，实际应用缺乏行之有效的理论指导模型。需要明确的基础理论包括等离子体氧化层生长机理、超声对等离子体的调制机理、磨粒与等离子体氧化层的相互作用机理等，而工艺上需根据实际应用场景选用不同的砂轮及优化特征参数组合。

2. 挑战

为加速推进超声等离子体复合辅助磨削技术的基础理论研究，并针对实际应用场景开发与之相匹配的工艺，需开展以下挑战性工作：

1）阐明工艺参数对等离子体氧化层性能的影响规律。这是一项复杂的阳极氧化和等离子体氧化相互耦合的研究内容。模拟实际磨削，在极小间隙（20~100μm）下判定阳极氧化和等离子体氧化的临界条件。在保证产生等离子体氧化层的情况下，进一步研究工艺参数对等离子体氧化层生长过程和性能的影响规律，建立实际加工的理论指导模型。

2）揭示超声对等离子体的调制机制。这是一项涉及超声场、等离子体场和流场相互作用的复杂研究，需逐步解耦。首先，研究超声振动对磨削液流场的影响；随后，研究超声扰动的磨削液流场对等离子体放电通道形态、等离子体产热及扩散的影响，从而解释超声作用下等离子体的强度变化以及等离子体与工件表面的相互作用，补充丰富实际加工的理论指导模型。

3）阐释磨粒和等离子体氧化层的相互作用机理。这是一项涉及不同材料之间相互干涉作用的研究内容。从微观角度出发，模拟实际磨削环境，深入研究单颗磨粒（金刚石、CBN等）与等离子体氧化层的相互干涉作用行为，揭示等离子体氧化层的去除机理和磨粒黏附抑制机制。

4）推进超声等离子体复合辅助磨削技术的实际加工应用。这是一项涉及基础理论转化为工程实践的技术性问题。根据超声等离子体复合辅助磨削技术的基础理论，精准掌控等离子体氧化层的产生条件和生长速度；结合实际应用场景，开发专用砂轮和优化特征参数组合；进而搭建适用该技术的加工装备，加速推进该技术的产业化应用。

3. 目标

1）预计到2025年，实现超声等离子体复合辅助磨削基础理论的掌握。在此阶段，研究超声等离子体复合辅助磨削技术的基础理论，不断扩展该技术的适用场景；深入掌握多物理场耦合效应对磨削加工的影响规律，精准预测该技术的发展趋势。为超声等离子体复合辅助磨削技术的发展奠定基础。

2）预计到2030年，实现超声等离子体复合辅助磨削的落地应用。在此阶段，根据超声振动和等离子体氧化的产生条件，着力研发专用砂轮和等离子体电源等，搭建适用于该技术的加工装备；精细结合产品的性能需求，优化特征参数组合，批量加工合格产品，推进该技术在工业实践中的落地应用。

3）预计到2035年，实现超声等离子体复合辅助磨削与工业生产深度融合。在此阶段，根据基础理论研究和技术落地经验，不断丰富超声等离子体复合辅助磨削技术的加工数据库，积累制造经验；持续迭代加工装备的开发，扩展应用场景。努力打造一项易推广、普适用的新型多场辅助加工技术。

（三）超声辅助固结磨粒化学机械抛光技术

1. 现状

近年来，超声复合加工的一个典型应用就是椭圆超声辅助固结磨粒化学机械抛光技术，该方法可实现以陶瓷、光学及半导体材料为代表的硬脆性难加工材料的高效全局平坦化，尤其在半导体领域晶圆制造环节的磨削应力消除方面有着广泛的应用。

化学机械抛光作为目前最常用的硬脆性材料全局平坦化方法，主要是通过化学反应和机械作用协同来实现材料去除，虽普遍可以获得较为不错的表面质量，但作为一种游离磨粒抛光方法，磨粒运动的随机性决定了只有极少部分的磨粒参与了抛光过程，大多数游离磨粒难以起抛光作用，导致该方法材料去除率偏低。此外，游离磨粒抛光得到的面形几何精度也相对较差，而碱性磨浆的使用又会造成环境污染问题，导致成本进一步增加。

针对上述传统化学机械抛光存在的问题，固结磨粒化学机械抛光的方法被提出，该方法兼具传统化学机械抛光和固结磨粒研磨的特点，基于磨削运动学，通过挑选合适的软质磨粒制成固结磨粒砂轮来实现干式化学机械抛光。磨粒和工件以及环境介质在抛光压力和相对运动带来的摩擦能量下发生固相（摩擦）化学反应，进而实现材料的化学机械协同去除，抛光表面质量高，材料去除速率获得大幅度提高。但是，作为一种干式加工方法，有两个问题严重制约了固结磨粒化学机械抛光性能的进一步提升，这是因为：①因为不使用磨削（抛光）液，磨屑很难有效排出加工区域，容易造成砂轮堵塞进而划伤工件表面；②界面摩擦化学反应速率不够高，限制了整体的抛光效率，需引入额外的能量场来进一步促进摩擦化学反应进行。基于此背景，通过将椭圆超声振动引入固结磨粒化学机械抛光过程中，开展超声-固相化学反应复合加工，实验证明该复合加工方式可以有效解决上述矛盾，获得优异的抛光效果。

自从20世纪20年代被首次应用到硬脆性材料加工以来，超声振动已经被证明在硬脆性材料精密磨抛领域具有显著的效果。超声辅助磨粒加工一般是指在砂轮或工件材料上施加超声振动以达到提高加工效率和加工质量的目的，超声振动作用方向不同会带来不同的加工特性。其中，一维轴向（垂直于工件加工表面）超声振动会使磨粒和工件产生周期性间歇接触，降低加工力和热，提高材料去除速率，同时还可以有效抑制砂轮磨损。超声振动导致加工力减小，同时还被证明可以显著提高硬脆材料的临界切深，进一步实现脆性材料的延性域去除，减少脆性裂纹的出现，显著提高加工质量。一维切向（平行于工件加工表面且垂直于切削速度方向）超声振动则会使不同磨粒的运动轨迹之间发生互相干涉进而产生重复研磨作用，进一步降低加工力，提高加工表面质量。二维椭圆超声振动则兼具轴向和切向超声振动的优点。针对固结磨粒化学机械抛光存在的问题，通过引入椭圆超声振动，磨粒随着砂轮的转动，其空间运动轨迹变为独特的三维螺旋线形状，这使得固结磨粒砂轮在晶圆表面存在一个“挑扫”的运动，可以将抛光产生的切屑及时排出抛光区域，大大提高了排屑能力，可以有效抑制砂轮堵塞，减少工件划伤，进一步增强干式固结磨粒化学机械抛光的可行性。另一方面，在固结磨粒化学机械抛光过程中，由于磨粒硬度通常小于工件硬度，因此主要的材料去除机理为界面的摩擦化学反应，而椭圆运动轨迹在工件表面内的分量会带来磨粒与工件在平面内滑动距离的增加，这种重复研磨的过程既有利于提高抛光的表面质量，同时也会引入额外的超声振动能量进而增大摩擦化学反应所需的能量，促进界面摩擦化学反应的发生，带来材料去除效率的提高。此外，磨粒在高频超声振动的作用下还会以极大的加速度以特定的角度对工件表面进行高频冲击，在靠近表面的区域会产生大量微观裂纹并迅速扩展，起到弱化晶格的作用，通过增强固结磨粒化学机械抛光中的机械作用，有利于材料去除。目前，椭圆超声振动辅助固结磨粒化学机械抛光技术已证实可应用于单晶硅、熔融石英玻璃和氮化铝陶瓷等材料的高效环保无损全局平坦化加工，展现广阔的应用前景。

2. 挑战

1）椭圆形态精确可控的超声振动系统开发。椭圆超声辅助固结磨粒化学机械抛光作为一种空间二维超声辅助加工技术，其椭圆轨迹的大小（振幅）和形状（振动方向）对抛光效率和表面质量以及砂轮磨损都有十分显著的影响。在大批量大尺寸自动化抛光时，椭圆振动的一致性和稳定性更是能够保证生产的良率和效率，因此，对超声振动系统的性能提出了很高的要求。超声振动系统主要包括超声振子以及配套的超声电源，只有通过合理的振子结构设计和振动模态选择，搭配具备频率追踪、动态阻抗自适应匹配和多相位多频输出等功能的智能超声电源，才能开发出满足产业要求的椭圆超声振动系统。

2）椭圆超声振动和界面摩擦化学反应相互作用机理。磨粒与工件之间的摩擦化学反应本身受环境介质和界面条件的影响，是一个十分复杂的过程，其材料去除机理并未彻底明晰。引入椭圆超声振动后，阐明椭圆超声与摩擦化学反应的相互作用机理更是极为困难。通过分析并获取超声振动辅助的瞬态加速度与空化效应对抛光材料去除的影响机制，探究软质磨粒在椭圆超声作用下的运动轨迹，在此基础上研究椭圆超声振动参数对界面摩擦化学反应的影响规律，有助于找到最大化促进摩擦化学反应的超声振动参数组合，从而提高整个固结磨粒抛光过程的材料去除率。

3. 目标

1）预计到2030年，在形态可控的椭圆超声振动头、智能超声电源和高性能干式固结磨粒抛光轮等关键零部件和核心耗材研发领域取得实质性突破；探究明晰椭圆超声参数和摩擦化学反应相互作用机理，掌握高效无损精密抛光工艺。

2）预计到2035年，开发出全自动椭圆超声辅助固结磨粒智能抛光机，相关技术和装备达到国际领先水平。

四、技术路线图

超声复合加工技术路线图如图6-4所示。

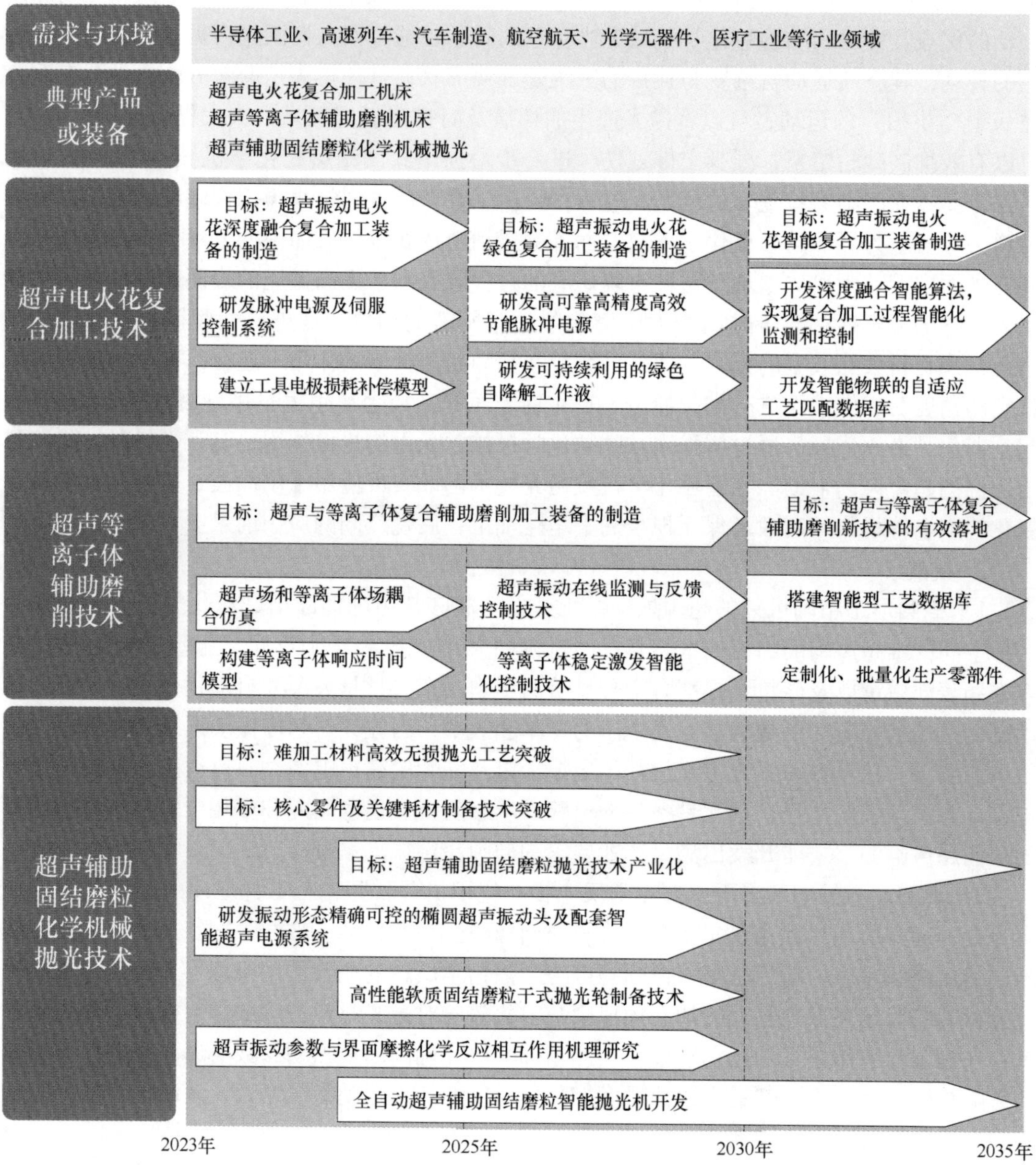

需求与环境

半导体工业、高速列车、汽车制造、航空航天、光学元器件、医疗工业等行业领域

典型产品或装备

超声电火花复合加工机床
超声等离子体辅助磨削机床
超声辅助固结磨粒化学机械抛光

超声电火花复合加工技术

目标：超声振动电火花深度融合复合加工装备的制造
目标：超声振动电火花绿色复合加工装备的制造
目标：超声振动电火花智能复合加工装备制造
研发脉冲电源及伺服控制系统
研发高可靠高精度高效节能脉冲电源
开发深度融合智能算法，实现复合加工过程智能化监测和控制
建立工具电极损耗补偿模型
研发可持续利用的绿色自降解工作液
开发智能物联的自适应工艺匹配数据库

超声等离子体辅助磨削技术

目标：超声与等离子体复合辅助磨削加工装备的制造
目标：超声与等离子体复合辅助磨削新技术的有效落地
超声场和等离子体场耦合仿真
超声振动在线监测与反馈控制技术
搭建智能型工艺数据库
构建等离子体响应时间模型
等离子体稳定激发智能化控制技术
定制化、批量化生产零部件

超声辅助固结磨粒化学机械抛光技术

目标：难加工材料高效无损抛光工艺突破
目标：核心零件及关键耗材制备技术突破
目标：超声辅助固结磨粒抛光技术产业化
研发振动形态精确可控的椭圆超声振动头及配套智能超声电源系统
高性能软质固结磨粒干式抛光轮制备技术
超声振动参数与界面摩擦化学反应相互作用机理研究
全自动超声辅助固结磨粒智能抛光机开发

2023年　2025年　2030年　2035年

图 6-4　超声复合加工技术路线图

参考文献

[1]　隈部淳一郎. 精密加工振动切削（基础和应用）[M]. 北京：机械工业出版社，1985.

[2]　张德远. 中国的超声加工 [J]. 机械工程学报，2017，53（19）：1-2.

[3]　ULUTAN D，OZEL T. Machining induced surface integrity in titanium and nickel alloys：a review [J]. International Journal of Machine Tools and Manufacture，2011，51（3）：250-280.

[4]　SUI H，ZHANG X Y，ZHANG D Y，et al. Feasibility study of high-speed ultrasonic vibration cutting titani-

um alloy [J]. Journal of Materials Processing Technology, 2017, 247: 111-120.
[5] 张德远，彭振龙，耿大喜，等. 高效低损伤高速波动式超声加工技术进展 [J]. 航空制造技术，2022，65 (8)：22-33.
[6] SHAO Z Y, JIANG X G, GENG D X, et al. The interface temperature and its influence on surface integrity in ultrasonic-assisted drilling of CFRP/Ti stacks [J]. Composite Structures, 2021, 266: 113803.
[7] JIANG X G, WANG K Q, SHAO R J, et al. Self-compensation theory and design of contactless energy transfer and vibration system for rotary ultrasonic machining [J]. IEEE Transactions on Power Electronics, 2018, 33 (10): 8650-8660.
[8] 冯平法，王健健，张建富，等. 硬脆材料旋转超声加工技术的研究现状及展望 [J]. 机械工程学报，2017，53 (19)：3-21.
[9] 丁文锋，曹洋，赵彪，等. 超声振动辅助磨削加工技术及装备研究的现状与展望 [J]. 机械工程学报，2022，58 (9)：244-269.
[10] NING F D, CONG W L. Ultrasonic vibration-assisted (UV-A) manufacturing process: State of the art and future perspectives [J]. Journal of Manufacturing Processes, 2020, 51: 174-190.
[11] YANG Z C, ZHU L D, ZHANG G X, et al. Review of ultrasonic vibration-assisted machining in advanced materials [J]. International Journal of Machine Tools and Manufacture, 2020, 156: 103594.
[12] XIANG D H, LI B, PENG P C, et al. Study on formation mechanism of edge defects of high-volume fraction SiCp/Al composites by longitudinal-torsional ultrasonic vibration-assisted milling [J]. Proc IMechE Part C: J Mechanical Engineering Science. 2022, 236 (11): 6219-6231.
[13] 高涛，骆金威，林勇，等. 基于超声波机床的蜂窝芯数控加工技术研究 [J]. 机械制造，2013，51 (01)：41-43.
[14] 康仁科，马付建，董志刚，等. 难加工材料超声辅助切削加工技术 [J]. 航空制造技术，2012 (16)：44-49.
[15] WANG Y, KANG R, DONG Z, et al. A novel method of Blade-Inclined ultrasonic cutting Nomex honeycomb core with straight blade [J]. Journal of Manufacturing Science and Engineering, 2021, 143 (4): 041012-041029.
[16] AHMAD S, ZHANG J, FENG P, et al. Processing technologies for nomex honeycomb composites (NHCs): A critical review [J]. Composite Structures, 2020, 250: 112545.
[17] 彭振龙，张翔宇，张德远. 航空航天难加工材料高速超声波动式切削方法 [J]. 航空学报，2022，43 (04)：67-85.
[18] 郭东明. 高性能制造 [J]. 机械工程学报，2022，58 (21)：225-242.
[19] 曹凤国，张勤俭. 超声加工技术的研究现状及其发展趋势 [J]. 电加工与模具，2005 (增刊 1)：25-31.
[20] 叶林征，祝锡晶. 功率超声珩磨磨削区空泡溃灭微射流冲击特性及试验研究 [J]. 机械工程学报，2020，56 (12)：115.
[21] 王婷，王东坡，刘刚，等. 40Cr 超声表面滚压加工纳米化 [J]. 机械工程学报，2009，45 (05)：177-183.
[22] 王东坡，宋宁霞，王婷，等. 纳米化处理超声金属表面 [J]. 天津大学学报，2007，187 (2)：228-233.
[23] 郑开魁，林有希，蔡建国，等. 超声滚压工艺对模具钢激光熔覆层表面质量的影响 [J]. 机械工程学报，2022，58 (12)：111-120.
[24] 刘成豪，陈芙蓉. 超声冲击强化 7A52 铝合金 VPPA-MIG 焊接接头的疲劳性能 [J]. 材料导报，2022，36 (15)：141-145.

[25] 张德远，辛文龙，姜兴刚，等. 超声加工研究的趋势［C］// 第 16 届全国特种加工学术会议. 厦门，2015.

[26] 郭策，祝锡晶，王建青，等. 超声珩磨作用下两空化泡动力学特性［J］. 力学学报，2014，46（06）：879-886.

[27] SONG T J，ZHU X J，YE L Z，et al. Experimental study on the influence of micro-abrasive and micro-Jet impact on the natural frequency of materials under ultrasonic cavitation［J］. Machines，2022，10（10）.

[28] WANG Y，FAN LF，SHI J，et al. Effect of cavitation on surface formation mechanism of ultrasonic vibration-assisted EDM［J］. The International Journal of Advanced Manufacturing Technology，2023，124（10）.

[29] 赵铁军，吴楠. 表面织构技术的研究现状分析［J］. 机电工程技术，2020，49（11）：116-118.

[30] 房善想，赵慧玲，张勤俭. 超声加工技术的应用现状及其发展趋势［J］. 机械工程学报，2017，53（19）：22-32.

[31] 张新华，曾元松，王东坡，等. 超声喷丸强化 7075-T651 铝合金表面性能研究［J］. 航空制造技术，2008（13）：78-80.

[32] ZHANG Q L，ZHAO S，MOHSAN A U，H et al. Numerical and experimental studies on needle impact characteristics in ultrasonic shot peening［J］. Ultrasonics，2022，119：106634-106643.

[33] 蔡晋，谢广安，闫雪，等. TC4 钛合金超声喷丸强化覆盖率试验与数值分析［J］. 航空制造技术，2021，64（19）：30-36.

[34] 黄卫清，宁青双，安大伟，等. 压电超声辅助研磨抛光技术研究进展［J］. 压电与声光，2020，42（02）：240-244.

[35] 李庚卓，吴勇波，汪强. 氮化铝陶瓷的椭圆超声辅助固结磨粒抛光研究［J］. 航空制造技术，2022，65（08）；64-68，75.

[36] 万宏强，韩佩瑛，葛帅，等. 工件表面超声振动抛光方法发展概况［J］. 金刚石与磨料磨具工程，2018，38（02）：94-100.

[37] GALLEGO J A，RIERA E，RODRGUEZ G，et al. Application of condensation agglomeration to reduce fine particle emissions from coal combustion plants［J］. Environmental Science and Technology，1999，33：3843-3849.

[38] RIERA E，ELVIRA L，GONZALEZ I. Investigation of the influence of humidity on the ultrasonic glomeration of submicron particles in diesel exhausts［J］. Ultrasonics，2003，41：277-281.

[39] NGUYEN T D，FU Y Q R，TRAN V T，et al. Acoustofluidic closed-loop control of microparticles and cells using standing surface acoustic waves［J］. Sensors and Actuators B Chemical，2020，318：128143.

[40] 张炼，王智彪，郎景和. 聚焦超声消融手术的临床应用现状及展望［J］. 中华医学杂志，2020，100（13）：965-967.

[41] LYNN J G，ZWEMER R L，CHICK A J，et al. A new method for the generation and use of focused ultrasound in experimental biollogy［J］. The Journal of General Physiology，1942，26（2）：179-193.

[42] BOND A E，SHAH B B，HUSS D S，et al. Safety and efficacy of focused ultrasound thalamotomy for patients with medication-refractory，Tremor-dominant parkinson disease：A randomized clinical trial［J］. JAMA Neurology，2017，74（12）：1412-1418.

[43] BOAZ L，DAVID G，YAEL I，et al. Pain palliation in patients with bone metastases using MR-guided focused ultrasound surgery：A multicenter study［J］. Annals of surgical oncology，2009，16（1）：140-146.

[44] ZHANG L，WANG Z B. High-intensity focused ultrasound tumor ablation：review of ten years of clinical experience［J］. Frontiers of medicine in China，2010，4（3）：294-302.

[45] WU F，WANG Z B，CHEN W Z，et al. Extracorporeal high intensity focused ultrasound ablation in the

treatment of 1038 patients with solid carcinomas in China: an overview [J]. Ultrasonics-Sonochemistry, 2004, 11 (3-4): 149-154.

[46] DANIELS H P C. Ultrasonic welding [J]. Ultrasonics, 1965, 3 (4): 190-196.

[47] MATSUOKA S, IMAI H. Direct welding of different metals used ultrasonic vibration [J]. Journal of Materials Processing Technology, 2009, 209 (2): 954-960.

[48] SHIN H S, DE LEON M. Mechanical performance and electrical resistance of ultrasonic welded multiple Cu-Al layers [J]. Journal of Materials Processing Technology, 2016, 241: 141-153.

[49] CHEN K, ZHANG Y, WANG H Z. Effect of acoustic softening on the thermalmechanical process of ultrasonic welding [J]. Ultrasonics, 2017, 75: 9-21.

[50] CHENG X M, YANG K, WANG J, et al. Ultrasonic system and ultrasonic metal welding performance: a status review [J]. Journal of Manufacturing Processes, 2022, 84: 1196-1216.

[51] SHEN N, SAMANTA A, DING H, et al. Simulating microstructure evolution of battery tabs during ultrasonic welding [J]. Journal of Manufacturing Processes, 2016, 23: 306-314.

[52] LI H, CAO B. Effects of welding pressure on high-power ultrasonic spot welding of Cu/Al dissimilar metals [J]. Journal of Manufacturing Processes, 2019, 46 (3): 194-203.

[53] CAI W, DAEHN G, VIVEK, et al. A state-of-theart review on solid-state metal joining [J]. Journal of Manufacturing Science and Engineering, 2019, 141 (3): 031012.

[54] 张勤俭，李海洋，张武，等. 水雾超声凝聚试验研究 [J]. 应用基础与工程科学学报，2022，30 (5): 1321-1330.

[55] 于同敏，张拯恺，段春争. 注塑工艺参数和超声外场对聚丙烯制件结晶结构的影响 [J]. 高分子材料科学与工程，2019，35 (10): 124-130.

[56] 吴世先，刘何清，陈永平，等. 高频驻波声场与喷雾协同降尘试验 [J]. 矿业工程研究，2023，38 (1): 65-71.

[57] 金焱，毕学工，张晶. 超声波对液相中微颗粒凝聚过程的作用机理 [J]. 过程工程学报，2011，11 (04): 620-626.

[58] 冯真鹏，肖强. 超声加工技术研究进展 [J]. 表面技术，2020，49 (04): 161-172.

[59] JIA Z X, ZHANG J H, AI X. Study on a new kind of combined machining technology of ultrasonic machining and electrical discharge machining [J]. International Journal of Machine Tools and Manufacture: Design, Research and Application, 1997, 37 (2): 193-199.

[60] 冯平法，王健健，张建富，等. 硬脆材料旋转超声加工技术的研究现状及展望 [J]. 机械工程学报，2017，53 (19): 3-21.

[61] 陈燕，曾加恒，钱之坤，等. 超声复合磁力研磨异型管参数优化设计及分析 [J]. 表面技术，2019，48 (3): 268-274.

[62] ABDO B, MIAN S H, EI TAMIMI A, et al. Micromachining of biolox forte ceramic utilizing combined laser/ultrasonic processes [J]. Materials, 2020, 13 (16): 3505.

[63] 张雷，侯汉，韩艳君，等. 超声电流变复合抛光试验 [J]. 东北大学学报（自然科学版），2019，40 (3): 356-359.

[64] 李晶，陈湾湾，朱永伟. 二维超声复合电解/放电展成加工试验研究 [J]. 航空制造技术 (2022-11-29): 1-6.

[65] 冯冲，倪皓，孙艺嘉，等. 超声振动复合电火花小孔加工系统设计及试验 [J]. 光学精密工程，2022，30 (14): 1694-1703.

[66] WU H Q, DUAN W H, SUN L H, et al. Effect of ultrasonic vibration on the machining performance and mechanism of hybrid ultrasonic vibration/plasma oxidation assisted grinding [J]. Journal of Manufacturing

Processes, 2023, 94: 466-478.

[67] DESWAL N, KANT R. Synergistic effect of ultrasonic vibration and laser energy during hybrid turning operation in magnesium alloy [J]. International Journal of Advanced Manufacturing Technology, 2022, 121 (1-2): 857-876.

[68] HUO M, XU J, ZHANG J, et al. Development of PMAC-Based Multifunctional Combined CNC Machine [C] //Trans Tech Publications. Trans Tech Publications, 2004, 471/472: 830-833.

[69] ZHOU H, ZHANG J, FENG P, et al. Performance evaluation of a giant magnetostrictive rotary ultrasonic machine tool [J]. The International Journal of Advanced Manufacturing Technology, 2020, 106 (9): 3759-3773.

[70] LI S, WU Y, YAMAMURA K, et al. Improving the grindability of titanium alloy Ti-6Al-4V with the assistance of ultrasonic vibration and plasma electrolytic oxidation [J]. CIRP Annals, 2017, 66 (1): 345-348.

[71] CLYNE T W, TROUGHTON S C. A review of recent work on discharge characteristics during plasma electrolytic oxidation of various metals [J]. International Materials Reviews, 2018, 64 (3): 127-162.

[72] HUSSEIN R O, NIE X, NORTHWOOD D O, et al. Spectroscopic study of electrolytic plasma and discharging behaviour during the plasma electrolytic oxidation (PEO) process [J]. Journal of Physics D: Applied Physics, 2010, 43 (10): 105203 (1-13).

[73] LI Y, WU C, CHEN M. Numerical analysis of the heat-pressure characteristics in ultrasonic vibration assisted plasma arc [J]. Journal of Applied Physics, 2020, 128 (11): 114903 (1-22).

[74] LI S S, WANG LJ, LI G Z, et al. Small hole drilling of Ti-6Al-4V using ultrasonic-assisted plasma electric oxidation grinding [J]. Precision Engineering, 2021, 67: 189-198.

编撰组成员

组　长　张德远　张勤俭

第一节　张德远　张勤俭

第二节　张德远　傅玉灿　董志刚　胡小平　严鲁涛　林海生

第三节　祝锡晶　冯平法　梁志强　耿大喜　李　华　赵　波

第四节　贺西平　隆志力　张勤河　严鲁涛

第五节　张勤俭　张勤河　殷　振　房善想　吴勇波

第七章 Chapter 7

特种加工技术路线图实施建议

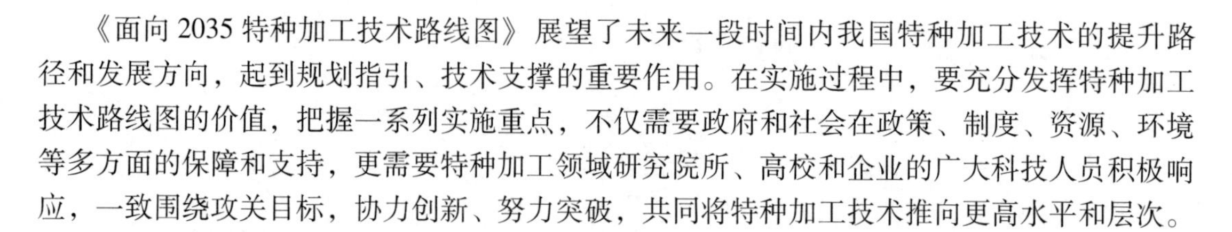

《面向 2035 特种加工技术路线图》展望了未来一段时间内我国特种加工技术的提升路径和发展方向，起到规划指引、技术支撑的重要作用。在实施过程中，要充分发挥特种加工技术路线图的价值，把握一系列实施重点，不仅需要政府和社会在政策、制度、资源、环境等多方面的保障和支持，更需要特种加工领域研究院所、高校和企业的广大科技人员积极响应，一致围绕攻关目标，协力创新、努力突破，共同将特种加工技术推向更高水平和层次。

一、坚持目标导向

特种加工技术向更高水平迈进时，发展目的应清晰、攻关目标要明确。技术路线图确立后，要积极面向全行业宣贯，凝聚思想、达成共识。实施技术路线图时，在技术创新层面，要围绕技术路线图提出的关键核心技术，集聚发展资源和创新要素，突出重点、总揽全局、发力当前、兼顾长远，有的放矢地推进路线图的实施；在需求应用层面，要从建设科技强国的高度来谋划特种加工技术的发展，面向国家发展战略所需，立足前沿，攻坚克难；要从满足用户需求的角度实施技术创新，瞄准我国高端装备和先进制造业的发展方向，兼顾科研方向和市场导向。

二、强化基础研究

在技术路线图的引导下，加强特种加工基础理论研究，围绕特种加工各个细分学科的发展方向和要求，针对单一能场技术及多能场复合技术的基本原理、加工对象、加工方法与工艺、产品综合性能等多方面开展深入研究，从下游需求出发，自上而下分解产品、工艺、材料、软件的解决方案，提升正向设计能力，加强工业软件设计与应用，加强行业知识库、模型库和算法库建设；针对技术链条中的薄弱环节加强技术研发，解决关键工程问题；加强具有自主知识产权的特种加工技术体系建设。开展基础研究时，既要使研究内容与生产应用密切对接，又要围绕国防、民生领域的重大项目和重大工程，定向匹配研究任务。

三、注重融合发展

实施技术路线图，要加强融合发展。在科学研究与设计中，既要深入特种加工技术的内核，也要注重跨学科领域合作以及与其他基础学科交叉，敢于打破壁垒，加强学科交叉，为实现多能场自由组合，要发展单一能场的接口技术标准化、易复合化；在产品设计与制造中，加强先进技术与传统制造业的融合，解决特种能场普适化的低成本问题，大力发展模块化、便利化、低成本化能场发生器与换能器，在机械接口标准化的基础上，注重与自动化系统融合；解决特种加工技术普及使用的界面问题，加强特种加工能场调控智能化、界面简易化、原理通识化；建设跨行业、跨领域的工业互联网平台，支持大型企业跨界介入、各领域制造业企业共同参与。

四、聚焦高端人才

技术创新的主体在于人。集聚高层次和高技能人才、充分发挥人才效能，是实施特种加工技术路线图的关键要素。随着新一轮技术革命的酝酿以及跨学科的融合发展，特种加工技术内涵的更新，会在一定程度上改变特种加工领域的人才构成。要围绕特种加工技术发展方向，积极吸纳和培养高素质的创新人才、集聚和打造一批高水平人才团队，开展以学科专业集群为基本单元知识和能力体系的教育，面向交叉学科集群开展人才培育，推动人才培养模式变革，通过高效科研体系的构建、特种加工专业学科建设的增强、人才培养和评价以及激励机制的改革落实等，充分体现、保障人的创造价值，使人才育得出、引得进、留得住、干得好，为技术路线图的有效实施提供人才基础和保障。同时，在技术路线图实施过程中，加强创新人才储备和技术传承促进特种加工技术的永续发展。

五、加强协同创新

为保障人、才、物力的充足投入，实施特种加工技术路线图时，倡导资源整合、优势互补的协同创新模式，提高产学研用各方合作的层次。通过形成和发挥学术共同体的作用，推进特种加工科研进步；深化产学研用合作，通过建立创新联盟、建设聚合性技术平台等方式，集聚研发资源，充分发挥各创新主体优势，在资金投入、人才培养、项目论证、基础前沿技术、关键核心技术、平台样机制造和成果验证转化等环节，有机融合、风险共担、利益共享，齐心协力推进路线图实施。

六、完善支撑体系

在特种加工领域，加强技术体系、产业体系和产品体系建设，完善体制、机制方面的保障体系。要形成自主知识产权的基础技术体系，加强创新人才储备及特种加工专业学科体系建设；扶持一批高端特种加工装备的研发企业，打造国际知名品牌；要在高端装备制造领域形成与之匹配的下一代特种加工产品研发与验证标准、工艺标准、制造标准等，完善产业发展体系，为制造强国保驾护航；同时，面向国家战略发展方向攻关和突破，争取国家和地方资金的精准化扶持和补贴，争取国家有关政策、制度的保障和支持；加强知识产权意识，保护创新成果，加强成果的推广和应用。

编撰组成员

组　长　吴　强
成　员　徐均良　聂成艳

后　　记

在中国机械工程学会的统一部署下，中国机械工程学会特种加工分会于2016年组织编写了《特种加工技术路线图》，出版后受到了业内的广泛关注和欢迎。鉴于当今世界科技创新日新月异，数字化、网络化和智能化技术迅猛发展，制造领域的技术创新、产业结构、需求环境都在发生新的变化，有必要对路线图进行持续研究和编写。为此，在中国机械工程学会的支持下，特种加工分会开展了《面向2035特种加工技术路线图》的研究和编写工作。

2022年10月，特种加工分会召开了《面向2035特种加工技术路线图》编写工作启动会，成立了由朱荻院士为主任的编委会，通过了编写工作总体方案；组织特种加工领域40多个单位的90多位专家，成立20个编写小组开展研究编写工作，并于2023年4月完成了初稿的编写工作；2023年5月至7月，分别邀请业内专家和主要编写人员召开线上或线下研讨会，对路线图各专题部分的总体结构、关键技术进行研讨并提出修改意见；2023年8月，在浙江德清召开了路线图审稿会议，与会专家进行了认真讨论，提出了明确的修改意见；而后，根据审稿会和中国机械工程学会项目组的意见，编写人员又对各部分内容进行了认真细致的修改，并于2023年12月完成了全书的编写工作。

特种加工技术内涵极为丰富，此次编写选择了具有代表性的电火花加工、电化学加工、激光加工和超声加工技术作为研究对象，从需求环境、典型装备及产品、关键技术等方面入手，按照时间序列提出了2023年至2035年不同时间节点的发展重点与路径，并预测了可达成的目标。特种加工分会后续还将开展路线图的宣传、推介及普及工作，期望为特种加工领域的科技人员开展研究工作提供帮助，为行业、企业、大专院校及研究院所制定发展规划提供参考，为政府部门的决策提供建议，以更好地促进我国特种加工技术和产业的持续健康发展。

《面向2035特种加工技术路线图》的研究和编写工作得到了中国机械工程学会的悉心指导，得到了特种加工领域众多专家、学者、企业家的积极参与和热心支持，同时也得到了机械工业出版社和《电加工与模具》编辑部的大力支持。特别是参与编写的专家，在肩负繁忙工作的同时，放弃了大量休息时间，辛勤工作，无私奉献。路线图编写中，还参考引用了许多国内外专家学者的著作、成果及案例。在此，一并表示诚挚的感谢。

限于编写人员的水平和能力，本书编写过程中难免出现遗漏或错误，恳请广大读者谅解并批评指正。

中国机械工程学会特种加工分会